高职高专机电一体化专业规划教材

基于 Proteus 的单片机应用技术

石从刚　宋剑英　主编
胡希勇　金龙国　陈　萌　副主编

电子工业出版社
Publishing House of Electronics Industry
北京·BEIJING

内 容 简 介

本书是作者在总结国家示范性高职院校机电一体化重点专业教学改革经验和教学成果的基础上编写而成。全书分两部分，即基础篇和项目篇。基础篇采用任务驱动方式组织内容，通过绘制单片机最小系统等 30 个任务，介绍单片机的基本应用技巧；项目篇采用项目引导方式组织内容，通过智能数字钟的设计与制作等 5 个项目，介绍单片机的设计和测试方法，培养学生综合技能。

本书可作为高职高专院校机电一体化、电气自动化等专业教材，也可作为应用型本科相关专业教材，还可供相关技术人员参考。

未经许可，不得以任何方式复制或抄袭本书之部分或全部内容。
版权所有，侵权必究。

图书在版编目(CIP)数据

基于 Proteus 的单片机应用技术/石从刚，宋剑英主编. --北京：电子工业出版社，2013.8
高职高专机电一体化专业规划教材
ISBN 978-7-121-20817-1

Ⅰ. ①基… Ⅱ. ①石… ②宋… Ⅲ. ①单片微型计算机－系统仿真－应用软件－高等职业教育－教材 Ⅳ. ①TP368.1

中国版本图书馆 CIP 数据核字(2013)第 137457 号

策划编辑：朱怀永
责任编辑：朱怀永　　　　特约编辑：王纲
印　　刷：三河市鑫金马印装有限公司
装　　订：三河市鑫金马印装有限公司
出版发行：电子工业出版社
　　　　　北京市海淀区万寿路 173 信箱　邮编 100036
开　　本：787×1 092　1/16　印张：18.75　字数：480 千字
印　　次：2013 年 8 月第 1 次印刷
印　　数：3000 册
定　　价：37.00 元

凡所购买电子工业出版社图书有缺损问题，请向购买书店调换，若书店售缺，请与本社发行部联系，联系及邮购电话：(010)88254888。
质量投诉请发邮件至 zlts@phei.com.cn，盗版侵权举报请发邮件至 dbqq@phei.com.cn。
服务热线：(010)88258888。

编审编委会

组　长
钟　健

副组长
滕宏春　徐　兵　向晓汉　刘　哲　曹　菁

编委会

冰　妍	畅建辉	陈　伟	程立章	邓玲黎	丁晓玲
冯　宁	高　健	高志昌	胡继胜	李方园	李　伟
李湘伟	李　颖	廖雄燕	马金平	金龙国	麦艳红
莫名韶	石从刚	汪建武	王文斌	吴　海	吴逸群
杨春生	杨　芸	张　超	张惊雷	张　静	张君艳
仲照东					

丛书序言

2006年国家先后颁布了一系列加快振兴装备制造业的文件,明确指出必须加快产业结构调整,推动产业优化升级,加强技术创新,促进装备制造业持续稳定发展,为经济平稳较快发展做出贡献,使我们国家能够从世界制造大国成长为世界制造强国、创造强国。党的十八大又一次强调坚持走中国特色新型工业化、信息化道路,推动信息化和工业化深度融合,推动战略性新兴产业、先进制造业健康发展,加快传统产业转型升级。随着科技水平的迅猛发展,机电一体化技术的广泛应用大幅度地提高了产品的性能和质量,提高了制造技术水平,实现了生产方式的自动化、柔性化、集成化,增强了企业的竞争力,因此,机电一体化技术已经成为全面提升装备制造业、加快传统产业转型升级的重要抓手之一,机电一体化已是当今工业技术和产品发展的主要趋向,也是我国工业发展的必由之路。

随着国家对装备制造业的高度重视和巨大的传统产业技术升级需求,对机电一体化技术人才的需求将更加迫切,培养机电一体化高端技能型人才成为国家装备制造业有效高速发展的必要保障。但是,相关部门的调查显示,机电一体化技术专业面临着两种矛盾的局面:一方面社会需求量巨大而迫切,另外一方面职业院校培养的人才失业人数不断增大。这一现象说明,我们传统的机电一体化人才培养模式已经远远不能满足企业和社会需求,现实呼吁要加大力度对机电一体化技术专业人才培养能力结构和专业教学标准的研究,特别是要进一步探讨培养"高端技能型人才"的机电一体化技术人才职业教育模式,需要不断探索、完善机电一体化技术专业建设、教学建设和教材建设。

正式基于以上的现状和实际需求,电子工业出版社在广泛调研的基础上,2012年确立了"高职高专机电一体化专业工学结合课程改革研究"的课题,统一规划,系统设计,联合一批优秀的高职高专院校共同研究高职机电一体化专业的课程改革指导方案和教材建设工作。寄希望通过院校的交流,以及专业标准、教材及教学资源建设,促进国内高职高专机电一体化专业的快速发展,探索出培养机电一体化"高端技能型人才"的职业教育模式,提升人才培养的质量和水平。

该课题的成果包括《工学结合模式下的高职高专机电一体化专业建设指导方案》和专业课程系列教材。系列教材突破传统教材编写模式和体例,将专业性、职业性和学生学习指南以及学生职业生涯发展紧密结合。具有以下特点:

1. 统一规划、系统设计。在电子工业出版社统一协调下,由深圳职业技术学院等二十余所高职高专示范院校共同研讨构建了高职高专机电一体化专业课程体系框架及课程标准,较好地解决了课程之间的序化和课程知识点分配问题,保证了教材编写的系统性和内在关联性。

2. 普适性与个性结合。教材内容的选取在统一要求的课程体系和课程标准框架下考虑,特别是要突出机电一体化行业共性的知识,主要章节要具有普适性,满足当前行业企业的主要能力需求,对于具有区域特性的内容和知识可以作为拓展章节编写。

3. 强调教学过程与工作过程的紧密结合,突破传统学科体系教材的编写模式。专业课程教材采取基于工作过程的项目化教学模式和体例编写,教学项目的教学设计要突出职业性,突出将学习情境转化为生产情境,突出以学生为主体的自主学习。

4. 资源丰富,方便教学。在教材出版的同时为教师提供教学资源库,主要内容为:教学课件、习题答案、趣味阅读、课程标准、教学视频等,以便于教师教学参考。

为保证教材的产业特色、体现行业发展要求、对接职业标准和岗位要求、保证教材编写质量,本系列教材从宏观设计开发方案到微观研讨和确定具体教学项目(工作任务),都倾注了职业教育研究专家、职业院校领导和一线教学教师、企业技术专家和电子工业出版社各位编辑的心血,是高等职业教育教材为适应学科教育到职业教育、学科体系到能力体系两个转变进行的有益尝试。

本系列教材适用于高等职业院校、高等专科学校、成人高校及本科院校的二级职业技术学院机电一体化专业使用,也可作为上述院校电气自动化、机电设备等专业的教学用书。

本系列教材难免有不足之处,请各位专家、老师和广大读者不吝指正,希望本系列教材的出版能为我国高职高专机电类专业教育事业的发展和人才培养做出贡献。

"高职高专机电一体化专业工学结合课程改革研究"课题组

2013 年 6 月

前　言

当前,单片机及嵌入式系统技术飞速发展。作为一门应用性很强的技术,单片机技术已经深入到机电一体化、智能仪器仪表、工业测控及家用电器等多个领域。由广泛的调研得知,现阶段及未来相当长的时期,企业迫切需要大量熟练掌握单片机技术,并能开发、应用和维护管理这些智能化产品的高级工程技术人才。为适应这一人才培养需求,特编写了本书。

本书在内容编排上采用任务或项目的体例形式,通过任务或项目引入相关知识,在每一个任务、项目的学习中,学生都要实战操作,亲自动手,每一个任务都包括学习目标、知识点、技能点等部分。全书分为基础篇和项目篇两个部分,参考总学时为144学时,将原来的C语言、单片机原理、Proteus仿真软件、Keil C51编译软件等知识部分融为一体并做到有机结合。讲授内容安排上通过循序渐进、不断积累的策略,学完后学生能够掌握51系列单片机的基本原理并具备一定的单片机电子产品的开发、维护能力。

基础篇,共10个单元,建议学时为96学时。10个单元分别以任务的形式系统介绍如何利用Proteus仿真软件进行硬件电路设计和仿真C51应用程序;如何利用Keil C51软件来编辑、编译、调试用C51语言编写的源程序;讲授C51语言的语法基础、控制语句、控制程序的设计方法;讲授AT89C51单片机的基本原理、结构,内部定时器、中断、串行口功能及使用方法,存储器、I/O口扩展,各种显示器技术,I^2C总线、One-wire总线和SPI总线芯片及使用方法。

项目篇,共5个项目,建议学时为48学时。按项目设计要求、项目设计目的、项目制作、项目总结等项目完成过程进行教学,运用Keil C51和Proteus等软件完成整个项目的硬件、软件设计与仿真调试。

教材始终贯穿"讲、练、做"一体化,充分体现以学生为主体、教师辅导为辅、调动学生学习的主动性和积极性、培养学生动手能力的原则。

本书是作者多年教学实践与科研开发的经验积累,书中所有程序都调试通过并且运行结果正确,同时为了使本书的内容更加丰富和完整,书中也引用了部分参考书籍的内容,主要来源见参考文献,在此对有关作者表示感谢。

本书由石从刚、宋剑英担任主编,胡希勇、金龙国、陈萌担任副主编。宋剑英编写单元1、4;金龙国编写单元2;陈萌编写单元3;胡希勇编写项目3～5;石从刚编写单元5～10及项目1、2。全书由石从刚统稿。

由于时间仓促,加之编者水平有限,书中错误之处在所难免,恳请读者批评指正。

作者的电子邮箱:scg6901@163.com

作者于 2013 年 5 月

目 录

基 础 篇

单元1　单片机最小系统 ··· 3

　　任务1　用 Proteus 仿真软件绘制单片机最小系统 ······················ 3
　　任务2　固定点亮彩灯 ··· 8
　　任务3　计算结果输出点亮彩灯 ·· 19
　　任务4　变化点亮8路彩灯 ·· 28
　　任务5　跑马彩灯 ··· 37
　　任务6　流水彩灯 ··· 42
　　任务7　花样彩灯 ··· 46

单元2　单片机内部存储器系统 ·· 51

　　任务1　内部 RAM 数据输出点亮彩灯 ··································· 51
　　任务2　内部 ROM 数据输出点亮发光彩灯 ····························· 61
　　任务3　RAM 之间的数据互传 ·· 64

单元3　单片机内部定时器/计数器系统 ······································ 68

　　任务1　用单片机制作按键次数计数器 ··································· 68
　　任务2　用单片机制作秒表 ·· 75

单元4　单片机中断系统 ·· 77

　　任务1　按键控制彩灯花样显示 ·· 77
　　任务2　用单片机构成100Hz方波发生器 ······························· 85

单元5　单片机串行口 ··· 90

　　任务1　用单片机串行口扩展输出口 ······································ 90
　　任务2　用单片机串行口扩展输入口 ······································ 99
　　任务3　两台单片机互传数据 ·· 102

单元6　单片机系统扩展 ··· 109

　　任务1　存储器的扩展 ·· 109
　　任务2　并行 I/O 口的扩展 ·· 121

单元 7　单片机显示系统 ……………………………………………………… 129
任务 1　用 LED 数码管构成静态显示器 …………………………………… 129
任务 2　用 LED 数码管构成动态显示器 …………………………………… 133
任务 3　用 1602 构成显示器 ………………………………………………… 135

单元 8　单片机键盘系统 ……………………………………………………… 143
任务 1　单键控制 LED 二极管循环显示 …………………………………… 143
任务 2　矩阵式键盘控制数码管显示 ………………………………………… 146

单元 9　I^2C 总线和 One-Wire 总线 ………………………………………… 150
任务 1　51 单片机读写 24C02 串行 E^2PROM …………………………… 150
任务 2　51 单片机读写温度传感器 DS18B20 ……………………………… 162

单元 10　单片机的 A/D、D/A 转换接口 …………………………………… 172
任务 1　用 ADC0808 组成简易电压表 ……………………………………… 172
任务 2　用 TLC2543 组成简易模拟温度报警系统 ………………………… 180
任务 3　用并行数/模转换芯片 DAC0832 构成简易波形发生器 ………… 184
任务 4　用串行数/模转换芯片 TLC5615 构成简易波形发生器 ………… 190

项 目 篇

项目 1　智能数字钟的设计与制作 …………………………………………… 197
项目 2　单片机的自动剪板机顺序控制 ……………………………………… 213
项目 3　基于单片机的数字电压表的设计 …………………………………… 233
项目 4　基于单片机的低频信号发生器 ……………………………………… 259
项目 5　基于单片机的步进电机数控系统 …………………………………… 275

参考文献 ………………………………………………………………………… 290

基 础 篇

单元 1　单片机最小系统

知识点

1. C51 应用程序的基本结构；
2. C51 语言中的基本数据类型、一维数组、二维数组；
3. C51 语言中的赋值运算符、算术运算符、逻辑运算符、关系运算符、位逻辑运算符及表达式；
4. 单片机 AT89C51 最小系统的硬件电路构成；
5. 单片机 AT89C51 引脚及功能；
6. 单片机 AT89C51 内部 I/O 口的结构及功能；
7. if～else 语句、switch 语句、while 语句、for 语句、do～while 语句语法及功能。

技能点

1. 掌握利用 Keil C51 编译软件编辑、编译源程序的技能；
2. 掌握利用 Proteus 仿真软件绘制硬件电路、仿真观察结果的技能；
3. 掌握利用单片机 I/O 口控制发光二极管显示的技能；
4. 掌握利用 if～else,switch 语句编写分支程序的技能。

单片机的最小系统是指 CPU 加上外部的时钟电路和复位电路构成的最小单元系统，单片机的最小系统是单片机正常运行的最基本的硬件单元，通过 I/O 口外加适当的显示装置、键盘等设备就可构成功能较复杂的系统了。本单元通过单片机最小系统外接 8 个发光二极管构成的硬件电路，引出如何利用 Proteus 仿真软件绘制电路、运行调试程序等操作；利用 C51 语言编写应用程序并通过 Keil C51 编译软件编译调试产生目标文件，引出利用 Keil C51 编译软件如何实现源程序的编辑、编译、调试运行等操作；通过 7 个任务分别学习单片机的内部结构和引脚功能、C51 语言中的基本数据类型和常用表达式、数组数据类型、选择控制语句、循环控制语句、函数定义和调用等基础知识。要认真学习本单元内容，为后续单元的学习打好基础。

任务 1　用 Proteus 仿真软件绘制单片机最小系统

1.1.1　任务目标

本任务是要用 Proteus 仿真软件绘制出如图 1-1 所示单片机最小系统，通过对该电路的绘制，掌握使用 Proteus 仿真软件绘制电路的步骤，掌握启动 Proteus 仿真软件，然后从元件库中挑选器件、放置器件、编辑器件属性、连线等操作命令。

1.1.2　任务实施

1. 启动 Proteus 仿真软件

双击 Proteus ISIS(图标)，进入如图 1-2 所示窗口。

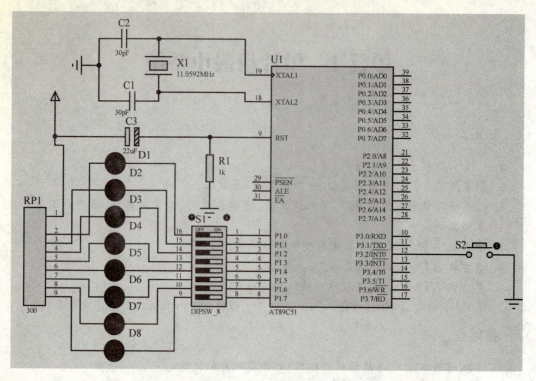

图 1-1 单片机最小系统

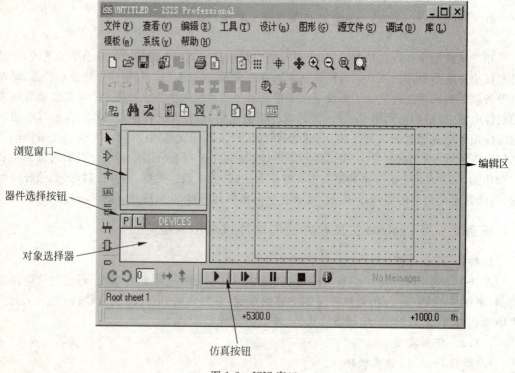

图 1-2 ISIS 窗口

2. 选取元器件

单击图 1-3 中的"P"按钮,弹出如图 1-4 所示的选取元器件对话框。在其左上角"Keywords"文本框中输入元器件名称"at89c51",则出现与关键字匹配的元器件列表。选中并双击 AT89C51 所在行,再单击"OK"按钮,便将器件 AT89C51 加入到 ISIS 对象选择器中。按此方法完成"CAP","CAP-ELEC"等器件的选取,结果如图 1-5 所示。

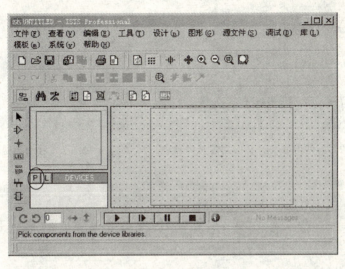

图 1-3 单击"P"按钮

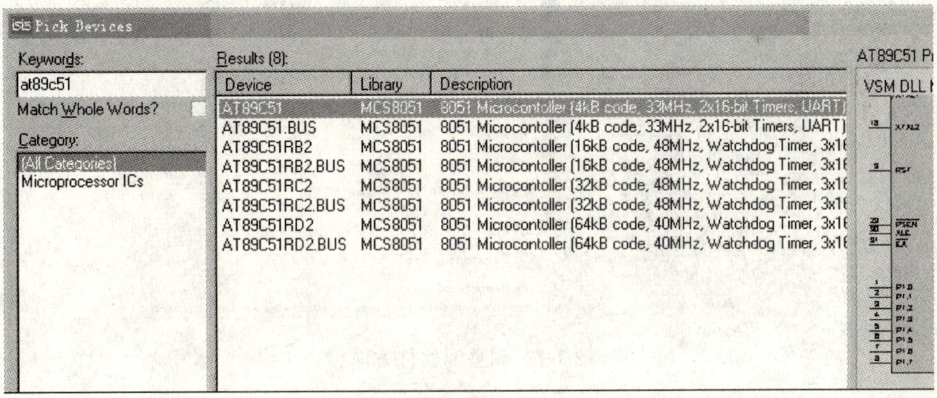

图 1-4 选取元器件对话框

3. 放置、移动、旋转元器件

单击 ISIS 对象选择器中的元器件名,蓝色条出现在该元器件名上。把鼠标指针移到编辑区某位置后,单击就可放置元器件于该位置。每单击一次,就放一个元器件。

要移动元器件,先右击使元器件处于选中状态,再按住鼠标左键拖动,元器件就跟随指针移动,到达目的地后松开鼠标即可,如图 1-6 所示。

要调整元器件方向,先将指针指在元器件上右击选中,再单击相应的转向按钮,如图 1-7 所示。

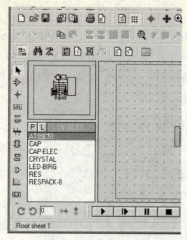

图 1-5 选取的元器件均加入到 ISIS 对象选择器中

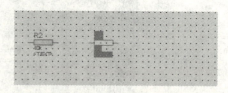

图 1-6 移动元器件 R2

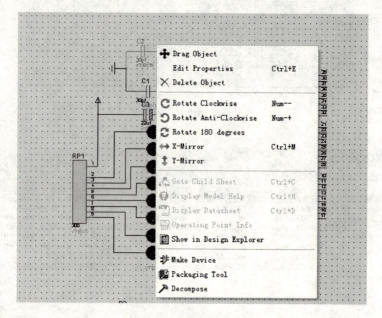

图 1-7 调整元器件方向

4. 放置电源、地(终端)

放置 POWER(电源)操作：单击模式选择工具栏中的终端按钮，在 ISIS 对象选择器中单击 POWER(电源)，如图 1-8 所示，再在编辑区要放置电源的位置单击完成。放置 GROUND(地)的操作类似。

5. 电路图布线

系统默认自动捕捉和自动布线有效。相继单击元器件引脚间、线间等要连线的两处，会自动生成连线。

6. 设置、修改元器件的属性

元件库中的元器件都有相应的属性，要设置、修改它们的属性，可双击编辑区的元器件，

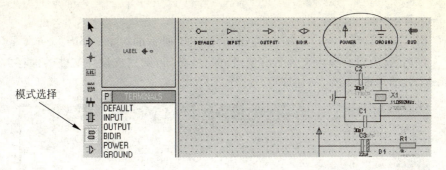

图 1-8 终端符号

打开属性对话框,在该对话框中直接设置、修改属性。例如,修改原理图(见图 1-1)中电阻 R1 的属性,如图 1-9 所示。完成硬件电路设计如图 1-10 所示。

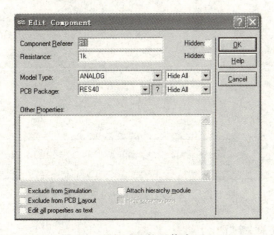

图 1-9 设置 R1 的阻值为 1kΩ

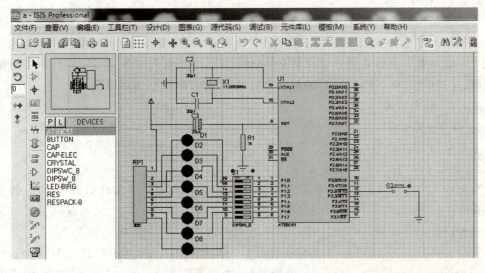

图 1-10 硬件设计图

7. 保存文件

选择"File"→"Save Design"命令,弹出如图 1-11 所示的"Save ISIS Design File"对话框。在"文件名"文本框中输入文件名后单击"保存"按钮,则完成设计文件的保存。若设计文件已命名,只要单击"保存"按钮即可。

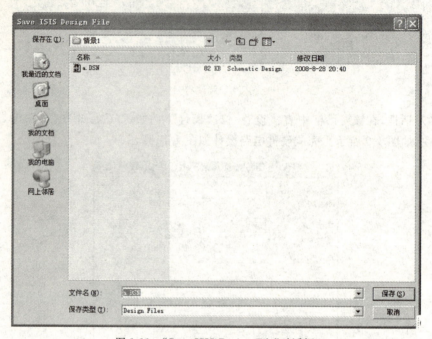

图 1-11 "Save ISIS Design File"对话框

任务2 固定点亮彩灯

1.2.1 任务目标

本任务是用单片机的 P1 口控制外接的 8 个发光二极管固定显示,硬件电路如图 1-1 所示。要使单片机正常工作,除了有正确的硬件电路以外,还要有正确的应用程序。本任务的重点之一就是要学会用 C 语言编写最简单的源程序,并学会通过 Keil C51 编译软件将源程序编译、连接产生.hex 文件,然后装载到单片机,运行程序观察仿真结果。

1.2.2 任务实施

1. 启动 μVision2

双击桌面上的 μVision2 图标,启动 Keil C51 软件进入如图 1-12 所示界面。

2. 建立工程

在 Keil C51 软件中,文件的管理使用工程的方法,而不是单一文件的模式,所有的文件包括源程序(包括 C51 程序和汇编程序)、头文件,甚至说明性的技术文档都可以放在工程里统一管理。

启动 μVision2 后,μVision2 总是先打开前一次处理的工程,可以选择菜单"Project"→"Close Project"命令关闭。要建立一个新工程,可以选择"Project"→"New"命令,出现的对话框如图 1-13 所示。

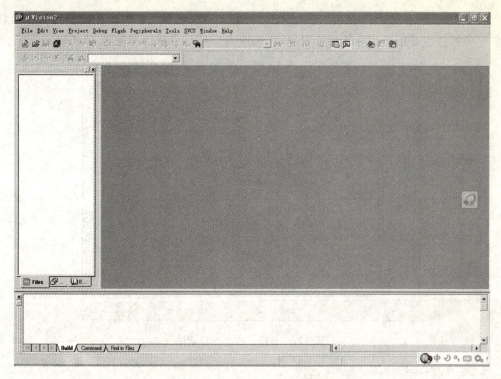

图 1-12　μVision2 软件界面

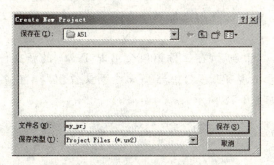

图 1-13　新建工程对话框

填写新建工程的操作如下：

① 为工程选取一个名称，如 my_prj。

② 选择工程存放的路径，建议为每个工程单独建立一个目录，并且工程中需要的所有文件都放在这个目录下。

③ 在选择了工程目录和名称后，单击"保存"按钮，返回。

3. 为工程选择目标器件

在工程建立完毕以后，μVision2 会立即弹出器件选择对话框，如图 1-14 所示，器件选择的目的是告诉 μVision2 使用的 AT89C51 芯片的型号是哪一个公司的哪一个型号，因为不同型号的 51 芯片内部的资源是不同的，μVision2 可以根据选择进行 SFR 的预定义，在软硬件仿真中提供易于操作的外设浮动窗口等。

在图 1-14 所示对话框中，μVision2 支持的所有型号根据生产厂家形成器件组，可以打开相应的器件组并选择相应的器件型号，如选择 ATMEL 器件组里的 AT89C51。

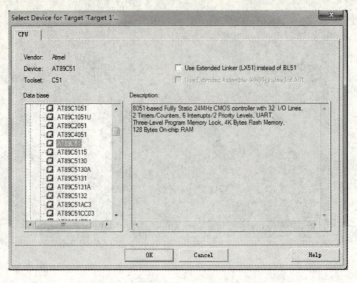

图 1-14　目标器件选择对话框

4. 建立/编辑程序文件

到现在，已经建立了一个空白的工程文件，并为工程选择好了目标器件，但是这个工程里没有任何程序文件。程序文件的添加必须人工完成。如果程序文件在添加前还没有创立，用户必须建立它。

选择"File"→"New"命令后，在文件窗口会出现 Text1 的新文件窗口。如果多次选择"File"→"New"命令，会出现 Text2、Text3 等多个新文件窗口。在名字为 Text1 的新文件框架中，编辑源程序，如图 1-15 所示。

图 1-15　源程序编辑对话框

源程序编辑完毕后,需要把它保存起来,并为它起一个正式的名字。选择"File"→"Save As"命令,弹出如图1-16所示的对话框,在"文件名"文本框输入文件的正式名称,如LED.C。

保存时要注意文件的后缀。因为μVision2要根据后缀判断文件的类型,从而自动进行处理。如果建立的是一个C51程序,则输入文件名称为*.c。唯一需要注意的是,文件要保存在同一个工程目录my_prj中,不要放置在其他目录中,否则容易造成工程管理混乱。

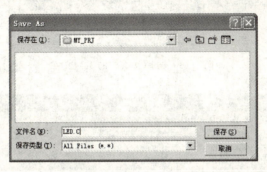

图1-16 保存新建文件对话框

5. 为工程添加文件

上面建立的程序文件LED.C与工程还没有建立起任何关系,因此首先要把LED.C添加到my_prj工程中。

① 右击"Source Group1",弹出的菜单如图1-17所示。

② 在菜单中选择"Add Files to Group 'Source Group1'"(向工程中添加程序文件)后,弹出文件选择对话框,如图1-18所示,从中选择要添加的程序文件。可以根据要加入的文件类型显示出所有符合要求的文件列表,用鼠标单击"LED.C"将其选中,然后单击"Add"按钮,就将LED.C加入到工程中。

图1-17 添加工程文件菜单

在图1-19中可以看到,在工程Target1下的组Source Group1中已经加入了文件LED.C。

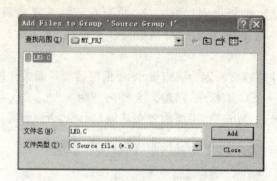

图 1-18 选择要添加的工程文件

图 1-19 加入工程文件后的对话框

6. 对工程进行设置

右击工程名"Target 1",出现工程设置选择菜单,如图 1-20 所示。

选择菜单上的"Options for Target 'Target 1'"选项后,出现工程配置对话框。在其中完成如下设置:

(1) "Target"设置

单击"Target"标签,打开如图 1-21 所示对话框。

(2) "Output"设置

单击"Output"标签,打开如图 1-22 所示对话框,在其中选中"Create HEX File"复选框。

7. 对工程进行编译/连接

在 μVision2 环境中,程序编写完毕后需要编译和连接,才能够进行软件和硬件仿真。在程序的编译/连接中,如果程序出现错误,还需要修正错误后重新编译/连接。

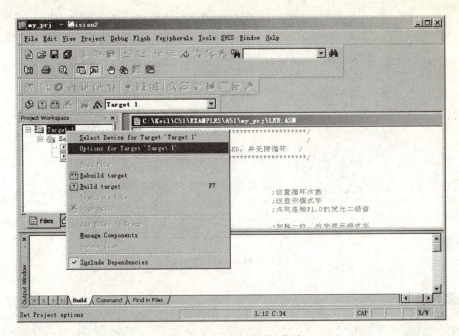

图 1-20 工程设置选择菜单

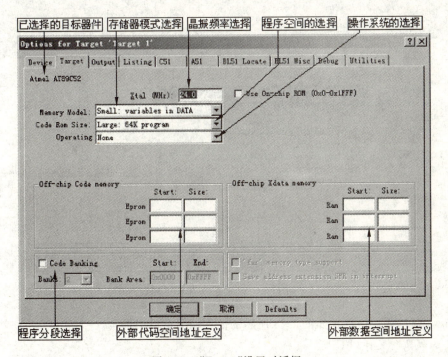

图 1-21 "Target"设置对话框

程序的编译/连接操作为：

选择"Project"命令，然后选择"Rebuild all target files"选项，如图 1-23 所示。
如果用户程序和工程设置没有错误，编译和连接将能顺利完成，并在工程文件夹里产生

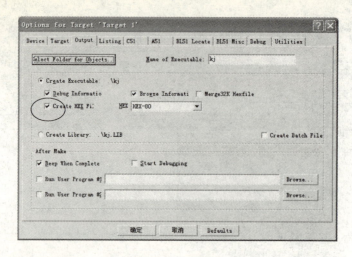

图 1-22 "Output"设置对话框

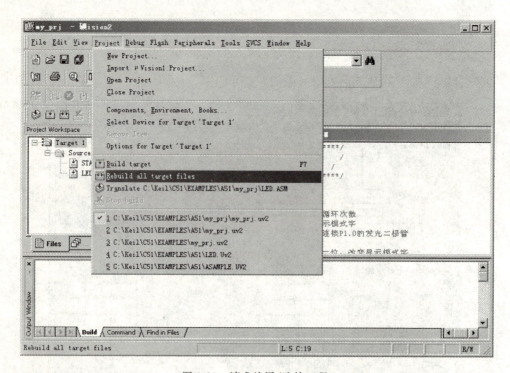

图 1-23 请求编译/连接工程

LED.hex 文件,操作信息在如图 1-24 所示的信息输出窗口中提示。

8. 加载执行文件到 CPU

在图 1-1 中,双击 AT89S51(CPU)弹出如图 1-25 所示对话框。单击浏览文件按钮,找到要添加的 LED.hex 文件,然后单击"OK"按钮,关闭对话框。

9. 执行程序,观察效果

在图 1-26 中单击连续运行程序按钮,观察效果。

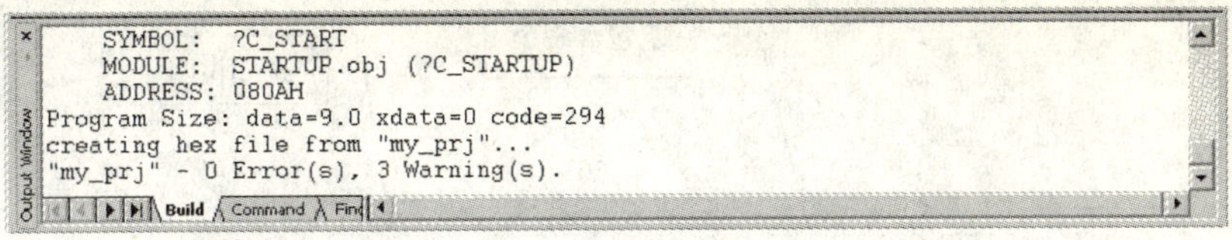

图 1-24 信息输出窗口

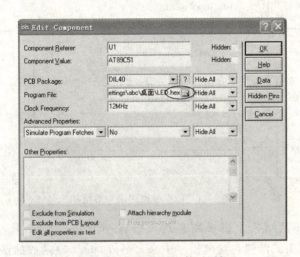

图 1-25 加载执行文件对话框

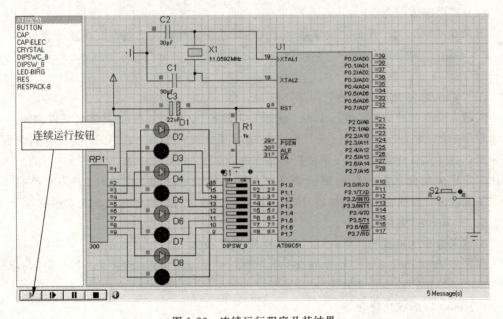

图 1-26 连续运行程序及其结果

1.2.3 相关知识

1. 认识一个简单的 C51 源程序

通过上面已经运行过的程序来了解一个 C51 源程序的一般结构，如图 1-27 所示。

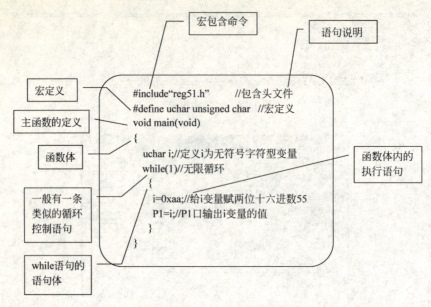

图 1-27　C51 源程序的一般结构

一个 C51 源程序从结构上讲必须有且只能有一个 main() 函数，必须用宏包含命令 include 将"reg51.h"头文件包含到源程序中来。另外，main() 函数的函数体中还要有执行语句。

(1) 常用宏命令介绍

宏命令必须以"♯"开头。这些命令是在编译系统翻译代码之前需要由预处理程序处理的。"♯define"为宏定义命令，"♯define uchar unsigned char"是将"unsigned char"定义为"uchar"。

① "♯include"宏包含命令。

宏包含命令的格式为：♯include "具体头文件名"或♯include <具体头文件名>

程序中的"♯include "reg51.h""命令是请求预处理程序将"reg51.h"头文件包含到程序中来。这个文件中定义了 51 单片机的特殊寄存器和中断，必须作为程序的一部分，否则会因为程序中用到了单片机内部的特殊寄存器而编译通不过。"reg51.h"头文件是 Keil C51 编译软件自身带有的头文件，程序中也可包含程序设计者自己定义的头文件。

② "♯define"宏定义命令。

宏定义命令的格式为：♯define 宏替换名 宏替换体

程序中的"♯define uchar unsigned char"是将"unsigned char"定义为"uchar"，编译时用"unsigned char"替换"uchar"。

(2) main() 函数结构介绍

定义的函数必须包含函数名和函数体，main() 函数也是一样。main() 函数的定义格式为：

类型说明符 main(参数表)
参数说明；

```
{
    变量类型说明;
    执行语句部分;
}
```

程序中,"void main(void)"行的第一个"void"表示该 main()函数没有数据返回,第二个"void"表示该 main()函数不带参数,两个 void 都可缺省;"uchar i;"语句定义"i"为无符号字符型变量;函数体或语句体要用一对"{ }"括起来。

2. C51 程序的变量数据类型

C51 语言具有非常丰富的数据类型。C51 语言的数据类型如下所示:

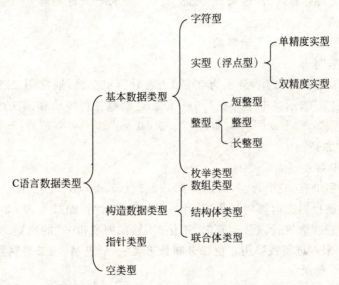

C51 语言的基本数据类型是构成其他数据类型的基础。C 语言的基本数据类型包括:字符型、整型和实型。

以 IBM PC 为例,其基本数据类型及所占字节数如表 1-1 所示。单精度实数提供 7 位有效数字,双精度实数提供 15～16 位有效数字,数值的范围随机器系统而异。

表 1-1 数字的范围

类　　型	所占位数	数　的　范　围	说　　明
int	16	−32768～32767	普通整型(简称整型)
short[int]	16	−32768～32767	短整型
long[int]	32	−2147483648～2147483647	长整型
unsigned[int]	16	0～65535	无符号整型
unsigned short	16	0～65535	无符号短整型
unsigned long	32	0～4294967295	无符号长整型
float	32	10^{-38}～10^{38}	单精度实型
double	64	10^{-307}～10^{308}	双精度实型
char	8	−128～+127	字符型
unsigned char	8	0～255	无符号字符型

例如,程序中用"uchar i;"语句定义了一个无符号字符型变量 i。

3. C51 程序中的赋值运算符

普通赋值运算符记为"＝"。由"＝"连接的式子称为赋值表达式,其一般形式为:

变量=表达式

例如,

i＝0xaa;   //相当于将十进制数 170 赋值给变量 i
i＝100;   //将十进制数 100 赋值给变量 i

注意:C 语言语句都以";"结束。"0xaa"说明"aa"为十六进制数,"0x"是 C51 语言中十六进制数说明符号。

4. C51 程序中的数制及表示形式

(1) 二进制数制

二进制数制中有两个数字,分别为 0 和 1。在计算机里面,通常用二进制数"0"表示低电平,用二进制数"1"表示高电平。在两个一位二进制数进行加法和减法计算时,遵循"0＋0＝0"、"0＋1＝1"、"1＋1＝0 同时向前进 1"、"0－0＝0"、"1－0＝1"、"1－1＝0"、"0－1＝1 同时向前借 1"的原则。

(2) 十六进制数制

十六进制数字中有 16 个数字,分别为 0、1、2、3、4、5、6、7、8、9、A、B、C、D、E、F。在两个一位十六进制数进行加法运算时遵循"逢十六进一"的原则,如"9＋A＝3 同时向前进 1"。在两个一位十六进制数进行减法运算时,遵循"不够减向前借一"的原则,如"1－8＝9 同时向前借 1"。一个十六进制数要用 4 位二进制数来表示,十进制数、二进制数、十六进制数三者的关系如表 1-2 所示。

表 1-2　十进制数、二进制数、十六进制数关系表

十进制数	二进制数	十六进制数	十进制数	二进制数	十六进制数
0	0000	0	8	1000	8
1	0001	1	9	1001	9
2	0010	2	10	1010	A
3	0011	3	11	1011	B
4	0100	4	12	1100	C
5	0101	5	13	1101	D
6	0110	6	14	1110	E
7	0111	7	15	1111	F

在计算机存储器里面,任何一个数都是以二进制数形式存放的。由于二进制中表示一个数所对应的位数较多,书写不方便,通常引入十六进数来表示一个二进制数。在 C51 程序里面,用"0x"开头来表示一个数为十六进制的,如程序中的"i＝0xaa;"语句将一个 2 位十六进制数 aa 赋值给变量 i。

5. 二进制数中位、字、节字的概念

1 个字节(byte)等于 8 个二进制位(bit),一个字(word)等于两个字节即 16 个二进制

位。在计算机存储器里面,一般以字节为单位来存储数据。因此,存储器的容量一般也以能存放的字节数据量来表示。

6. 发光二极管是如何被点亮的?

下面以单片机 P1.1 引脚外接的发光二极管电路为例来说明发光二极管是如何被点亮的。发光二极管与单片机的连接电路如图 1-28 所示。只要发光二极管上有 5~20mA 的从左到右的正向电流从发光二极管的正端流过负端,发光二极管就会发光,即被点亮。CPU 通过运行程序,在 P1.1 引脚上输出高电平或低电平。当 P1.1 引脚上输出低电平时,有正向电流通过发光二极管,发光二极管就被点亮了。

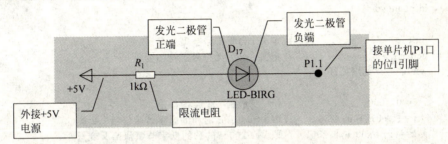

图 1-28 发光二极管与单片机的连接电路

任务 3 计算结果输出点亮彩灯

1.3.1 任务目标

本任务通过算术运算计算表达式的值,然后将结果用单片机的 P1 口和 P2 口输出,分别用来控制外接的 8 个发光二极管固定显示。通过本任务的学习,掌握 C 语言中的算术运算符和表达式;掌握 51 单片机的内部结构和引脚功能;掌握 51 单片机的复位电路和时钟电路;掌握 51 单片机的 I/O 口及功能。

1.3.2 任务程序分析

在这里,要编写 C51 程序,实现算术运算,模拟计算机进行各种数据处理,将处理后的结果的低 8 位通过 P1 口输出、高 8 位通过 P2 口输出,并分别通过 8 个发光二极管观察结果。下面以编写好的三个源程序为例,学习 C51 语言中的主要算术运算符和算术运算表达式。

1. 源程序 1

```
#include "reg51.h"          //包含头文件
#define uint unsigned int    //宏定义
#define uchar unsigned char  //宏定义
void main(void)
{
    uint i;                  //定义 i 为无符号整型变量
    uchar j,k;               //定义 j,k 为无符号字符型变量
    while(1)                 //无限循环
    {
        i=0xAA55;            //给 i 变量赋一个字的数据
        j=i/256;             //取 i 变量的高字节赋值给 j 变量,注意此处算法
```

```c
        k=i%256;              //取i变量的低字节赋值给k变量
        P1=k;                 //P1口输出i变量的低8位值
        P2=j;                 //P2口输出i变量的高8位值
    }
}
```

2. 源程序2

```c
#include "reg51.h"             //包含头文件
#define uint unsigned int      //宏定义
#define uchar unsigned char    //宏定义
void main(void)
{
    uint i;                    //定义i为无符号整型变量
    uchar j,k;                 //定义j,k为无符号字符型变量
    while(1)//无限循环
    {
        i=0x1000;              //给i变量赋一个字的数据
        j=(i+0x0100)/256;      //取i+0x0100的和的高字节赋值给j变量
        k=(i+0x00ee)%256;      //取i+0x00ee的和的低字节赋值给k变量
        P1=k;                  //P1口输出k变量的8位值
        P2=j;                  //P2口输出j变量的8位值
    }
}
```

3. 源程序3

```c
#include "reg51.h"             //包含头文件
#define uint unsigned int      //宏定义
#define uchar unsigned char    //宏定义
void main(void)
{
    uint i;                    //定义i为无符号整型变量
    uchar j,k;                 //定义j,k为无符号字符型变量
    while(1)//无限循环
    {
        i=0x1000;              //给i变量赋一个字的数据
        j=(i-0x0100)/256;      //取i-0x0100的差的高字节赋值给j变量
        k=(i-0x00ee)%256;      //取i-0x00ee的差的低字节赋值给k变量
        P1=k*2;                //P1口输出k*2的8位值
        P2=j*2;                //P2口输出j*2的8位值
    }
}
```

1.3.3 任务实施

1. 利用Proteus仿真软件绘制电路原理图

按照任务1的Proteus仿真软件绘制电路过程绘制原理图如图1-29所示。绘制原理图时添加的器件有AT89C51、LED-BLUE、RESPARK-8等。注意电源器件的放置与连线。

2. C51程序的编译

按照Keil C51编译软件的操作步骤对源程序进行编译和调试。

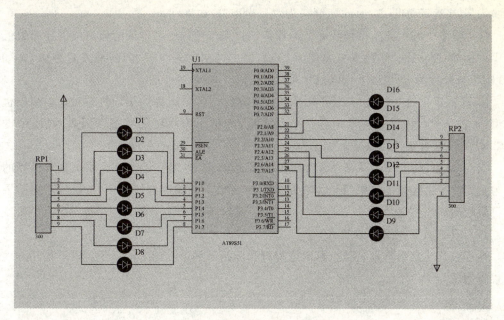

图 1-29　P1、P2 口外接发光二极管仿真电路

3. 执行程序,观察效果

将编译成功后的.HEX 文件加载到 CPU,执行程序并观察效果。

1.3.4　相关知识

1. 无符号整型变量的定义形式

unsigned int 变量表

在变量表中,各变量之间用逗号隔离。例如,

unsigned int i,j,k;

一个整型变量在存储器中占两个字节存储空间,分为高字节存储空间和低字节存储空间。

2. C51 程序中的算术运算符

在 C51 语言中,算术运算符有以下几种:

① 加法运算符"+":加法运算符为双目运算符,即应有两个量参与加法运算,如 a+b、4+8 等。"+"也可作为正号运算符,此时为单目运算,如+4、+1.4 等。

② 减法运算符"−":减法运算符为双目运算符。但"−"也可作为负值运算符,此时为单目运算,如−x、−5 等。C51 程序中的十六进制加、减运算实际上是对应的十六进制数相加、减。例如,在源程序 3 中,"j=(i−0x0100)/256"语句实际上是先运算 i−0x0100,即

$$
\begin{array}{r}
0x1000 \\
-\ 0x0100 \\
\hline
0x0f00
\end{array}
$$

然后除以 256,再将结果赋值给 j 变量,所以 j 变量的值为 0x0f。

③ 乘法运算符"*":乘法运算符为双目运算符,如 4*7。

C51 程序中的 8 位无符号数乘 2 运算等于将无符号数的 8 位值的最高位去掉而最低位补零。例如,源程序 3 中的 k 变量值为 0x12,即二进制数为 00010010,乘 2 后为 00100100,所以 P1 口外接的 D1、D2、D4、D5、D7、D8 灯亮。

④ 除法运算符"/":除法运算符为双目运算符。参与运算的量均为整型时,结果也为整型,舍去小数。如果运算量中有一个是实型,则结果为双精度实型。例如,源程序 1 中 "i/256" 的结果为字符型数据。

⑤ 求余运算符(模运算符)"%":也叫求模运算符,为双目运算符。要求参与运算的量均为整型。求余运算的结果等于两数相除后的余数。例如源程序 1 中,"i%256"的结果为字符型数据。

3. C51 程序中的算术表达式

算术表达式是由常量、变量、算术运算符和圆括号等连接起来的式子。以下均是算术表达式的例子:

a+b
(a*2)/c
(x+r)*8-(a+b)/7
a+b*4-10%3

对于算术表达式,要求掌握求值的顺序和能够求值。例如上面最后一个表达式,如果给 a 一个值"3",给 b 一个值"6",则此表达式的值就是"26"。

4. 单片机、单片机最小系统的概念

单片机就是把中央处理器 CPU(Central Processing Unit)、随机存取存储器 RAM(Random Access Memory)、只读存储器 ROM(Read Only Memory)或 EPROM 或 E^2PROM 或 FlashROM、定时器/计数器以及 I/O(Input/Output)接口电路等主要计算机部件集成在一块集成电路芯片上的微型计算机。

单片机最小系统就是能让单片机工作起来的一个最基本的组成电路,如图 1-1 所示。它包含时钟电路、复位电路、工作电源输入。

5. 80C51 单片机的基本组成

80C51 单片机的基本组成如图 1-30 所示。

(1) 中央处理器(CPU)

中央处理器是单片机的核心,完成运算和控制功能。

(2) 内部数据存储器(内部 RAM)

AT89C51 芯片中共有 256 个字节 RAM 单元,高 128 字节单元被专用寄存器占用,用户使用低 128 字节单元存放数据。通常所说的内部数据存储器就是指低 128 字节单元,简称内部 RAM。

(3) 内部程序存储器(内部 ROM)

AT89C51 单片机内部共有 4KB Flash ROM,用于存放程序、原始数据或表格,称为程序存储器,简称内部 ROM。另外,AT89C52 单片机内部共有 8 KB Flash ROM。

单元1 单片机最小系统

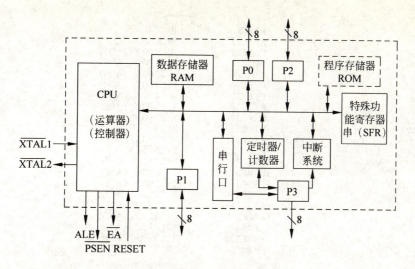

图1-30 单片机结构框图

(4) 定时器/计数器

AT89C51共有两个16位的定时器/计数器,实现定时或计数功能。

(5) 并行I/O口

AT89C51共有4个8位的I/O口(P0,P1,P2,P3),实现数据的并行输入/输出。

(6) 串行口

AT89C51单片机有一个全双工的串行口,实现单片机和外设的串行数据传送。该口既可作为全双工异步通信收发器使用,也可作为同步移位器使用。

(7) 中断控制系统

AT89C51共有5个中断源,即外部中断两个、定时/计数中断两个、串行中断一个。中断可分为高、低两个优先级。

(8) 时钟电路

AT89C51芯片内部有时钟电路,但石英晶体和微调电容需外接。时钟电路为单片机产生时钟脉冲序列,脉冲序列的频率由晶振频率决定,系统允许的最大晶振频率一般不超过24MHz。

综上所述,AT89C51虽是单一芯片,但作为计算机的基本部件基本都已包括,只需加上较少的、所需要的输入/输出设备或驱动电路,就可构成一个实用的微型计算机系统。

6. AT89C51的引脚及功能

AT89C51单片机实际有效的引脚为40个,如图1-31所示为双列直插式集成电路芯片。

(1) 主电源引脚GND和V_{CC}

① GND:电源地。

② V_{CC}:电源正端,+5V。

(2) 时钟电路引脚XTAL1和XTAL2

外接晶体引线端。当使用芯片内部时钟时,这两个引线端用于外接石英晶体和微调电

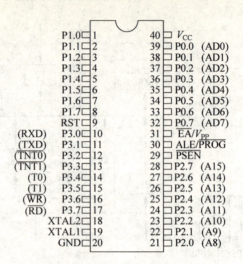

图 1-31　80C51 单片机引脚图

容；当使用外部时钟时，用于接外部时钟脉冲信号。

（3）控制信号引脚

① ALE：地址锁存控制信号。在系统扩展时，ALE 用于控制把 P0 口输出的低 8 位地址锁存起来，以实现低位地址和数据的隔离。此外，由于 ALE 是以晶振 1/6 的固定频率输出正脉冲，因此可作为外部时钟或外部定时脉冲使用。

② $\overline{PSEN}$：外部程序存储器读选通信号。在读外部 ROM 时，$\overline{PSEN}$ 有效（低电平），以实现外部 ROM 单元的读操作。

③ $\overline{EA}$：访问程序存储控制信号。当信号为低电平时，对 ROM 的读操作限定在外部程序存储器；当信号为高电平时，对 ROM 的读操作从内部程序存储器开始，并可延至外部程序存储器。

④ RST：复位信号。当输入的复位信号延续两个机器周期以上的高电平时，复位信号有效，用以完成单片机的复位初始化操作。

（4）输入/输出引脚（P0，P1，P2 和 P3 端口引脚）

P0，P1，P2 和 P3 端口是单片机与外界联系的 4 个 8 位双向并行 I/O 端口。

① P0.0 ～ P0.7：P0 口 8 位双向口线。

② P1.0 ～ P1.7：P1 口 8 位双向口线。

③ P2.0 ～ P2.7：P2 口 8 位双向口线。

④ P3.0 ～ P3.7：P3 口 8 位双向口线。

P3 口线的每一个引脚都有第二功能，如表 1-3 所示。

表 1-3　P3 口引脚第二功能表

引脚	第二功能	信号名称
P3.0	RXD	串行数据接收
P3.1	TXD	串行数据发送

引脚	第二功能	信号名称
P3.2	$\overline{INT0}$	外部中断 0 申请
P3.3	$\overline{INT1}$	外部中断 1 申请
P3.4	T0	定时器/计数器 0 的外部输入
P3.5	T1	定时器/计数器 1 的外部输入
P3.6	$\overline{WR}$	外部 RAM 写选通
P3.7	$\overline{RD}$	外部 RAM 读选通

7. 时钟电路

(1) 时钟信号的产生

在 AT89C51 芯片内部有一个高增益反相放大器,其输入端为芯片引脚 XTAL1,其输出端为引脚 XTAL2。在芯片的外部,XTAL1 和 XTAL2 之间跨接晶体振荡器和微调电容,构成一个稳定的自激振荡器,这就是单片机的时钟电路,如图 1-32 所示。

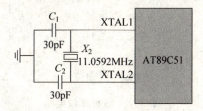

图 1-32 时钟振荡电路

通常,电容 C_1 和 C_2 取 30pF 左右,晶体的振荡频率范围是 1.2~24MHz。晶体振荡频率高,则系统的时钟频率高,单片机运行速度就快。

(2) 引入外部脉冲信号

在有多片单片机组成的系统中,为了各单片机之间时钟信号的同步,通常使用唯一的公用外部脉冲信号作为各单片机的振荡脉冲。外部的脉冲信号经 XTAL2 引脚注入,其连接如图 1-33 所示。

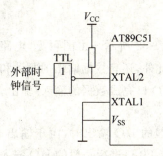

图 1-33 外部时钟源接法

8. 单片机的复位电路

(1) 复位操作

复位是单片机的初始化操作,其主要功能是把 PC 初始化为 0000H,使单片机从 0000H 单元开始执行程序。除了进入系统的正常初始化之外,当由于程序运行出错或操作错误使系统处于死锁状态时,需按复位键重新启动。

(2) 复位信号及其产生

RST 引脚是复位信号的输入端,复位信号是高电平有效,其有效时间应持续 24 个振荡脉冲周期(即 2 个机器周期)以上。若使用频率为 6MHz 的晶振,则复位信号持续时间应超过 4μs 才能完成复位操作。

(3) 复位方式

复位操作有上电自动复位和按键手动复位两种方式,如图 1-34 所示。

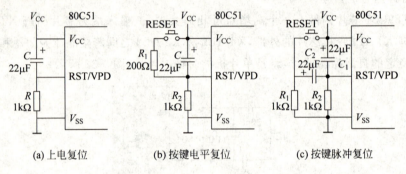

图 1-34 各种复位电路

9. AT89C51 的 I/O 口结构及功能

AT89C51 共有 4 个 8 位的并行 I/O 口,分别记作 P0,P1,P2,P3。每个口都包含一个锁存器、一个输出驱动器和输入缓冲器。各口也属于专用寄存器,在 Keil 编译软件自带的头文件"reg51.h"中已经定义了,在程序中可直接利用,不需再定义,任务中的三个源程序都利用 P1,P2 口作为输出口输出数据。

AT89C51 单片机的 4 个 I/O 口都是 8 位双向口,在结构和特性上基本相同,但又各具特点。

(1) P0 口

P0 口的口线逻辑电路如图 1-35 所示。由图可见,电路中包含有一个数据输出锁存器和两个三态数据输入缓冲器。此外,还有数据输出的驱动和控制电路。

P0 口既可以作为通用的 I/O 口完成数据的输入/输出,也可以作为单片机系统的地址/数据线使用。

但要注意,当 P0 口进行一般的 I/O 输出时,由于输出电路是漏极开路电路,必须外接上拉电阻才能有高电平输出;当 P0 口进行一般的 I/O 输入时,必须先向电路中的锁存器写入"1",使 FET 管 V_2 截止,以避免锁存器为"0"状态时对引脚读入的干扰。

在实际应用中,P0 口在绝大多数情况下都是作为单片机系统的地址/数据线使用,这要

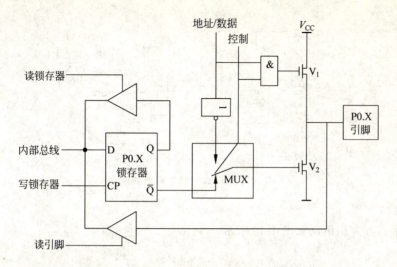

图 1-35 P0 口口线逻辑电路图

比作为一般 I/O 口应用简单。

(2) P1 口

P1 口的口线逻辑电路如图 1-36 所示。

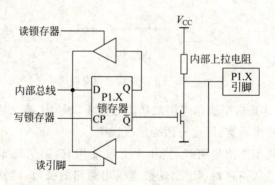

图 1-36 P1 口口线逻辑电路图

因为 P1 口通常是作为通用 I/O 口使用的,所以在电路结构上与 P0 口有一些不同之处。首先,它不再需要多路转接电路 MUX;其次,其电路内部有上拉电阻,与场效应管共同组成输出驱动电路。

为此,P1 口作为输出口使用时,已能向外提供推拉电流负载,无需再外接上拉电阻。当 P1 口作为输入口使用时,同样需先向其锁存器写入"1",使输出驱动电路的 FET 截止。

(3) P2 口

P2 口的口线逻辑电路如图 1-37 所示。P2 口电路中比 P1 口多了一个多路转接电路 MUX,这正好与 P0 口一样。P2 口可以作为通用 I/O 口使用。这时,多路转接开关倒向锁存器 Q 端。但通常在应用情况下,P2 口作为高位地址线使用,此时多路转接开关应倒向相反的方向。

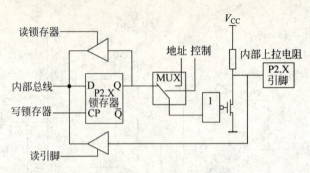

图 1-37　P3 口口线逻辑电路图

(4) P3 口

P3 口的口线逻辑电路如图 1-38 所示。

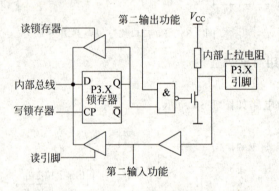

图 1-38　P3 口口线逻辑电路图

P3 口的特点在于为适应引脚信号第二功能的需要,增加了第二功能控制逻辑。由于第二功能信号有输入和输出两类,因此分两种情况说明。

对于第二功能为输出的信号引脚,当作为 I/O 使用时,第二功能信号引线应保持高电平,与非门开通,以维持从锁存器到输出端数据输出通路的畅通。当输出第二功能信号时,该位的锁存器应置"1",使与非门对第二功能信号的输出是畅通的,从而实现第二功能信号的输出。

对于第二功能为输入的信号引脚,在口线的输入通路上增加了一个缓冲器,输入的第二功能信号就从这个缓冲器的输出端取得。而作为 I/O 使用的数据输入,仍取自三态缓冲器的输出端。不管是作为输入口使用还是第二功能信号输入,输出电路中的锁存器输出和第二功能输出信号线都应保持高电平。

任务 4　变化点亮 8 路彩灯

1.4.1　任务目标

本任务是用 P2 口外接 8 位组合开关,根据 P2 口的开关组合状态,单片机的 P1 口输出不同的数据,控制外接的 8 个发光二极管固定显示。掌握利用 if~else 语句实现分支结构程序设计的方法。仿真硬件电路如图 1-39 所示。当 P2 口某一位外接的开关在"ON"位置时,该位引脚状态为低电平;外接的开关在"OFF"位置时,该位引脚状态为高电平。所以,当 CPU 读取 P2 口状态时,可获得固定的 8 位二进制数。

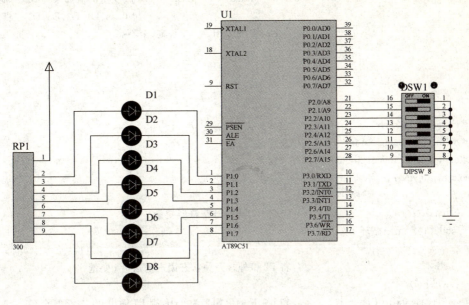

图 1-39 开关控制显示仿真电路

1.4.2 任务程序分析

在这里,要编写 C51 程序,首先读取 P2 口的开关组合状态,然后根据读取的 8 位二进制数,利用 if~else、switch 控制语句实现将一个不同的 8 位无符号数通过 P1 口输出,并通过 8 个发光二极管观察结果。从输出的具体数据来看,D1 灯亮需要的数据是 P1.0 的位为 0,D2 灯亮需要的数据是 P1.1 的位为 0,依此类推。

1.4.3 源程序

1. 源程序 1

```
#include "reg51.h"        //包含头文件
#define uint unsigned int //宏定义
#define uchar unsigned char //宏定义
void main(void)
{
    uchar i;              //定义 i 为无符号字符型变量
    while(1)//无限循环
    {
        i=P2;             //将 P2 口外接开关状态读进来送给 i 变量
        if(i==0xff) P1=~i; //判 i 变量的值如果为 0xff,则 P1 输出 00,二极管全亮
        else if(i==0xfe) P1=0xfe; //判 i 变量的值如果为 0xfe,则 P1 输出 0xfe,只有 D1 二极管亮
            else if(i==0xf0) P1=0xf0; //判 i 变量的值如果为 0xf0,则 P1 输出 0xf0,D1,D2,D3,D4
                                       二极管亮
                else if(i==0x0f) P1=0x0f; //判 i 变量的值如果为 0x0f,则 P1 输出 0x0f,D5,
                                           D6,D7,D8 二极管亮
```

```
            else if(i==0x55) P1=0x55;    //判 i 变量的值如果为 0x55,则 P1 输出
                                                  0x55,D2,D4,D6,D8 二极管亮
            else if(i==0xaa) P1=0xaa;    //判 i 变量的值如果为 0xaa,则 P1 输
                                           出 0xaa,D1,D3,D5,D5 二极管亮
            else P1=0xff;     //否则,全不亮
    }
}
```

2. 源程序 2

```
#include "reg51.h"           //包含头文件
#define uint unsigned int    //宏定义
#define uchar unsigned char  //宏定义
void main(void)
{
  uchar i;                   //定义 i 为无符号字符型变量
  while(1)//无限循环
  {
   i=P2;                     //将 P2 口外接开关状态读进来送给 i 变量
   switch(i)
      {case 0xff: P1=~i;     //判 i 变量的值如果为 0xff,则 P1 输出 00,二极管全亮
                break;
       case 0xfe: P1=0xfe;   //判 i 变量的值如果为 0xfe,则 P1 输出 0xfe,只有 D1 二极管亮
                break;
       case 0xf0: P1=0xf0;   //判 i 变量的值如果为 0xf0,则 P1 输出 0xf0,D1,D2,D3,D4 二极管亮
                break;
       case 0x0f: P1=0x0f;   //判 i 变量的值如果为 0x0f,则 P1 输出 0x0f,D5,D6,D7,D8 二极管亮
                break;
       case 0x55: P1=0x55;   //判 i 变量的值如果为 0x55,则 P1 输出 0x55,D2,D4,D6,D8
                              二极管亮
                break;
       case 0xaa: P1=0xaa;   //判 i 变量的值如果为 0xaa,则 P1 输出 0xaa,D1,D3,D5,D5
                              二极管亮
                break;
       default: P1=0xff;     //否则,全不亮
      }
  }
}
```

1.4.4 任务实施

1. 利用 Proteus 仿真软件绘制电路原理图

利用 Proteus 仿真软件绘制电路原理图 1-39。绘制原理图时添加的器件有 AT89C51,LED-BLUE,RESPARK-8,DIPSW_8 等。注意电源器件的放置与连线。

2. C51 程序的编译

按照 Keil C51 编译软件的操作步骤对源程序分别进行编译和调试。

3. 执行程序观察效果

将编译成功后的.HEX文件分别加载到CPU,然后根据程序设置DIPSW_8组合开关的状态,执行程序并观察效果。

1.4.5 相关知识

1. C51程序的选择结构程序设计

在结构化程序设计中,程序由三种基本结构组成。它们分别是顺序结构、选择结构和循环结构。已经证明,由三种基本结构组成的算法结构可以解决任何复杂的问题。由三种基本结构组成的程序称为结构化程序。

顺序结构流程图如图1-40所示。由图中不难看出,程序执行时,先执行语句1,再执行语句2,两者是顺序执行的关系。在前面介绍的源程序中,赋值语句都可以实现该结构。

选择结构流程图如图1-41所示。当判断表达式P为真时,执行语句1部分,否则执行语句2部分。尤其要注意的是,语句1和语句2在程序执行过程中只有一个被执行。

循环结构将在任务5中介绍。

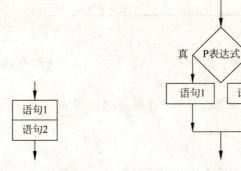

图1-40 顺序结构流程图　　图1-41 选择结构流程图

2. C51程序中的if语句的三种形式

C语言提供了三种形式的if语句,分述如下:

(1) if(表达式) 语句

例如:if(a>b) { t=a; a=b; b=t; }

(2) if (表达式)　　　　语句1;
　　else　　　　　　　语句2;

例如:if(i==0xaa) P1=0xaa;
　　　　else　　　　 P1=0xff;

(3) if(表达式1)　　　　语句1;
　　else if(表达式2)　　语句2;
　　else if(表达式3)　　语句3;
　　…
　　else if(表达式m)　　语句m;
　　else　　语句n;

源程序中采用了这种形式。它实际上是一种嵌套的 if 形式,用于多分支结构程序设计。

3. 关系运算符和关系表达式

关系运算是一种简单的逻辑运算,关系运算符中的"关系"二字指的是一个值与另一个值之间的关系。

(1) 关系运算符及优先级

关系运算符就是关系比较符,C 语言共有 6 种关系运算符,如表 1-4 所示。

表 1-4 关系运算符

关系运算符	作　用	结　合　性
<	小于	左结合性
<=	小于等于	
>	大于	
>=	大于等于	
==	等于	左结合性
!=	不等于	

注意:

① 关系运算符共分两级,其中<、<=、>和>=的优先级相同,且高于==和!=(二者优先级相同)。

② 关系运算符的优先级低于算术运算符,高于赋值运算符。

例如:

```
a+b>c        等价于    (a+b)>c
a<b==c       等价于    (a<b)==c
a>b!=c       等价于    (a>b)!=c
a=b>=c       等价于    a=(b>=c)
a-8<=b==c    等价于    ((a-8)<=b)==c
```

(2) 关系表达式

关系表达式是由关系运算符和括号将两个表达式连接起来的一个有值的式子。关系运算符两边的表达式可以是算术表达式、变量、常数、数组元素、函数,表达式的值只能同时是算术量或同时是字符。关系表达式的值是一个逻辑量,只能是"TRUE"或"FALSE"二者之一,习惯用"1"和"0"来表示。例如,程序中"i==0xff"就是一个关系表达式,看 i 的值是否是 0xff。i 的值如果是 0xff,则关系表达式的值为"1",反之为"0"。

4. 逻辑运算符和逻辑表达式

逻辑运算就是将关系表达式用逻辑运算符连接起来,并对其求值的一个运算过程。

(1) 逻辑运算符及优先级

C51 语言提供三种逻辑运算符,分别是 &&(逻辑与)、||(逻辑或)和!(逻辑非)。逻辑与和逻辑或是双目运算符,要求有两个运算量,如 (A>B) && (X>Y)。逻辑非是单目运算符,只要求有一个运算量,如 !(A>B)。

逻辑运算符及其他运算符之间的优先级关系如表 1-5 所示。

单元1 单片机最小系统

表 1-5 逻辑运算符优先级

运 算 符	优 先 级
!（逻辑非）	（高）
算术运算符	
关系运算符	
&& 和 ||	
赋值运算符	（低）

逻辑与相当于生活中说的"并且"，就是在两个条件都成立的情况下，逻辑与的运算结果才为"真"。例如，"明天又下雨并且又刮风"这是一个预言，到底预言得对不对呢？如果明天只下了雨，或者只刮了风，或者干脆就是大晴天，那么这个预言就错，或者说是假的；只有明天确实是又下雨并且又刮风，这个预言才是对的，或者是真的。

逻辑或相当于生活中的"或者"，当两个条件中有任一个条件满足，逻辑或的运算结果就为"真"。例如，"明天不是刮风就是下雨"，这也是一个预言。如果明天下了雨，或者明天刮了风，或者明天又下雨又刮风，那么这个预言是对的；只有明天又不刮风又不下雨，这个预言才是错的。

逻辑非相当于生活中的"不"，当一个条件为真时，逻辑非的运算结果为"假"。

表 1-6 所示为逻辑运算真值表，它表示当条件 A 是否成立与条件 B 是否成立形成不同的组合时，各种逻辑运算所得到的值。A、B 的值为"0"，表示条件不成立；为"1"，表示条件成立。

表 1-6 逻辑运算真值表

A	B	!A	!B	A&&B	A||B
0	0	1	1	0	0
0	1	1	0	0	1
1	0	0	1	0	1

（2）逻辑表达式

用逻辑运算符连接若干个表达式组成的式子叫逻辑表达式。逻辑表达式的值为一个逻辑值"1"或"0"。逻辑运算符不仅可以连接关系表达式，还可以连接常量、变量、算术表达式、赋值表达式，甚至逻辑表达式本身。如果一个表达式太复杂，可以通过括号来保证运算次序。

例如：a<b || c= =d　　等价于：(a<b) || (c= =d)

又如：x<10&&x+y! =20　　等价于：(x<10)&&((x+y)!=20)

注意：C51程序中规定任意一个非零整数的逻辑值为"1"，常数 0 的逻辑值为"0"。

例如：

① "5&&0"的逻辑值为"0"；

② "5||0"的逻辑值为"1"；

③ "!20"的逻辑值为"0"。

想一想，为什么？

5. C51程序中的switch控制语句

switch语句是多分支选择语句,用来实现多分支选择结构。if语句只有两个分支可供选择,而实际问题中常常需要多分支的选择。

(1) switch语句的形式

```
switch(表达式)
    {   case    常量表达式1: 语句1;
        case    常量表达式2: 语句2;
                ⋮
        case    常量表达式n: 语句n;
        default :            语句n+1;
    }
```

说明:

① switch是关键字,switch语句后面用花括号括起来的部分是语句体。

② 紧跟在switch后一对括号内的表达式可以是整型表达式,也可以是字符型和枚举类型的表达式等。表达式两侧的括号不可以省略。

③ case也是关键字,与其后面的常量表达式合称case语句标号。常量表达式的类型必须与switch语句后的表达式一致。各case语句后的常量应互不相同。

④ default也是关键字,起标号的作用。代表所有case标号以外的标号。default标号可以出现在语句体的任何位置,在switch语句中也可以没有default标号。

⑤ case语句标号后的语句1、语句2,可以是一条语句,也可以是若干语句,也可以省略不写。

⑥ 在关键字case和常量表达式间一定要有空格。

⑦ switch语句的执行过程如下:首先计算紧跟在其后括号内的表达式的值,然后在switch语句体中找与该值吻合的case的标号。如果有,则执行该标号后开始的各语句,包括在其后的所有case和default中的语句,直到switch语句结束。如果没有与该值相吻合的标号,并且存在default语句,则从default标号后的语句开始执行,直到switch语句结束。如果没有与该值吻合的标号,并且没有default标号,则跳过该switch语句体,什么也不做。

(2) switch语句中break语句的使用

break语句又称间断语句,可使程序跳出switch语句而执行switch以后的语句。根据上面关于switch语句执行过程的说明,我们知道,switch语句并没有真正实现多分支选择的流程,这就需要在switch语句中使用break语句。可以在case标号之后的语句最后加上break语句,每当执行到break语句,立即跳出switch语句体,使switch语句真正起到多分支的作用。

程序中实际上利用变量i的值即P2口外接的组合开关的状态来控制单片机执行哪一条case语句后的语句,从而实现P1口输出不同数据,最后执行break语句跳出switch语句,实现了多分支结构程序设计。用switch语句实现多分支程序在逻辑上要比用嵌套的if语句实现更清晰一些。

6. C51程序中的位逻辑运算符

C51语言和其他高级语言不同的是它完全支持按位逻辑运算符。这与汇编语言的位操作有些相似。C51语言中按位逻辑运算符如表1-7所示。

表 1-7 按位逻辑运算符

操 作 符	含 义
&	位逻辑与
|	位逻辑或
^	位逻辑异或
~	位逻辑反
>>	右移
<<	左移

按位运算是对字节或字中的实际位进行检测、设置或移位,它只适用于字符型和整数型变量以及它们的变体,对其他数据类型不适用。

关系运算和逻辑运算表达式的结果只能是"1"或"0"。而按位运算的结果可以取"0"或"1"以外的值。要注意区别按位运算符和逻辑运算符的不同。

下面详细说明每个运算符的功能。

(1) 按位逻辑与(&)

按位与运算符"&"是双目运算符,其功能是参与运算的两数各对应的二进制位相与。只有对应的两个二进制位均为"1"时,结果位才为"1",否则为"0"。参与运算的数以补码方式出现。

例如,9&5 可写成算式如下:
00001001 (9 的二进制补码)
00000101 (5 的二进制补码)　(按位与 &)
00000001 (1 的二进制补码)
可见,9&5=1。

(2) 按位逻辑或(|)

按位或运算符"|"是双目运算符,其功能是参与运算的两数各对应的二进制位相或。只要对应的两个二进制位有一个为"1",结果位就为"1"。参与运算的两个数均以补码出现。

例如,9|5 可写成算式如下:
00001001
00000101　　(按位或|)
00001101 (十进制数 13)
可见,9|5=13。

(3) 按位逻辑异或(^)

按位异或运算符"^"是双目运算符,其功能是参与运算的两数各对应的二进制位相异或。当两个对应的二进制位相异时,结果为"1"。参与运算的数均以补码出现。

例如,9^5 可写成算式如下:
00001001
00000101　　(按位异或 ^)
00001100 (十进制数 12)

(4) 求反(～)

求反运算符"～"为单目运算符,具有右结合性,其功能是对参与运算的数的各二进制位按位求反。

例如,～9 的运算为:

～(0000000000001001)

结果为:1111111111110110

程序中,变量 i 被定义为无符号字符型,在内存中占一个字节空间。如果 i 的值为 0xff,即 8 位二进制数为 11111111,则按位取反后为 00000000,然后通过 P1 口输出,所以外接的所有二极管都亮。

(5) 移位运算符

移位运算符">>"和"<<"是指将变量中的每一位向右或向左移动,其通常形式为:

① 右移:变量名>>移位的位数

② 左移:变量名<<移位的位数

经过移位后,一端的位被"挤掉",另一端空出的位以"0"填补。所以,C51 语言中的移位不是循环移动的。

例如,设 a=15,a>>2 表示把 000001111 右移 2 位,结果为 00000011(十进制数 3)。

又如,a<<4 指把 a 的各二进制位向左移动 4 位。若 a=00000011(十进制数 3),左移 4 位后为 00110000(十进制数 48)。

应该说明的是,对于有符号数,在右移时,符号位将随同移动。当为正数时,最高位补 0;而为负数时,符号位为 1。最高位是补 0 还是补 1,取决于编译系统的规定。Turbo C 和很多系统规定为补 1。

7. 计算机中带符号数的表示形式

计算机中的数都是以二进制数来表示和存储的,计算机中数的表示形式有 3 种,即所谓的原码、反码、补码。对带符号数而言,数的最高位为符号位。如果符号位为"0",表示该数为正数;如果符号位为"1",表示该数为负数,并且一般用补码来表示带符号数。下面以一个数的 3 种表示形式来阐述原码、反码、补码的概念。

(1) +30 的原码、反码、补码

+30 的原码就是将正数转化为 8 位二进制数,转换结果为 00011110,画线部分为符号位。对于一个正数而言,它的原码、反码、补码是一样的。

(2) -30 的原码、反码、补码

① 先求-30 的绝对值数的原码:00011110;

② 将符号位改为"1"变成 10011110,即为-30 的原码;

③ 符号位不变,其他位取反,变成 11100001,即为-30 的反码;

④ 在最低位加 1,符号位为"1"不变:11100010,即为-30 的补码。

注意:-30 在计算机存储器里就是以 8 位二进制数 11100010 存放的。

8. AT89C51 的 P2 口外接组合开关电路介绍

电路图中 DIPSW_8 为一个组合开关,里面包含 8 路独立单个开关。单个开关电路工作原理仿真图如图 1-42 所示。

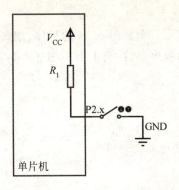

图 1-42 单个开关电路工作原理仿真图

由图可知,在开关断开时,由于端口引脚上拉电阻的存在,使得引脚电平为高电平;在开关合上时,由于开关的另一端接地,使得引脚电平为低电平。

任务 5 跑马彩灯

1.5.1 任务目标

本任务是用单片机的 P1 口控制外接的 8 个发光二极管自上而下或自下而上依次点亮。学习利用 C51 循环控制语句实现循环结构程序设计的方法。掌握 C51 语言中的三种循环控制语句、自增和自减运算符。其硬件电路仿真图如图 1-43 所示。

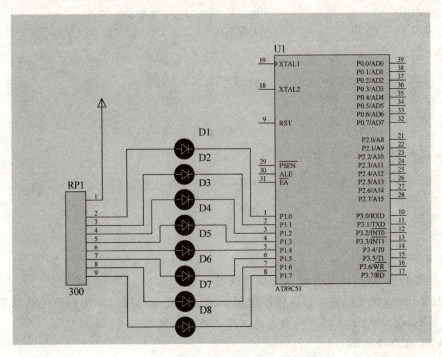

图 1-43 硬件电路仿真图

1.5.2 任务程序分析

在这里,为观察效果,要编写一个延时0.5s的程序,使每一位发光二极管被点亮0.5s。用循环控制语句构成循环结构程序,依次自上而下循环点亮8个发光二极管,实现跑马灯的效果。

1.5.3 源程序

```c
#include "reg51.h"          //包含头文件
#define uchar unsigned char //宏定义
void delay(void)
{
  uchar i,j,k;
  for(i=5;i>0;i--)          //外循环5次,每次约0.1s,共延时0.5s
  {
    for(j=200;j>0;j--)      //循环200次,每次约0.5ms,共延时0.1s
    {
      for(k=250;k>0;k--)    //内循环250次,延时约250*2μs=0.5ms
          {;}
    }
  }
}
void main(void)
{
  uchar i,j;                //定义i,j为无符号字符型变量
  while(1)                  //无限循环
    {
        j=0xfe;
        for(i=0;i<8;i++)    //for循环,完成8次循环
        {
          P1=j;
          delay();          //延时函数调用,实现0.5s延时
          j=j<<1;
        }
        P1=0xff;            //所有灯熄灭
        delay();
    }
}
```

1.5.4 任务实施

1. 利用Proteus仿真软件绘制电路原理图

利用Proteus仿真软件绘制电路原理图1-43。绘制原理图时添加的器件有AT89C51,LED-BLUE,RESPARK-8等。注意电源器件的放置与连线。

2. C51程序的编译

按照Keil C51编译软件的操作步骤对源程序进行编译和调试。

3. 执行程序观察效果

将编译成功后的.HEX文件加载到CPU,执行程序并观察效果。

1.5.5 相关知识

1. C51 程序的循环结构程序设计

循环结构是程序中一种很重要的结构,其特点是:在给定条件成立时,反复执行某程序段,直到条件不成立为止。给定的条件称为循环条件,反复执行的程序段称为循环体。C51 语言提供了多种循环语句,可以组成各种不同形式的循环结构。C51 语言中常用的循环结构语句有 while 语句、do-while 语句和 for 语句。

（1）while 语句

① while 语句的语法。

while 语句的一般形式为:

while（表达式）循环体语句；

其中,"表达式"是循环条件,"循环体语句"为循环体。

while 语句的执行过程是:首先计算表达式的值,当值为"真（非 0）"时,执行循环体语句；当表达式的值为"假"时,结束循环。其执行过程如图 1-44 所示。

图 1-44　while 语句流程图

② 使用 while 语句应注意的问题。

- 循环体语句必须是一个语句。如果循环体语句是由多个语句组成的,必须将其用花括号括起来,形成一个复合语句。
- 在循环体语句中必须要有使得循环趋于结束的条件语句。
  例如,

```
i=1;
sum=0;
while (i<=100)
    {sum=sum+2;
    }
```

此程序段中,i 的值不变,一直为 1,即循环体中缺乏使循环结构趋于结束的条件,因此将无休止地执行下去,形成一个死循环。

源程序中的 while 循环为无限次循环,使发光二极管能无限次地被循环点亮。

- while 语句是先判断后执行,因此循环体语句有可能一次也得不到执行。例如,

```
i=10;
sum=0;
while(i<5)
    {sum=sum+2;i++;}
```

因为 i 的初始值为 10,循环条件不成立,此程序段中的循环体一次也得不到执行。

（2）do-while 语句

① do-while 语句的语法。

do-while 语句的一般形式为:

do

{循环体语句;}while(表达式);

它的执行过程是:先执行一次循环体语句,然后判断表达式的值。当表达式的值为非 0 时,重新执行循环体语句。如此反复,直到表达式的值等于 0 为止。

其流程图如图 1-45 所示。

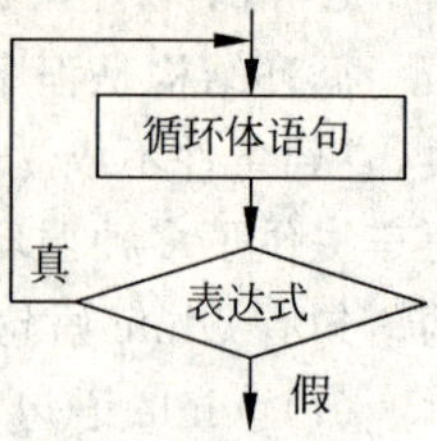

② 使用 do-while 应注意的问题。

- 与 while 语句类似,如果循环体语句由多个语句构成,要用花括号括起来,构成一个复合语句。
- 在循环体内,同样要有使循环趋于结束的条件语句。
- 由于 do-while 语句的特点是先执行后判断,因此循环体语句至少要被执行一次,这是与 while 语句不同的。例如,

图 1-45 do-while 语句流程图

```
i=10;
sum=0;
do
  {sum=sum+2;
  i++
  }
while(i<5);
```

虽然程序段一开始 i 的值就不满足条件 i<5,但循环体还是要被执行一次。大家需要特别注意。

(3) for 语句

① for 语句的语法。

for 语句的一般形式为:

for(表达式 1;表达式 2;表达式 3) 循环体语句

用流程图 1-46 来表示 for 语句的执行过程。

它的执行过程如下:

第 1 步:先求解表达式 1。

第 2 步:求解表达式 2。若其值为"0",则结束循环;若其值为非 0,则执行第 3 步。

第 3 步:执行循环体语句。

第 4 步:求解表达式 3。

第 5 步:转到第 2 步去执行。

第 6 步:循环结束,执行 for 语句的下一个语句。

for 循环常用来完成循环次数已知的循环结构程序设计。

② 使用 for 语句应注意的问题

- for 循环中的"表达式 1(循环变量赋初值)"、"表达式 2(循环条件)"和"表达式 3(循环变量增量)"都是选择项,即可以缺省,但";"不能缺省。

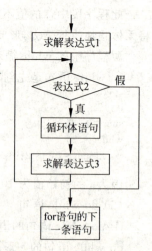

图 1-46 for 语句流程图

- 省略了"表达式1(循环变量赋初值)",表示不对循环控制变量赋初值。
- 省略了"表达式2(循环条件)",如果在循环体语句中不做其他处理,便成为死循环。
- 省略了"表达式3(循环变量增量)",则不对循环控制变量进行操作,这时可在语句体中加入修改循环控制变量的语句。例如,

```
for(i=1;i<=10;)
  {sum=sum+i;
   i++;
  }
```

- 省略了"表达式1(循环变量赋初值)"和"表达式3(循环变量增量)",只有"表达式2",即只给循环条件。例如,

```
for(;i<=100;)
  {sum=sum+i;
   i++;
  }
```

相当于:

```
while(i<=100)
  {sum=sum+i;
   i++;
  }
```

在这种条件下,完全等同于 while 语句。可见,for 语句比 while 功能强,除了可以给出循环条件外,还可以赋初值,使循环变量自动增值。

- 三个表达式都可以省略。例如,

for(; ;) 语句

相当于:

while(1) 语句

即不设初值,不判断条件(认为"表达式2"为真值),循环变量不增值,无终止执行循环体。

- "表达式2"一般是关系表达式或逻辑表达式,也可以是数值表达式或字符表达式,只要其值非零,就执行循环体。

2. C51 程序中的自增、自减运算符

(1) 自增运算符

自增1运算符记为"++",其功能是使变量的值自增1。自增1运算符为单目运算,具有右结合性。可有以下两种形式:

① ++i:i 自增1后再参与其他运算。
② i++:i 参与运算后,i 的值再自增1。

例如,已知"int i=2,j,k;",若连续执行"j=i++,k=++i;",得到 j 和 k 的值分别是 2 和 4。

(2) 自减运算符

自减 1 运算符记为"――",其功能是使变量值自减 1。自减 1 运算符为单目运算符,具有右结合性。可有以下两种形式:

① ――i:i 自减 1 后再参与其他运算。

② i――:i 参与运算后,i 的值再自减 1。

例如,已知"int i=2,j,k;",若连续执行"j=i――,k=――i;",得到 j 和 k 的值分别是 2 和 0。

在理解和使用上容易出错的是 i++和 i――。特别是当它们出在较复杂的表达式或语句中时,常常难于弄清,因此应仔细分析。

任务 6 流水彩灯

1.6.1 任务目标

本任务是用单片机的 P1 口控制外接的 8 个发光二极管。将 8 只 LED 分为两组,即 D_1、D_3、D_5、D_7 为一组,D_2、D_4、D_6、D_8 为一组,使两组 LED 分别被点亮,两组 LED 显示时间间隔为 0.4s。掌握 C51 程序中函数的概念和定义;掌握函数的调用方法。其硬件电路仿真图如图 1-43 所示。

1.6.2 任务程序分析

在这里,为观察效果,要编写一个延时 0.4s 的程序,使每一组发光二极管被点亮 0.4s。用循环控制语句构成循环结构程序,依次循环点亮这两组发光二极管,实现流水灯的效果。

1.6.3 源程序

```
#include "reg51.h"              //包含头文件
#define uchar unsigned char     //宏定义
void delay(void)
{
    uchar i,j,k;
    for(i=5;i>0;i――)            //外循环 5 次,每次约 0.08s,共延时 0.4s
    {
        for(j=200;j>0;j――)      //循环 200 次,每次约 0.4ms,共延时 0.08s
        {
            for(k=200;k>0;k――)  //内循环 200 次,延时约 200*2μs=0.4ms
            {;}
        }
    }
}
void main(void)
{
    while(1)                    //无限循环
    {
        P1=0x55;
        delay();                //延时函数调用,实现 0.4s 延时
        P1=0xaa;
        delay();
    }
}
```

1.6.4 任务实施

1. 利用 Proteus 仿真软件绘制电路原理图

利用 Proteus 仿真软件绘制电路原理图 1-43。绘制原理图时添加的器件有 AT89C51、LED-BLUE、RESPARK-8 等。注意电源器件的放置与连线。

2. C51 程序的编译

按照 Keil C51 编译软件的操作步骤对源程序进行编译和调试。

3. 执行程序观察效果

将编译成功后的.HEX 文件加载到 CPU,执行程序并观察效果。

1.6.5 相关知识

1. C51 程序中的函数概念

高级语言中"函数"的概念和数学中"函数"的概念不完全相同。在英语中,"函数"与"功能"是同一个单词,即 function。高级语言中的"函数"实际上是"功能"的意思。当需要完成某一个功能时,就用一个函数去实现它。在程序设计时,我们先集中考虑 main()函数中的算法。当 main()函数中需要使用某一个功能时,就先写上一个调用具有该功能的函数的表达式。这时的函数相当于一个黑盒子,我们只需知道它具有什么功能,如何与程序通信(输入什么,返回什么),别的东西先不去处理。如同设计一部机器一样,当需要在某处使用一个部件时,先把它画上,并标明其功能及安装方法,至于如何制造,先不用考虑,因为也许它可以直接买来。设计完 main()函数的算法并检验无误后,我们开始考虑它所调用的函数。在这些被调用的函数中,若在库函数中可以找到(像制造机器时,库房中已有的零部件),那就直接使用,否则再动手设计这些函数。这样设计的程序从逻辑关系上就形成如图 1-47 所示的层次结构。这个层次结构的形成是自顶向下的,这种方法称为自顶向下、逐步细化的程序设计方法。这种方法允许人在进行设计时,每个阶段都能集中精力解决只属于当前模块的算法,暂不考虑与之无关的细节,从而保证每个阶段所考虑的问题都是易于解决的,设计出来的程序成功率高,而且程序层次分明、结构清晰。

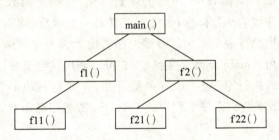

图 1-47　C51 程序的层次结构

C51 语言中的函数相当于其他高级语言的子程序。C51 语言不仅提供了极为丰富的库函数(如 Turbo C、MS C 都提供了三百多个库函数),还允许用户建立自己定义的函数。用户可以把自己的算法编成一个个相对独立的函数模块,然后用调用的方法来使用函数。

2. C51 程序中的函数分类

(1) 从函数定义的角度看,分为库函数和用户定义函数两种。

① 库函数。

由 C51 系统提供,用户无需定义,也不必在程序中作类型说明,只需在程序前注明包含

有该函数原型的头文件,便可在程序中直接调用。例如,源程序中

#include "reg51.h"

② 用户定义函数。

由用户按需要编写的函数。对于用户自定义函数,要在程序中定义函数本身。如源程序中的 delay()延时函数。

(2) 从函数有无返回值角度看,把函数分为有返回值函数和无返回值函数两种。

① 有返回值函数。

此类函数被调用执行完后,将向调用者返回一个执行结果,称为函数返回值。如数学函数即属于此类函数。由用户定义的这种要返回函数值的函数,必须在函数定义和函数说明中明确返回值的类型。

② 无返回值函数。

此类函数仅仅用于完成某项特定的处理任务,执行完成后不向调用者返回函数值。这类函数类似于其他语言的过程,如源程序中的 delay()延时函数。由于函数无需返回值,用户在定义此类函数时可指定它的返回类型为"空类型"。空类型的说明符为"void"。

(3) 从主调函数和被调函数之间数据传送的角度看,分为无参函数和有参函数两种。

① 无参函数。

在无参函数中,函数定义、函数说明及函数调用中均不带参数。主调函数和被调函数之间不进行参数传送。源程序中的 delay()延时函数也属于无参函数。

② 有参函数。

也称为带参函数,在函数定义及函数说明时都有参数。在调用函数时,主调函数和被调函数之间有数据传递。也就是说,主调函数可以将数据传给被调函数使用,被调函数中的数据也可以带回来供主调函数使用。

还应该指出的是,在 C51 语言中,所有的函数定义,包括主函数 main 在内,都是平行的。也就是说,在一个函数的函数体内,不能再定义另一个函数,即不能嵌套定义。但是函数之间允许相互调用,也允许嵌套调用。习惯上把调用者称为主调函数。函数还可以自己调用自己,称为递归调用。main 函数是主函数,它可以调用其他函数,而不允许被其他函数调用。因此,C51 程序的执行总是从 main 函数开始,完成对其他函数的调用后再返回到 main 函数,最后由 main 函数结束整个程序。一个 C51 源程序必须有,也只能有一个主函数 main。

3. C51 程序中的函数定义及返回值

(1) 无参函数的定义形式

```
类型说明符 函数名()
{
    类型说明;
    语句;
}
```

其中,"类型说明符"和"函数名"为函数头。"类型说明符"指明了本函数的类型。函

数的类型实际上是函数返回值的类型。"函数名"要求符合标识符的定义规则。"函数名"后有一个空括号,其中无参数,但括号不可少。"{}"中的内容称为函数体。函数体由两部分组成,其一是类型说明,即声明部分,是对函数体内部所用到的变量的类型说明;其二是语句,即执行部分。在很多情况下都不要求无参函数有返回值,此时函数类型符可以写为"void"。

（2）有参函数定义的一般形式

```
类型说明符 函数名(形式参数表列)
形式参数类型说明;
{
   类型说明;
   语句;
}
```

有参函数比无参函数多了两个内容,其一是形式参数表,其二是形式参数类型说明。在形参表中给出的参数称为形式参数,它们可以是各种类型的变量,各参数之间用逗号间隔。在进行函数调用时,主调函数将赋予这些形式参数实际的值。形参既然是变量,当然必须给以类型说明。例如,定义一个函数,用于求两个数中的大数,可写为:

```
int max(a,b)              //max 函数为整型函数,有两个形式参数为 a,b
int a,b;                  //形式参数类型说明
{
   if (a>b) return a;
   else return b;
}
```

其中,return 语句为返回值语句。

（3）函数的返回值

C51 语言可以从被调用函数返回值给主调用函数(这与数学函数相当类似)。函数的返回值是通过 return 语句获得的。使用 return 语句能够返回一个值或不返回值(此时函数类型是 void)。

return 语句的格式：

return(表达式);

说明：

① return 语句后面的括弧也可以不要。例如,"return a;"等价于"return(a);"。

② return 后面的值可以是一般的变量、常量,也可以是表达式。

③ 一个函数中可以有一个以上的 return 语句,执行到哪个语句,哪个语句起作用;并且要求每个 return 后面的表达式的类型应相同。如以下形式：

```
int max(int a,int b)
{
   if(a>b)return a+b;
   else return a-b;
}
```

④ 函数的类型就是返回值的类型。return 语句中表达式的类型应该与函数类型一致。如果不一致,以函数类型为准。对于数值型数据,可以自动进行类型转换,即函数类型决定返回值的类型。

4．C51 程序中的函数调用

(1) 函数调用形式

函数调用的一般形式前面已经说过,在程序中是通过对函数的调用来执行函数体的,其过程与其他语言的子程序调用相似。C 语言中,函数调用的一般形式为:

函数名(实际参数表);

对无参函数调用时,无实际参数表。实际参数表中的参数可以是常量、变量或其他构造类型数据及表达式。各实参之间用逗号分隔。

(2) 函数的调用方式

在 C 语言中,按照函数在程序中出现的位置来分,有以下三种函数调用方式:

① 函数表达式

函数作为表达式中的一项出现在表达式中,以函数返回值参与表达式的运算。这种方式要求函数是有返回值的。例如,z=max(x,y)是一个赋值表达式,把 max 的返回值赋予变量 z。

② 函数语句

函数调用的一般形式加上分号即构成函数语句。例如,源程序中

delay();

就是以函数语句的方式调用函数。这时,不要求函数有返回值,只要求函数完成一定的操作。

③ 函数实参

函数作为另一个函数调用的实际参数出现。这种情况是把该函数的返回值作为实参进行传送,因此要求该函数必须是有返回值的。

任务 7　花样彩灯

1.7.1　任务目标

本任务是用单片机的 P1 口控制外接的 8 个发光二极管,按时间依次让 8 只 LED 显示出规定的花样,但其对应于控制的显示数据之间没有规律,不能通过计算的方式得到。输出数据时间间隔为 0.4s。通过学习,掌握 C 语言中一维数组和二维数组的定义、初始化、引用的方法。

1.7.2　任务程序分析

在这里,为观察效果,要编写一个延时 0.4s 的程序,使每一次发光二极管被点亮 0.4s。将二极管显示数据事先存放在一个数组里,用循环控制语句构成循环结构程序,依次输出一维数组的所有元素,实现花样彩灯的效果。

1.7.3 源程序

```c
#include "reg51.h"                    //包含头文件
#define uchar unsigned char           //宏定义
uchar disp[8]={ 0x81,0xC3,0xE7,0xFF,0x18,0x3C,0x7E,0xFF};   //定义一维数组并初始化
void delay(void)
{
    uchar i,j,k;
    for(i=5;i>0;i--)                  //外循环5次,每次约0.08s,共延时0.4s
    {
        for(j=200;j>0;j--)            //循环200次,每次约0.4ms,共延时0.08s
        {
            for(k=200;k>0;k--)        //内循环200次,延时约200*2μs=0.4ms
            {;}
        }
    }
}
void main(void)
{
    uchar i;                          //定义i,j为无符号字符型变量
    while(1)                          //无限循环
    {
        for(i=0;i<8;i++)              //for循环,完成8次循环
        {
            P1=disp[i];               //数组元素的值送P1端口
            delay();                  //延时函数调用,实现0.4s延时
        }
    }
}
```

1.7.4 任务实施

1. 利用 Proteus 仿真软件绘制电路原理图

利用 Proteus 仿真软件绘制电路原理图 1-43。绘制原理图时添加的器件有 AT89C51、LED-BLUE、RESPARK-8 等。注意电源器件的放置与连线。

2. C51 程序的编译

按照 Keil C51 编译软件的操作步骤对源程序进行编译和调试。

3. 执行程序观察效果

将编译成功后的 .HEX 文件加载到 CPU,执行程序并观察效果。

1.7.5 相关知识

1. C51 程序中的一维数组

(1) 一维数组的定义

与简单变量的使用一样,在使用数组之前必须要先定义数组。定义一维数组的一般形式为:

类型说明符 数组名[常量表达式];

例如,源程序中

uchar disp[8]={ 0x81,0xC3,0xE7,0xFF,0x18,0x3C,0x7E,0xFF};

该语句定义了一个名为 disp 的无符号字符数组。数组中共有 8 个元素,对每一个元素进行了初始化。

说明:

① 类型说明符:类型说明符定义了数组的数据类型。数组的数据类型也是该数组中各个元素的数据类型。在同一数组中,各个数组元素具有相同的数据类型。

② 数组名:数组名的命名规则与变量名相同,即遵循标识符的命名规则。

③ 常量表达式:数组名后面用方括号括起来的常量表达式,表示数组中元素的个数,即数组的长度。注意,常量表达式中可以包含常量或符号常量,但不能包含变量。也就是说,C51 语言中不允许对数组的大小作动态定义。例如,

int n;
int b[n];

④ 如果数组的长度为 n,则数组中的第一个元素的下标为 0,最后一个元素的下标为 n−1。源程序中数组元素分别为 disp[0],disp[1],disp[2],…,disp[7]。

(2) 一维数组的引用

数组必须先定义,然后使用。在 C51 语言中,使用数值型数组时,只能逐个引用数组元素,而不能一次引用整个数组。数组元素的引用是通过下标来实现的。

一维数组中元素的表示形式是:

数组名[下标]

① 引用数组元素时,下标可以是任何整型常量、整型变量或任何返回整型量的表达式。例如,

num[10],score[4*9],a[n](n 必须是一个整型变量,并且必须具有确定的值)
num[7]= score[1]+ score[2];

② 对数组元素可以赋值,数组元素也可参加各种运算,这与简单变量的使用是一样的。例如,源程序中

P1=disp[i];

将数组元素 disp[i]的值赋给 P1 端口。

(3) 一维数组的初始化

使数组元素具有某个值的方法有很多。例如,可以使用赋值语句给数组元素赋值,也可使用输入函数在程序运行时给数组元素赋值;还可以在定义数组时对数组元素赋初值,即初始化数组。

对一维数组元素进行初始化的几点说明:

① 数组元素的初值依次放在一对花括号内,两个值之间用逗号间隔。例如,

uchar disp[8]={ 0x81,0xC3,0xE7,0xFF,0x18,0x3C,0x7E,0xFF};

经过上面的初始化之后,数组元素 disp[0]的值为 0x81,disp[1]的值为 0xc3,…,

disp[7]的值为 0xff。

② 可以只给一部分数组元素赋初值。例如，

int b[10]={0,1,2,3,4,5};

经过上面的初始化之后，只给前面的 6 个数组元素(b[0]～b[5])赋了初值，后面 4 个没有赋初值的数组元素(b[6]～b[9])，被自动初始化为"0"。

③ 对全部数组元素赋初值时，可以不指定数组的长度。例如，

int b[10]= {0,1,2,3,4,5,6,7,8,9};

可以写成

int b[ ]={0,1,2,3,4,5,6,7,8,9};

2．C51 程序中的二维数组

(1) 二维数组的定义

定义二维数组的一般形式为：

类型说明符 数组名[常量表达式 1] [常量表达式 2];

例如，

float a[6][10];

该语句定义了一个名为 a 的 6×10 的二维数组，数组的类型为 float 型，数组中共有 60 个元素。

说明：

① 数组名后的常量表达式的个数称为数组的维数，每个常量表达式都必须用方括号括起来。例如，

float a[6,10];

这样定义是非法的。

② 二维数组中的元素个数为：常量表达式 1×常量表达式 2。

③ 如果常量表达式 1 的值为 n，常量表达式 2 的值为 m，则二维数组中的第一个元素的下标为[0][0]，最后一个元素的下标为[n-1][m-1]。

④ 一维数组通常用来表示一行或一列数据，二维数组则通常用来表示按二维表排列的一组相关数据。

(2) 二维数组的引用

二维数组中元素的表示形式是：

数组名[下标 1] [下标 2]

说明：

① 与一维数组相同，二维数组元素的下标也可是任何整型常量、整型变量或返回整型量的表达式。

② 如果二维数组元素第一维的长度为 m，第二维的长度为 n，则引用该二维数组的元素时，第一个下标的范围为 0～m－1，第二个下标的范围为 0～n－1。

例如，

    int score [3][4];

则各个数组元素在内存中的存放顺序为：

score[0][0]	score[0][1]	score[0][2]	score[0][3]
score[1][0]	score[1][1]	score[1][2]	score[1][3]
score[2][0]	score[2][1]	score[2][2]	score[2][3]

（3）二维数组的初始化

对二维数组元素进行初始化的几点说明：

① 分行给二维数组赋初值。例如，

    int c[4][3]={{1,2,3},{4,5,6},{7,8,9},{10,11,12}};

第一对花括号内的数值赋给数组 c 第一行的元素，第二对花括号内的数值赋给第二行的元素，…，依次类推。

② 也可以把所有的数据都写在一对花括号内。例如，

    int c[4][3]={1,2,3,4,5,6,7,8,9,10,11,12};

但是这种初始化二维数组的方法不如第一种方法直观。

③ 可以只对二维数组的部分元素赋初值。例如，

    int c[4][3]={{1},{2},{3}};

这时，c[0][0]的值为 1，c[1][0]的值为 2，c[2][0]的值为 3。又如，

    int c[4][3]={{1},{2,3}};

这时，c[0][0]的值为 1，c[1][0]的值为 2，c[1][1]的值为 3。

④ 如果对二维数组的全部元素赋初值，则定义二维数组时，第一维的长度可以省略，但第二维的长度不能省略。例如，

    int c[4][3]={{1,2,3},{4,5,6},{7,8,9},{10,11,12}};

可以写成

    int c[ ][3]={{1,2,3},{4,5,6},{7,8,9},{10,11,12}};

单元 2 单片机内部存储器系统

知识点

1. 单片机 AT89C51 内部存储器的结构及组成；
2. 访问单片机不同存储空间的变量定义方法；
3. 存储器的有关概念。

技能点

1. 掌握定义不同存储器类型变量访问不同存储器地址空间的方法；
2. 掌握利用 Keil C51 编译器调试功能窗口观察结果的方法；
3. 掌握 absacc.h 头文件的内容及应用技能。

AT89C51 单片机内部具有 256B 的数据存储器，作为数据的存储区域和特殊寄存器区域；具有 4KB 的程序存储器，存放应用程序和常数表格。可以通过定义不同存储器类型的变量来访问各种存储器区域。本单元通过三个任务学习并了解存储器结构；定义相关变量来访问不同的存储空间；实现不同存储空间的数据互传。

任务 1 内部 RAM 数据输出点亮彩灯

2.1.1 任务目标
通过对本任务的学习，掌握单片机 AT89C51 内部存储器的结构及组成；掌握如何在 C51 程序中定义变量访问内部存储器；了解编译系统为不同变量分配内部存储器空间的特性。

2.1.2 任务描述
将单片机内部 RAM 指定单元的字节内容或位地址单元的一个二进制位数据通过单片机的 P1 口或 P1 口的某一位输出，并在发光二极管上实时显示。其仿真电路如图 1-1 所示。

2.1.3 任务程序分析
分别定义一个直接访问内部数据存储器的外部变量（也称全局变量）、内部变量（也称局部变量）和位变量并初始化值；然后，分别通过 P1 口输出在发光二极管上显示，数据显示时间间隔为 1s。

2.1.4 源程序

```
#include "reg51.h"              //包含头文件

#define uchar unsigned char     //宏定义
extern uchar idata in_a=0x55;   //定义间接访问内部数据存储器的外部变量
```

```c
unsigned char bdata kh=0xfe;    //定义直接访问内部数据存储器可位寻址区域变量
sbit P1_0=P1^0;                 //定义一个位符号
sbit kh_0=kh^0;                 //给可位寻址区域kh单元的第0位定义位符号
bit a=1;                        //在位寻址区任意定义一个位变量a
void delay(void)
{
    uchar i,j,k;
    for(i=10;i>0;i--)           //外循环10次,每次约0.1s,共延时1s
    {
      for(j=200;j>0;j--)        //循环200次,每次约0.5ms,共延时0.1s
        {
          for(k=250;k>0;k--)    //内循环250次,延时约250*2μs=0.5ms
            {;}
        }
    }
}
void main(void)
{
    uchar in_c=76;              //定义直接访问内部数据存储器的局部变量
    while(1)                    //无限循环
    {
      P1=in_a;
      delay();                  //延时函数调用,实现1s延时
      P1=in_c;                  //将数据76通过P1口输出
      delay();
      P1=0xff;
      P1_0=kh_0;                //将可位寻址的内部数据存储器kh的第0位送P1口的第0位
                                //P1.0引脚外接二极管亮,其他灯不亮
      delay();
      kh_0=a;                   //两个位地址之间传输数据,kh_0=1
      P1_0=kh_0;                //P1.0引脚外接二极管不亮
      delay();
    }
}
```

2.1.5 任务实施

1. 利用 Proteus 仿真软件绘制电路原理图

应用 Proteus 仿真软件绘制原理图 1-1。绘制原理图时添加的器件有 AT89C51,LED-BLUE,RESPARK-8 等。注意电源器件的放置与连线。

2. C51 程序的编译

按照 Keil C51 编译软件的操作步骤对源程序进行编译和调试。

3. 执行程序观察效果

将编译成功后的 .HEX 文件加载到 CPU,执行程序并观察效果。

2.1.6 相关知识

1. 利用 Keil C51 编译软件调试功能观察仿真结果

(1) 了解"Debug"菜单命令。

在菜单栏中选择"Debug"命令，如图 2-1 所示。调试菜单和调试命令描述如表 2-1 所示。

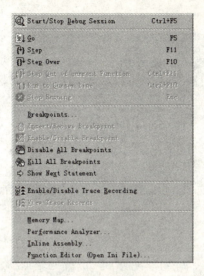

图 2-1 "Debug"菜单

表 2-1 调试菜单和调试命令描述表

Debug 菜单	快捷键	描　　述
Start/Stop Debug Session	Ctrl+F5	启动或停止 μVision2 调试模式
Go	F5	运行、执行，直到下一个有效的断点
Step	F11	跟踪运行程序
Step Over	F10	单步运行程序
Step Out of current Function	Ctrl+F11	执行到当前函数的程序
Run to Cursor line	Ctrl+F10	执行到光标所在行
Stop Running	Esc	停止程序运行
Breakpoints…		打开断点对话框
Insert/Remove Breakpoint		在当前行设置，清除断点
Enable/Disable Breakpoint		使能/禁能当前行的断点
Disable All Breakpoints		禁能程序中所有断点
Kill All Breakpoints		清除程序中所有断点
Show Next Statement		显示下一条执行的语句、指令
Enable/Disable Trace Recording		使能跟踪记录，可以显示程序运行轨迹
View Trace Records		显示以前执行的指令
Memory Map…		打开存储器空间配置对话框
Performance Analyzer…		打开性能分析器的设置对话框
Inline Assembly…		对某一行重新汇编，可以修改汇编代码
Function Editor(Open Ini File)		编辑调试函数和调试配置文件

（2）单击 Debug 工具图标 ◎ 。

（3）选择"Peripherals"→"I/O-Ports"→"Port1"命令，Port1 端口浮动在界面中，如图 2-2 所示。

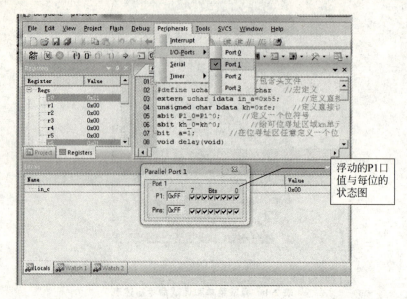

图 2-2　调试并观察 P1 端口图

（4）单击单步跟踪运行工具图标，如图 2-3 所示。

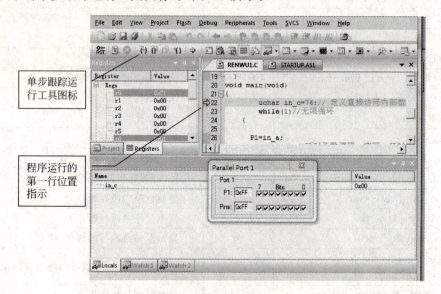

图 2-3　单步跟踪运行工具图

（5）打开局部变量值观察窗口，并连续单击单步运行按钮弹出如图 2-4 所示窗口。

（6）再单击单步运行按钮进入 delay 函数，如图 2-5 所示。

（7）单击图 2-5 所示"单步运行到函数图标"，运行主函数语句，如图 2-6 所示。

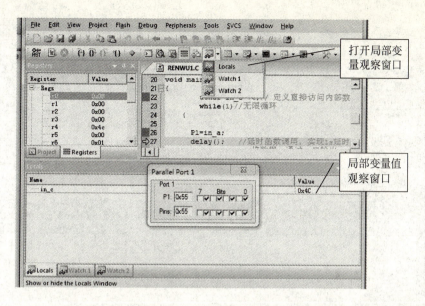

图 2-4 局部变量 in_c 值的观察图及 P1 端口值图

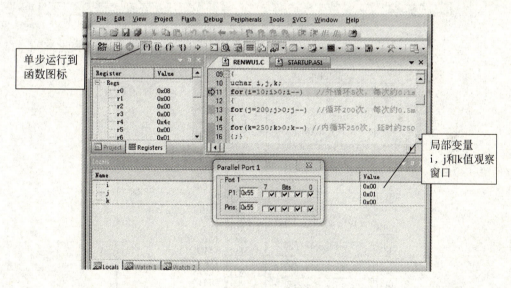

图 2-5 单步运行进入到函数图

通过单步运行,可观察每条语句执行后 P1 口每位的状态。调试程序的方法还有设置断点运行、连续运行等方式。

2. AT89C51 的内部数据存储器

AT89C51 的内部 RAM 共有 256 个单元,通常把这 256 个单元按其功能划分为两部分:低 128 单元(单元地址 00H~7FH)和高 128 单元(单元地址 80H~FFH),如图 2-7 所示。

其中,低 128 单元是单片机的真正 RAM 存储器,按其用途划分为以下三个区域:

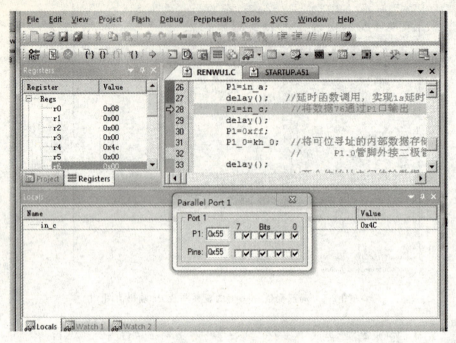

图 2-6 运行到主函数所指语句图

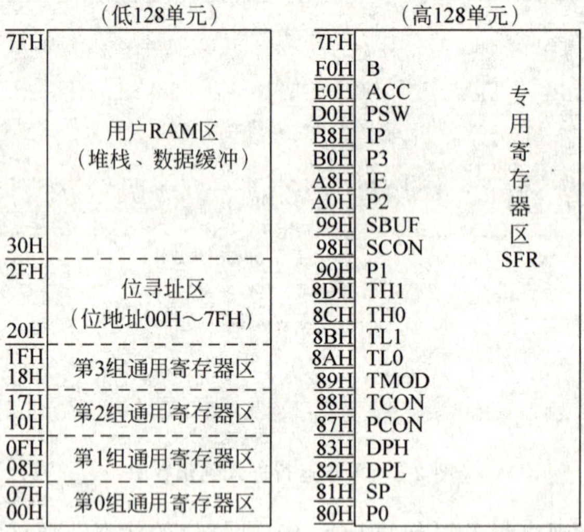

图 2-7 片内 RAM 的配置

(1) 寄存器区

寄存器区共有四组寄存器,每组 8 个 8 位的寄存单元,各组都以 R0～R7 编号。常用于存放操作数及中间结果等,四组通用寄存器占据内部 RAM 的 00H～1FH 单元地址。

在任一时刻,CPU 只能使用其中的一组寄存器,并把正在使用的那组寄存器称为当前寄存器组。由程序状态字寄存器 PSW 中 RS1,RS0 位的状态组合来决定使用哪一组。

(2) 位寻址区

内部 RAM 的 20H～2FH 单元既可作为一般 RAM 单元使用,进行字节操作;也可以对单元中的每一位地址单元进行位操作,因此把该区称为位寻址区。表 2-2 所示为位寻址区的位地址表。

表 2-2 片内 RAM 位寻址区的位地址

单元地址	MSB			位地址				LSB
2FH	7F	7E	7D	7C	7B	7A	79	78
2EH	77	76	75	74	73	72	71	70
2DH	6F	6E	6D	6C	6B	6A	69	68
2CH	67	66	65	64	63	62	61	60
2BH	5F	5E	5D	5C	5B	5A	59	58
2AH	57	56	55	54	53	52	51	50
29H	4F	4E	4D	4C	4B	4A	49	48
28H	47	46	45	44	43	42	41	40
27H	3F	3E	3D	3C	3B	3A	39	38
26H	37	36	35	34	33	32	31	30
25H	2F	2E	2D	2C	2B	2A	29	28
24H	27	26	25	24	23	22	21	20
23H	1F	1E	1D	1C	1B	1A	19	18
22H	17	16	15	14	13	12	11	10
21H	0F	0E	0D	0C	0B	0A	09	08
20H	07	06	05	04	03	02	01	00

位寻址区共有 16 个 RAM 单元,共 128 个位,位地址为 00H～7FH。

源程序中通过语句

　　unsigned char bdata kh=0xfe;

定义变量 kh。编译系统在 20H～2FH 区域中分配一个地址单元给该变量,该变量的每一位都对应一个位地址,可以给它的每一位定义一个位符号。例如,程序中

　　sbit kh_0=kh^0;

该语句给 kh 变量的第 0 位定义了位符号位 kh_0。

(3) 用户 RAM 区

在内部 RAM 低 128 单元中,通用寄存器占去 32 个单元,位寻址区占去 16 个单元,剩下 80 个单元,是供用户使用的一般 RAM 区,其单元地址为 30H～7FH。

源程序中通过语句

　　extern uchar idata in_a=0x55;

定义 in_a 变量,编译系统在 00H～7FH 区域中分配一个地址单元给该变量。

程序中的 bdata,idata 为变量存储器类型关键词。变量的定义包含给出变量的存储种类、存储器类型、数据类型等信息。

定义一个变量的格式如下：

［存储种类］ 数据类型 ［存储器类型］ 变量名表

数据类型和变量名表是必要的。

存储种类有四种：自动(auto)、外部(extern)、静态(static)和寄存器(register)。默认类型为自动。

存储器类型是指定该变量在C51硬件系统中所使用的存储区域，以便在编译时准确定位。表2-3给出C51所能识别的存储器类型。

表2-3 存储器类型

存储器类型	说　　明
data	直接访问内部数据存储器(128B)，访问速度最快
bdata	可位寻址内部数据存储器(16B)，允许位与字节混合访问
idata	间接访问内部数据存储器(256B)，允许访问全部地址
pdata	分页访问外部数据存储器(256B)
xdata	外部数据存储器(64KB)
code	程序存储器

在源程序中，

① extern uchar data in_a＝0x55语句定义了一个直接访问内部数据存储器的外部变量in_a；

② unsigned char bdata kh＝0xfe语句定义直接访问内部数据存储器可位寻址区域的变量kh；

③ sbit P1_0＝P1^0语句定义一个位变量P1_0，是P1口的第0位。

注意：外部变量都是静态存储的，外部变量也称为全局变量。所谓全局变量，是指变量作用域为整个源程序。在源程序的开头定义外部变量，定义外部变量时，extern关键词可缺省。

④ auto uchar in_c＝76语句定义一个直接访问内部数据存储器的局部变量in_c。

注意：所谓局部变量，是指变量作用域为整个函数，是在函数内定义的变量。定义自动变量时，"auto"关键词可缺省。

编写程序时，应根据要访问的存储器类型不同，分别定义具有不同存储器类型的变量。

对用户RAM区的使用没有任何规定或限制，但在应用中常把堆栈开辟在此区中。

内部RAM的高128单元是供给专用寄存器使用的，称之为专用寄存器区，其单元地址为80H～FFH。因此类寄存器的功能已作专门规定，称为专用寄存器(SFR)，或称为特殊功能寄存器。

AT89C51共有21个专用寄存器和一个程序计数器，其中有11个专用寄存器既可字节寻址，又可位寻址。

程序计数器和部分专用寄存器简单介绍如下：

① 程序计数器(PC,Program Counter)。

PC 是一个 16 位的计数器。其内容为将要执行的指令地址,寻址范围达 64KB。PC 有自动加 1 功能,从而实现程序的顺序执行。

PC 没有分配地址,是不可寻址的,但可以通过转移、调用、返回等指令改变其内容,以实现程序的转移。

② 累加器(ACC,Accumulator)。

累加器为 8 位寄存器,是最常用的专用寄存器,既可用于存放操作数,也可用来存放运算的中间结果。

③ B 寄存器。

B 寄存器是一个 8 位寄存器,主要用于乘除运算。乘法运算时作为乘数。乘法操作后,乘积的高 8 位存于 B 中。除法运算时作为除数。除法操作后,余数存于 B 中。该寄存器也可作为一般数据寄存器使用。

④ 程序状态字(PSW,Program Status Word)。

程序状态字是一个 8 位寄存器,用于寄存程序运行的状态信息。PSW 的各位定义如下:

位序	PSW.7	PSW.6	PSW.5	PSW.4	PSW.3	PSW.2	PSW.1	PSW.0
位标志	CY	AC	F0	RS1	RS0	OV	/	P

除 PSW.1 位保留未用外,其余各位的定义及使用介绍如下:

- CY(PSW.7)——进位标志位

CY 是 PSW 中最常用的标志位,其功能有二:一是存放算术运算的进位标志;二是在位操作中,作为累加位使用。对于位传送、位与、位或等位操作,操作位之一固定是进位标志位。

- AC(PSW.6)——辅助进位标志位

加减运算中,当有低 4 位向高 4 位进位或借位时,从 C 由硬件置位,否则 AC 位被清零。在十进制调整中,也要用到 AC 位状态。

- F0(PSW.5)——用户标志位

这是一个供用户定义的标志位,需要时用软件方法置位或复位,用以控制程序的转向。

- RS1 和 RS0(PSW.4,PSW.3)——寄存器组选择位

用于设定通用寄存器的组号。通用寄存器共有四组,其对应关系如下:

RS1	RS0	寄存器组	R0~R7 地址
0	0	组 0	00H~07H
0	1	组 1	08H~0FH
1	0	组 2	10H~17H
1	1	组 3	18H~1FH

- OV(PSW.2)——溢出标志位

在带符号数加减运算中,OV=1 表示加减运算超出了累加器 A 所能表示的符号数有效范围(-128~+127),即产生了溢出,因此运算结果是错误的;否则,OV=0 表示运算正确,即无溢出产生。

在乘法运算中,OV＝1表示乘积超过255,即乘积分别在B与A中;否则,OV＝0,表示乘积只在A中。

在除法运算中,OV＝1表示除数为0,除法不能进行;否则,OV＝0,除数不为0,除法可正常进行。

- P(PSW.0)——奇偶标志位

表明累加器A中数的奇偶性。在每个指令周期,由硬件根据A的内容对P位自动置位或复位。

⑤ 数据指针(DPTR)。

数据指针为16位寄存器,它是AT89C51中唯一的一个16位寄存器。编程时,DPTR既可以按16位寄存器使用,也可以按两个8位寄存器分开使用,即

- DPH:DPTR高位字节
- DPL:DPTR低位字节

DPTR通常在访问外部数据存储器时作为地址指针使用,由于外部数据存储器的寻址范围为64KB,故把DPTR设计为16位。

⑥ 堆栈及堆栈指示器。

- 堆栈的功能

堆栈是为函数调用和中断操作而设立的,其具体功能有两个:保护断点和保护现场。

断点和现场内容保存在堆栈中。为使计算机能进行多级中断嵌套及多重函数嵌套,要求堆栈要有足够的容量(或有足够的堆栈深度)。

- 堆栈指示器

堆栈共有两种操作:进栈和出栈。不论是数据进栈还是数据出栈,都是从栈顶单元开始执行,即对栈顶单元的写和读操作。为了指示栈顶地址,要设置堆栈指示器SP(Stack Pointer)。SP的内容就是堆栈栈顶的存储单元地址。

AT89C51单片机堆栈设在内部RAM中,并且SP是一个8位专用寄存器。

系统复位后,SP的内容为07H。堆栈最好在内部RAM的30H～7FH单元中开辟,在程序设计时应把SP值设置为30H以后。

- 堆栈使用方式

堆栈的使用有两种方式。

一种是自动方式,即在函数调用或中断时,返回地址(断点)自动进栈。程序返回时,断点地址再自动弹回PC。这种堆栈操作无需用户干预,因此称为自动方式。

另一种是指令方式,即使用专用的堆栈操作指令,进行进、出栈操作。在汇编中,进栈指令为PUSH,出栈指令为POP。例如,现场保护就是一系列指令方式的进栈操作;现场恢复则是一系列指令方式的出栈操作。

除了上述专用寄存器外,还有单元1中讲到的四个并行I/O口所对应的P0、P1、P2、P3锁存器,还有与定时器、中断、串行口有关的专用寄存器。专用寄存器符号及分配的内部RAM地址如表2-4所示。

表 2-4 专用寄存器符号及分配的内部 RAM 地址表

SFE	MSB			位地址/位定义				LSB	字节地址
B	F7	F6	F5	F4	F3	F2	F1	F0	F0H
ACC	E7	E6	E5	E4	E3	E2	E1	E0	E0H
PSW	D7	D6	D5	D4	D3	D2	D1	D0	D0H
	CY	AC	F0	RS1	RS0	OV	F1	P	
IP	BF	BE	BD	BC	BB	BA	B9	B8	B8H
	/	/	/	PS	PT1	PX1	PT0	PX0	
P3	B7	B6	B5	B4	B3	B2	B1	B0	B0H
	P3.7	P3.6	P3.5	P3.4	P3.3	P3.2	P3.1	P3.0	
IE	AF	AE	AD	AC	AB	AA	A9	A8	A8H
	EA	/	/	ES	ET1	EX1	ET0	EX0	
P2	A7	A6	A5	A4	A3	A2	A1	A0	A0H
	P2.7	P2.6	P2.5	P2.4	P2.3	P2.2	P2.1	P2.0	
SBUF									(99H)
SCON	9F	9E	9D	9C	9B	9A	99	98	98H
	SM0	SM1	SM2	REN	TB8	RB8	TI	RI	
P1	97	96	95	94	93	92	91	90	90H
	P1.7	P1.6	P1.5	P1.4	P1.3	P1.2	P1.1	P1.0	
TH1									(8DH)
TH0									(8CH)
TL1									(8BH)
TL0									(8AH)
TMOD	GATE	C/$\overline{T}$	M1	M0	GATE	C/$\overline{T}$	M1	M0	(89H)
TCON	8F	8E	8D	8C	8B	8A	89	88	88H
	TF1	TR1	TF0	TR0	IE1	IT1	IE0	IT0	
PCON	SMOD	/	/	/	/	/	/	/	(87H)
DPH									(83H)
DPL									(82H)
SP									(81H)
P0	87	86	85	84	83	82	81	80	80H
	P0.7	P0.6	P0.5	P0.4	P0.3	P0.2	P0.1	P0.0	

在 C51 源程序中,单片机内部的专用寄存器在头文件"reg51.h"、"at89x51.h"中已经定义过了,所以在源程序开头只要包含上述任一头文件后就不需再定义了,在语句中直接应用。

任务 2 内部 ROM 数据输出点亮发光彩灯

2.2.1 任务目标

通过对本任务的学习,了解单片机 AT89C51 内部程序存储器的容量和作用,掌握如何在 C51 程序中定义变量访问内部程序存储器,进一步掌握如何应用一维数组。

2.2.2 任务描述

将单片机内部程序存储器指定单元的字节内容通过单片机的 P1 口输出,并在发光二极管上实时显示。其仿真电路如图 1-1 所示。

2.2.3 任务程序分析

定义一个存放在内部程序存储器中的一维数组并初始化。编写程序,将数组各元素值分别通过 P1 口输出在发光二极管上显示,数据显示时间间隔为 1s。

2.2.4 源程序

```
#include "reg51.h"                      //包含头文件
#define uchar unsigned char              //宏定义
uchar code play_rom[6]={0x55,0xaa,0x0f,0xf0,0x99,0x66};
           //定义长度为 6 的一维数组
void delay(void)
{
    uchar i,j,k;
    for(i=10;i>0;i--)                    //外循环 10 次,每次约 0.1s,共延时 1s
    {
      for(j=200;j>0;j--)                 //循环 200 次,每次约 0.5ms,共延时 0.1s
        {
          for(k=250;k>0;k--)             //内循环 250 次,延时约 250*2μs=0.5ms
            {;}
        }
    }
}
void main(void)
{   uchar i=0;
    while(1)                             //无限循环
    {
    for(i=0;i<6;i++)
        {
          P1= play_rom[i];                //P1 输出数组第 i 号元素
          delay();                        //延时函数调用,实现 1s 延时
        }
    }
}
```

2.2.5 任务实施

1. 利用 Proteus 仿真软件绘制电路原理图

应用 Proteus 仿真软件绘制原理图(见图 1-1)。绘制原理图时添加的器件有 AT89C51、LED-BLUE、RESPARK-8 等。注意电源器件的放置与连线。

2. C51 程序的编译

按照 Keil C51 编译软件的操作步骤对源程序进行编译和调试。

3. 执行程序观察效果

将编译成功后的.HEX 文件加载到 CPU,执行程序并观察效果。

2.2.6 相关知识

AT89C51 单片机内部有 4KB 的 Flash ROM(闪存),AT89C52 单片机内部有 8KB 的

Flash ROM(闪存)。不同型号的 CPU 内部包含的程序存储器容量不一样,可以查看技术手册了解。程序存储器在应用系统中用来存放程序或常数表格,用户编写的应用程序通过 Keil C51 编译软件编译、连接后转化成为二进制代码,即机器码,以字节为单位通过编程器或专用下载器存放到程序存储器。

1. 存储器的有关概念

半导体存储器是微型计算机的重要组成部分,是微型计算机的重要记忆元件,常用于存储程序、常数、原始数据、中间结果等数据。半导体存储器的容量越大,计算机的记忆功能就越强;半导体存储器的速度越快,计算机的运算速度就越快。因此,半导体存储器的性能对计算机的功能具有重要的意义。下面首先介绍几个与半导体存储器有关的概念。

① 位(bit):信息的基本单元,它用来表达一个二进制信息"1"或"0"。在存储器中,位信息是由具有记忆功能的半导体电路(如触发器)实现的。

② 字节(Byte):在微型计算机中,信息大多是以字节形式存放的。一个字节由 8 个信息位组成,通常作为一个存储单元。

③ 字(word):字是计算机进行数据处理时,一次存取、加工和传递的一组二进制位。它的长度叫做字长。字长是衡量计算机性能的一个重要指标。

④ 容量:存储器芯片的容量是指在一块芯片中所能存储的信息位数。例如,8K×8 位的芯片,其容量为能存储 $8 \times 1024 \times 8 = 65536$ 位信息。存储体的容量指由多块存储器芯片组成的存储体所能存储的信息量,一般以字节的数量表示,如上述芯片的存储容量为 8K 字节。

⑤ 地址:字节所处的物理空间位置是以地址标识的。我们可以通过地址码访问某一字节,即一个字节对应一个地址。对于 16 位地址线的微机系统来说,地址码是由 4 位十六进制数表示的。16 位地址线所能访问的最大地址空间为 64KB。64KB 存储空间的地址范围是 0000H~FFFFH,第 0 个字节的地址为 0000H,第 1 个字节的地址为 0001H,…,第 65535 个字节的地址为 FFFFH。

2. 存储器的主要性能指标

存储器有两个主要技术指标:存储容量和存取速度。

(1) 存储容量

存储容量是半导体存储器存储信息量大小的指标。半导体存储器的容量越大,存放程序和数据的能力就越强。

(2) 存取速度

存储器的存取速度是用存取时间来衡量的,它是指存储器从接收 CPU 发来的有效地址到存储器给出的数据稳定地出现在数据总线上所需要的时间。存取速度对 CPU 与存储器的时间配合是至关重要的。如果存储器的存取速度太慢,与 CPU 不能匹配,CPU 读取的信息就可能有误。

3. C51 应用程序中常数表格的处理方法

在应用程序中,通常用一维数组或二维数组存放常数表格。考虑内部数据存储器容量的限制,一般不把存放常数的数组分配在数据存储器内,而是分配在程序存储器内,所以在定义存放常数的数组时,把数组的存储器类型定义为 code 类型,目的就是把数组分配在程

序存储器空间。表格内的数据是不变的,即为常数。本任务应用程序中,语句

uchar code play_rom[6]={0x55,0xaa,0x0f,0xf0,0x99,0x66};

定义了一个 play_rom 数组,存储器类型定义为 code 类型,所以分配的存储空间在程序存储器中,该数组内的元素值为常量,CPU 只能取元素的值参与运算,不能改变元素的值,即不能对该数组元素重新赋值。比如,语句

play_rom[i]=0x55;//i 为 0~5 之内的数

就是错误的。

在今后的学习中,会见到用 code 存储器类型的数组来存放数码管的段码表、液晶显示的字符串常量等的应用程序。

任务3 RAM 之间的数据互传

2.3.1 任务目标

通过对本任务的学习,进一步掌握访问内部数据存储器变量的定义和使用方法,熟练利用 C51 语言编写程序实现内部 RAM 之间的数据传送,掌握通过 Keil C51 编译器各调试窗口观察程序运行结果。

2.3.2 任务描述

编程实现将内部 RAM 某一字节地址单元的内容送到另一字节地址单元,将某一位地址单元的内容送到另一位地址单元,通过编译器调试窗口观察运行结果。

2.3.3 任务程序分析

通过宏定义分别定义两个内部 RAM 字节地址单元字符串,通过该字符串来访问内部 RAM,然后再定义两个位地址单元的变量实现位地址区域的访问。

2.3.4 源程序

```
#include "reg51.h"              //包含头文件
#include "absacc.h"             //包含头文件,该头文件里定义了 DBYTE 含义
#define uchar unsigned char     //宏定义
#define data_a DBYTE[0x30]      //宏定义 data_a 代表内部 RAM 的 30H 单元
#define data_b DBYTE[0x40]      //宏定义 data_b 代表内部 RAM 的 40H 单元
uchar bdata kh,kj;
sbit kh_0=kh^0;
sbit kj_0=kj^0;
main()
{
    data_a=0x55;                //将十六进制数 55 赋值给 data_a 所代表的内部 RAM 30H 单元
    data_b=data_a;              //将内部 RAM 30H 单元的内容赋值给 40H 单元
    kh=0xff;
    kj=0xff;
    kh_0=0;
    kj_0=kh_0;
    while(1) ;
}
```

2.3.5 任务实施

1. C51 程序的编译
按照 Keil C51 编译软件的操作步骤对源程序进行编译和调试。

2. 执行程序观察效果
利用 Keil C51 编译软件调试功能单步运行程序,通过各窗口观察结果,具体操作步骤如下:
(1) 单击"debug"工具图标,打开窗口如图 2-8 所示。

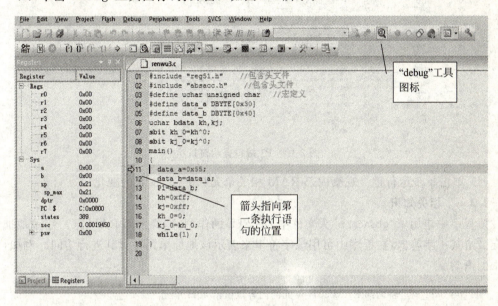

图 2-8 "debug"窗口

(2) 单击存储器窗口工具图标,存储器窗口如图 2-9 所示。

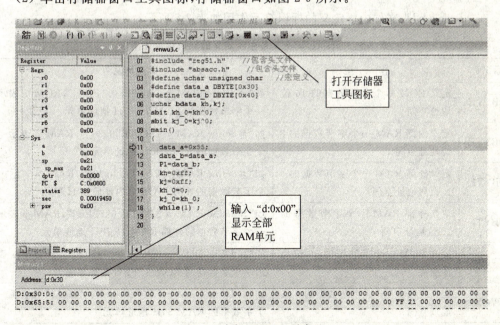

图 2-9 内部 RAM 显示窗口

(3) 通过如图 2-10 所示操作,打开 P1 端口显示窗口。

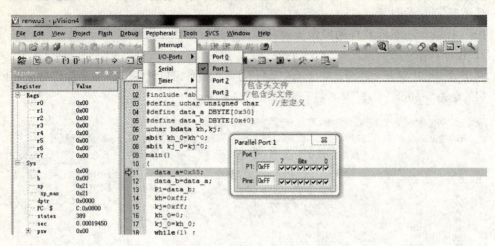

图 2-10　P1 端口显示窗口

(4) 单击单步运行键。观察内部 RAM 相关单元和 P1 口内容的变化。

2.3.6　相关知识

该程序中应用了"absacc.h"头文件中 DBYTE 的作用,即将内部 RAM 某一字节地址单元定义给某一字符串,在程序中可用该字符串来表示该地址单元并对其进行访问。例如,程序中的语句

data_b=data_a;//将内部 RAM 30H 单元的内容赋值给 40H 单元

注意:data_a 在赋值号的右侧,表示地址单元的内容;data_b 在赋值号的左侧,表示地址单元号。

在"absacc.h"头文件中所定义的标识符及作用如表 2-5 所示。

表 2-5　"absacc.h"头文件中所定义的标识符及作用表

标识符	作　用	举例及说明
CBYTE	定义 ROM 一个字节数据的 16 位地址空间	如"#define ROM_a CBYTE[0x1FFF]",ROM_a 表示一个字节数据的 ROM 1FFFH 地址单元
DBYTE	定义内部 RAM 一个字节数据的 8 位地址空间	如"#define RAM_a DBYTE[0x30]",RAM_a 表示一个字节数据的 RAM 30H 地址单元
PBYTE	定义外部 RAM 一个字节数据的 8 位页内地址空间	如"#define RAM_a PBYTE[0x30]",RAM_a 表示一个字节数据的外部 RAM 页内地址 30H 单元
XBYTE	定义外部 RAM 一个字节数据的 16 位地址空间	如"#define RAM_a XBYTE[0x7FFF]",RAM_a 表示一个字节数据的外部 RAM 7FFFH 地址单元
CWORD	定义 ROM 一个字数据的 16 位地址空间	如"#define ROM_a CWORD[0x1FFF]",ROM_a 表示一个字数据的 ROM 1FFFH 地址单元
DWORD	定义内部 RAM 一个字数据的 8 位地址空间	如"#define RAM_a DWORD[0x30]",RAM_a 表示一个字数据的 RAM 30H 地址单元

单元2 单片机内部存储器系统

续表

标识符	作用	举例及说明
PWORD	定义外部 RAM 一个字数据的 8 位页内地址空间	如"#define RAM_a PWORD[0x30]",RAM_a 表示一个字数据的外部 RAM 页内地址 30H 单元
XWORD	定义外部 RAM 一个字数据的 16 位地址空间	如"#define RAM_a XWORD[0x7FFF]",RAM_a 表示一个字数据的外部 RAM 7FFFH 地址单元

单元 3 单片机内部定时器/计数器系统

 知识点

1. 单片机 AT89C51 内部定时器/计数器的结构及组成;
2. 定时器/计数器的方式寄存器 TMOD 的作用;
3. 定时器/计数器的控制寄存器 TCON 的作用。

 技能点

1. 掌握利用计数器对外部脉冲计数的编程步骤及技巧;
2. 掌握利用定时器完成定时的编程步骤及技巧。

AT89C51 单片机内部具有 T0,T1 两个 16 位定时器/计数器,TL0,TH0 和 TL1,TH1 分别对应 2 个定时器/计数器的低 8 位和高 8 位,可工作于定时功能和计数功能,并有四种工作方式。通过方式寄存器 TMOD 来设置定时器的功能和工作方式。定时器的运行和停止由 TCON 定时器控制寄存器控制。在实际应用系统中,定时器通常用在定时、延时、对外部脉冲计数的场合。该单元通过两个任务学习如何编写程序,实现以下功能:

(1) 确定其工作方式是定时还是计数;
(2) 预置定时或计数初值;
(3) 判断定时时间到或计数终止;
(4) 启动定时器或计数器工作。

任务 1 用单片机制作按键次数计数器

3.1.1 任务目标

通过本任务的学习、完成,掌握单片机片内硬件资源定时器/计数器的结构和功能;掌握利用定时器的计数功能对外部脉冲信号计数并显示结果的程序编写步骤及方法。

3.1.2 任务描述

单片机对按键 S3 的按键次数(<99 次)进行计数,并在发光二极管上实时显示,如图 3-1 所示。

3.1.3 任务程序分析

用手按动按键 S2。每按一次 S2 键,引脚上出现一个负脉冲,单片机计数一次,并实时将按键次数以 BCD 码方式在发光二极管上显示出来。

3.1.4 源程序

```
#include "reg51.h"
#define uchar unsigned char      //宏定义
void delay(void)
```

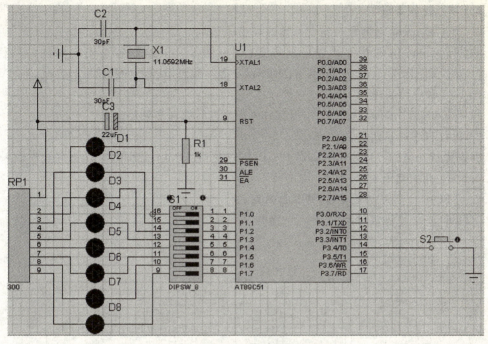

图 3-1 按键次数计数器仿真电路

```
{
    uchar i,j,k;
    for(i=5;i>0;i--)          //外循环 5 次,每次约 0.1s,共延时 0.5s
    {
        for(j=200;j>0;j--)    //循环 200 次,每次约 0.5ms,共延时 0.1s
        {
            for(k=200;k>0;k--) //内循环 250 次,延时约 250*2μs=0.5ms
            {;}
        }
    }
}
void main(void)
{
    unsigned char i,a;
    TMOD=0x06;                //定时器 T0 工作方式 2,计数功能
    TH0=0x00;                 //T0 计数器高 8 位设置初始值为 0
    TL0=0x00;                 //T0 计数器低 8 位设置初始值为 0
    TR0=1;                    //启动 T0 计数器开始工作
    while(1)
    {
        i=TL0;                //这里 TL0 的值≤99
        a=i/10;               //将计数值的十位数字送给 a,占领 a 的低 4 位,a 的高 4 位为 0
        a<<=4;                //将 a 的值左移 4 位,十位数左移到了 a 的高 4 位,低 4 位补零
        i=a+i%10;             //将十位数字和个位数字的 BCD 码整合成 2 位压缩的 BCD 码送 i
        P1=~i;                //将十进制计数值的反通过 P1 输出,灯亮表示对应计数位为 1
        delay();
    }
}
```

注释:
- 在 i 的值≤99 时,求 i 值(十六进制数)所对应的十进制数的十位数字的算法
- 通过求余的方法求取 i 所对应的十进制数的个位数字

3.1.5 任务实施

1. 利用 Proteus 仿真软件绘制电路原理图

按照 Proteus 仿真软件绘制电路原理图（见图 3-1）。绘制原理图时添加的器件有 AT89C51、LED-BLUE、RESPARK-8、DIPSW-8 等。注意电源器件的放置与连线。

2. C51 程序的编译

按照 Keil C51 编译软件的操作步骤对源程序进行编译和调试。

3. 执行程序观察效果

将编译成功后的.HEX 文件加载到 CPU 并执行程序，用鼠标单击 S2 键并观察效果。

3.1.6 相关知识

1. AT89C51 单片机定时器/计数器的结构

AT89C51 单片机定时器/计数器的结构如图 3-2 所示。

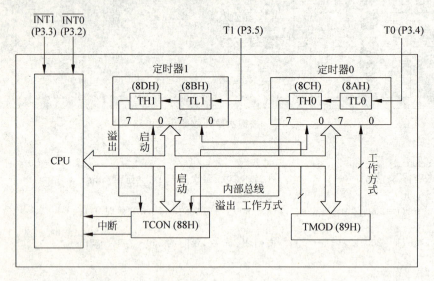

图 3-2 AT89C51 单片机定时/计数器的结构

从定时器/计数器逻辑结构图可以看出，两个 16 位定时器/计数器 T0 和 T1 分别由 8 位计数器 TH0，TL0 和 TH1，TL1 构成，它们都是以加"+1"的方式计数。

特殊功能寄存器 TMOD 控制定时器/计数器的工作方式，TCON 控制定时器/计数器的启动运行并记录 T0，T1 的计数溢出标志。

通过对 TMOD、TCON 的初始化编程，可以分别置入方式字和控制字，以指定其方式控制，并控制 T0，T1 按规定的工作方式计数。

2. AT89C51 单片机定时器/计数器的工作原理

（1）定时器

当选择定时器工作方式时，计数输入信号来自内部的振荡信号。在每个机器周期内，定时器的计数器做一次"+1"运算。

因此，定时器亦可视为计算机机器周期的计数器。每个机器周期又等于 12 个振荡脉冲，故定时器的计数速率为振荡频率的 1/12（即 12 分频）。若单片机的晶振主频为

12MHz,则计数周期为 1μs。如果定时器的计数器"+1"产生溢出,则标志着定时时间到。

(2) 计数器

当选择计数器工作方式时,计数输入信号来自外部引脚 T0(P3.4)、T1(P3.5)上的计数脉冲。外部每输入一个脉冲,计数器 TH0,TL0(或 TH1,TL1)做一次"+1"运算。

确认一次外部输入脉冲的有效跳变至少要花费 2 个机器周期,即 24 个振荡周期,所以最高计数频率为振荡周期的 1/24。

为了确保计数脉冲不被丢失,脉冲的高电平及低电平均应保持一个机器周期以上。

3. 定时器/计数器的方式寄存器和控制寄存器

(1) 方式寄存器 TMOD

定时器/计数器的方式控制寄存器是一种可编程的特殊功能寄存器,字节地址为 89H,不可位寻址。复位时,TMOD 所有位均置"0"。其中,低 4 位控制 T0,高 4 位控制 T1,其格式如下所示:

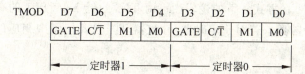

① GATE:门控位。当 GATE=1 时,计数器受外部中断信号 $\overline{INT}$ 的控制($\overline{INT0}$ 控制 T0 计数,$\overline{INT1}$ 控制 T1 计数),且当运行控制位 TR0(或 TR1)为"1"时开始计数,为"0"时停止计数。当 GATE=0 时,外部中断信号不参与控制。此时,只要运行控制位 TR0(或 TR1)为"1",计数器就开始计数,而不管外部中断信号 $\overline{INT}$ 的电平为高还是为低。

② C/$\overline{T}$ 计数器方式还是定时器方式选择位。当 C/$\overline{T}$=0 时为定时器方式,其计数器输入为晶振脉冲的 12 分频,即对机器周期计数;当 C/$\overline{T}$=1 时为计数器方式,计数器的触发脉冲来自 T0(P3.4)或 T1(P3.5)端的外部脉冲。

③ M1 和 M0:方式选择位。

TMOD 不能位寻址,只能用字节指令设置高 4 位定义定时器 1 的工作方式,低 4 位定义定时器 0 的工作方式。复位时,TMOD 所有位均置"0"。

任务中选择 T0 定时器工作为方式 2,计数功能,而 T1 不工作,所以 TMOD 的高 4 位可以任意设置值(这里选为"0");TMOD 的低 4 位为"0110",所以 TMOD 的初始值为 0x06。

(2) 控制寄存器 TCON

定时器/计数器的控制寄存器也是一个 8 位特殊功能寄存器,字节地址为 88H,可以位寻址,位地址为 88H~8FH,用来存放控制字,其格式如下所示:

TCON	8FH	8EH	8DH	8CH	8BH	8AH	89H	88H
	TF1	TR1	TF0	TR0	IE1	IT1	IE0	IT0

① TF1(TCON.7):T1 溢出标志位。当 T1 产生溢出时,由硬件置"1",可向 CPU 发中断请求,CPU 响应中断后被硬件自动清"0"。也可以由程序查询后清"0"。

② TR1(TCON.6):T1 运行控制位。由软件置"1"或置"0"来启动或关闭 T1 工作。

③ TF0(TCON.5)：T0 溢出标志位(类同 TF1)。

④ TR0(TCON.4)：T0 运行控制位(类同 TR1)。

⑤ IE1(TCON.3)：外部中断 1 请求标志位。

⑥ IT1(TCON.2)：外部中断 1 触发方式选择位。

⑦ IE0(TCON.1)：外部中断 0 请求标志位。

⑧ IT0(TCON.0)：外部中断 0 触发方式选择位。

TCON 的低 4 位与外部中断有关，与定时器/计数器无关，将在后面的章节中逐一详细介绍。复位后，TCON 的各位均被清"0"。

任务中，用 TR0=1 来启动 T0 开始计数。

4. 定时器/计数器的 4 种工作方式

(1) 方式 0(对 T0,T1 都适用)

当软件使方式寄存器 TMOD 中 M1M0=00 时，计数器长度按 13 位工作。图 3-3 所示为定时器/计数器 T1 在方式 0 下的逻辑图。由 TL1 的低 5 位(TL1 的高 3 位未用)和 TH1 的 8 位构成 13 位计数器。若对于定时器/计数器 T0，只要把图中相应的标示符后缀"1"改为"0"即可。

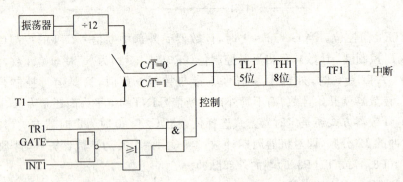

图 3-3 定时器 1 在方式 0 时的逻辑电路结构图

图中，$C/\overline{T}$ 是 TMOD 的控制位。当 $C/\overline{T}=0$ 时，选择定时器功能，计数器的计数脉冲信号为晶振的 12 分频信号，即计数器对机器周期计数。当 $C/\overline{T}=1$ 时，选择计数器功能，计数器计数脉冲信号为外部引脚 P3.5(T1)。TR1 是 TMOD 的控制位，GATE 是门控位，$\overline{INT1}$ 是外部中断 1 的输入端。当 GATE=1 和 TR1=1 时，计数器启动受外部中断信号 $\overline{INT1}$ 的控制。此时，只要 $\overline{INT1}$ 为高电平，计数器便开始计数。当 $\overline{INT1}$ 为低电平时，停止计数。利用这一功能，可测量 $\overline{INT1}$ 引脚上正脉冲的宽度。TF1 是定时器/计数器的溢出标志。

当定时器/计数器 T1 按方式 0 工作时，计数输入信号作用于 TL1 的低 5 位；当 TL1 低 5 位计满产生溢出时，向 TH1 的最低位进位；当 13 位计数器计满产生溢出时，使控制寄存器 TCON 中的溢出标志 TF1 置"1"，并使 13 位计数器全部清零。此时，如果中断是开放的，则向 CPU 发中断请求。若定时器/计数器将继续按方式 0 工作下去，则应按要求给 13 位计数器赋予初值。

(2) 方式 1(对 T0,T1 都适用)

当软件使方式寄存器 TMOD 中 M1M0=01 时，计数器长度按 16 位工作，即 TL1,TH1

全部使用,构成 16 位计数器,其控制与操作方式与方式 0 完全相同。

(3) 方式 2(对 T0,T1 都适用)

当软件使方式寄存器 TMOD 中 M1M0＝10 时,定时器/计数器就变为可自动装载计数初值的 8 位计数器。在这种方式下,TL1(或 TL0)被定义为计数器,TH1(或 TH0)被定义为赋值寄存器,其逻辑结构如图 3-4 所示。

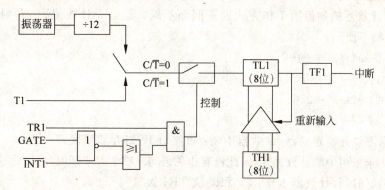

图 3-4　定时器 1 在方式 2 时的逻辑电路结构图

(4) 方式 3(只有 T0 适用)

当软件使方式寄存器 TMOD 中 M1M0＝11 时,内部控制逻辑把 TL0 和 TH0 配置成 2 个互相独立的 8 位寄存器,如图 3-5 所示。其中,TL0 使用了自己本身的一些控制位,即 C/$\overline{T}$,GATE,TR0,$\overline{INT0}$,TF0,其操作类同于方式 0 和方式 1,可用于计数,也可用于定时。但 TH0 只能用于定时器方式,因为它只能对机器周期计数。它借用了定时器 T1 的控制位 TR1 和 TF1,因此,TH0 控制了定时器 T1 的中断。此时,定时器 1 仅由控制位切换其定时或计数功能。当计数器计满溢出时,只能将输出送往串行口。在这种情况下,定时器 1 一般用作串行口波特率发生器或不需要中断的场合。

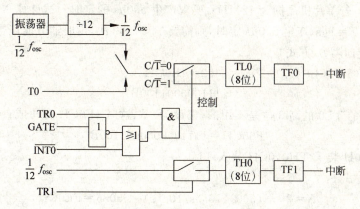

图 3-5　定时器 0 在方式 3 时的逻辑电路结构图

方式 3 只适用于定时器 T0,使其增加一个 8 位定时器。若定时器 T1 选择方式 3,T1 将停止工作,相当于 TR1＝0 的情况。当定时器 T0 选择为方式 3 工作时,定时器 T1 仍可工作在方式 0、方式 1、方式 2,用在任何不需要中断控制的场合。

5. 定时器/计数器的初始化

由于定时器/计数器是可编程的,因此在定时或计数之前要用程序初始化。初始化步骤如下所述:

(1) 确定工作方式:对 TMOD 赋值。

(2) 预置定时或计数的初值:直接将初值写入 TH0,TL0 或 TH1,TL1。

定时器/计数器的初值因工作方式的不同而不同。设最大计数值为 M,则各种工作方式下的 M 值如下所示:

① 方式 0:$M=2^{13}=8192$;
② 方式 1:$M=2^{16}=65536$;
③ 方式 2:$M=2^8=256$;
④ 方式 3:$M=2^8=256$。

(3) 根据需要开启定时器/计数器中断:直接对 IE 寄存器赋值。

本任务中未采用中断计数方式,因此没有相关语句。在学习中断时,将讨论这部分内容。

(4) 启动定时器/计数器工作:将 TR0 或 TR1 置"1"。

在初始化过程中,要置入定时或计数的初值,要做一点计算。由于计数器是加"1"计数器,并在溢出时产生中断请求,因此不能直接将需要计数的个数直接置入计数器,而应送计数个数的补码数。

置入计数初值 X 可如下计算:

① 计数方式时:$X=M-$计数值(X 即为计数值的补码)
② 定时方式时:$(M-X)*T=$定时值,故 $X=M-$定时值$/T$

其中,T 为计数周期,是单片机时钟的 12 分频,即单片机机器周期。当晶振为 6MHz 时,$T=2\mu s$;当晶振 12MHz 时,$T=1\mu s$。

6. 定时器/计数器的应用实例

【例 3-1】 若单片机晶振为 12MHz,要求产生 500μs 的定时。试计算 X 的初值。

解:由于 $T=1\mu s$,产生 $500\mu s$ 定时,则需要"+1"500 次,定时器方能产生溢出。

① 采用定时器 0,方式 0:
$$X=2^{13}-(500\times10^{-6}s/10^{-6}s)=7692=1E0CH$$
$$=1111000001100B$$

但方式 0 的 TL0 的高 3 位是不用的,都设为"0",这时 1E0CH 应写成:
$$F00CH=1111000000001100B$$

最后将 F0H 装入 TH0,0CH 装入 TL0。

② 采用方式 1:
$$X=2^{16}-(500\times10^{-6}s/10^{-6}s)=65036=FE0CH$$

即将 FEH 装入 TH0,0CH 装入 TL0。

【例 3-2】 用定时器 1,方式 0 实现 1s 的延时。

解:因方式 0 采用 13 位计数器,其最大定时时间为:$8192\times1\mu s=8192\mu s$。因此,定时时间可选择为 8ms,再循环 125 次;或者定时时间选择为 5ms,再循环 200 次。

本例选择后者。定时时间选定后,再确定计数值为 5000(假定单片机晶振为 12MHz,

$5ms/1\mu s=5000$),则定时器 1 的初值为

$$X=M-\text{计数值}=8192-5000=3192=C78H=0110001111000B$$

因在 13 位计数器中,TL1 的高 3 位未用,应填写"0";TH1 占高 8 位。所以,X 的实际填写值应为

$$X=0110001100011000B=6318H$$

即 TH1=63H,TL1=18H。又因采用方式 0 定时,故 TMOD=00H。

变一变:

试利用定时器 1 完成本任务的功能并仿真,然后观察结果。

任务 2 用单片机制作秒表

3.2.1 任务目标

通过本任务的学习、完成,掌握利用定时器的定时功能设计定时基准,通过定时基准完成秒表设计并显示结果的程序编写步骤及方法,进一步熟悉 TMOD,TCON 特殊寄存器的作用。

3.2.2 任务描述

通过单片机内部定时器 T0 的定时功能实现 50ms 定时,将 50ms 作为时间基准完成秒表设计,秒时间通过 P1 口外接的 8 个发光二极管以 2 位 BCD 码形式实时显示。二极管亮,表示对应秒值的 BCD 码位为"1"。其硬件仿真如图 3-1 所示。

3.2.3 任务程序分析

根据设计要求初始化 TMOD 特殊寄存器,选定定时器的工作方式 1,并采用软件查询方式判断定时时间是否到。在系统时钟频率取 12MHz 时,利用方式 1 定时,最大时间只有 65.536ms。定时器在这里只完成 50ms 定时,定时器的定时与软件计数器相结合能完成 1s 定时。设置秒计数器统计秒时间,将秒计数器的值转化为 2 位 BCD 码,然后通过 P1 口输出。

3.2.4 源程序

```c
#include "reg51.h"
#define uchar unsigned char       //宏定义
void main(void)
{   unsigned char i_1s=0,a_50ms=0,a;
    TMOD=0x01;                    //定时器 T0 工作方式 1,定时功能
    TH0=(65536-50000)/256;        //计算 TH0 计数器高 8 位初始值
    TL0=(65536-50000)%256;        //计算 TL0 计数器低 8 位初始值
    TR0=1;                        //启动 T0 定时器开始工作
    while(1)
      {
        while(TF0==0) ;
        TF0=0;
        TH0=(65536-50000)/256;    //重装初始值
        TL0=(65536-50000)%256;    //重装初始值
        a_50ms++;                 //统计 50ms 定时时间到次数加 1
        if(a_50ms==20)
```

```
        { i_1s++;                //1s 时间到,秒计数器加 1
          a_50ms=0;              //1s 时间到 50ms 计数器清 0
          if(i_1s==60)
             i_1s=0;             //60s 时间到秒计数器清 0
        }
        a=i_1s/10;               //将秒计数值的十位数字送给 a,占领 a 的低 4 位,a 的高 4 位为 0
        a<<=4;                   //将 a 的值左移 4 位,十位数左移到了 a 的高 4 位,低 4 位补零
        a=a+i_1s%10;             //将十位数字和个位数字的 BCD 码整合成 2 位压缩的 BCD 码送 a
        P1=~a;                   //将十进制计数值的反通过 P1 输出,灯亮表示对应计数位为"1"
     }
}
```

3.2.5 任务实施

1. 利用 Proteus 仿真软件绘制电路原理图

按照 Proteus 仿真软件绘制电路原理图(见图 3-1)。绘制原理图时添加的器件有 AT89C51,LED-BLUE,RESPARK-8,DIPSW-8 等。注意电源器件的放置与连线。

2. C51 程序的编译

按照 Keil C51 编译软件的操作步骤对源程序进行编译和调试。

3. 执行程序观察效果

将编译成功后的.HEX 文件加载到 CPU,执行程序并观察结果。

3.2.6 相关知识

1. 定时器的功能选择和工作方式选择

通过定时器/计数器方式寄存器 TMOD 来选择定时器的功能和工作方式。程序中是利用 T0 定时器方式 1 工作于定时功能。由于 TMOD 的高 4 位用于 T1 的功能和工作方式控制(在这里可以任意设置),所以程序中 TMOD 初始化为 0x01,即高 4 位取 0000,低 4 位为 0001。低 4 位具体设置如下:

$$GATE=0,C/\overline{T}=0,M1M0=01$$

2. 计数器初始值的计算

通过 C 语言丰富的计算功能计算计数器的初始值,而不需手工计算转化为二进制数后赋值给计数器。任务中通过定时器定时 50ms。计数器加"1"需要一个机器周期时间,在时钟频率为 12MHz 时,一个机器周期时间为 $1\mu s$,即计数器加"1"需要 $1\mu s$ 时间。定时器定时 50ms 是指计数器从初始值加 1,到计数器发生溢出所对应的时间。该时间内,计数器计数 50000 次,所以初始值为 65536-50000=15536,这是十进制数。而计数器的初始值是二进制数,程序中的语句

```
TH0=(65536-50000)/256;
TL0=(65536-50000)%256;
```

就是计算计数器初始值,并由编译器将结果转化为二进制数送给对应的计数器。一个 16 位二进制数除以 256 的商就是 16 位二进制数的高 8 位,余数就是低 8 位。

变一变:

试利用定时器 1 的方式 1、秒表的时间基准取为 40ms,来完成秒表的设计。

单元 4　单片机中断系统

1. 单片机 AT89C51 中断系统的结构及组成；
2. 中断允许控制寄存器 IE 的作用；
3. 中断优先级控制寄存器 IP 的作用；
4. 各中断源的中断请求标志位的意义及清零；
5. 中断的响应过程。

1. 掌握外部中断应用的编程步骤及技巧；
2. 掌握利用定时器中断方式完成定时的编程步骤及技巧；
3. 掌握 Proteus 中的虚拟示波器的使用。

本单元通过两个任务阐述了 AT89C51 单片机中断系统的结构,讲解与中断系统有关的 TCON,SCON,IE,IP 特殊寄存器的作用,讲解 CPU 中断响应过程；使学生学会利用外部中断处理实时任务,掌握利用内部定时器的溢出中断完成定时的应用程序的编程步骤及方法。

任务 1　按键控制彩灯花样显示

4.1.1　任务目标

用按键(采用外部中断方式)控制彩灯的运行。通过按动按键,彩灯在三种闪亮方式(左移、右移和自定义花样)之间切换。通过用外部中断的方式对彩灯控制的实现,学会使用单片机的外部中断实现各种控制功能,逐步掌握中断的相关知识和技能。其仿真电路如图 4-1 所示。

4.1.2　任务描述

一旦按下 P3.2 所接按键 S_2 后,P3.2 口线上会出现两个变化：第一,口线上出现由高到低的变化,即出现下降沿；第二,口线保持低电平,直到松开键为止。由按键控制彩灯按三种规律变化。

4.1.3　任务程序分析

键控彩灯是用按键控制彩灯的显示规律地变化。对按键的处理有两种方式,一种方法是不断查询按键,有按键按下时,就进行消去抖动处理,判断是否有按键按下。采用这种方法,在按键查询期间,单片机不能做任何其他操作。第二种方法是每隔一段时间,抽样检测一次,对按键进行判别处理。对于时间较短的脉冲输入方式,采用这种方法可能无效,

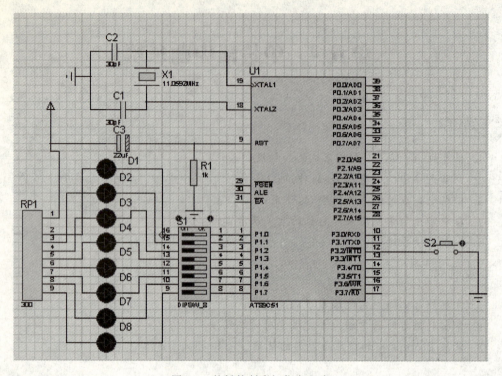

图 4-1 按键控制彩灯仿真电路

会造成漏检。为解决这两种方法的缺陷,常采用单片机的外部中断方式实现对中断的处理。

采用中断函数控制彩灯的显示,中断函数与主程序之间的运行,相当于两个程序并行运行,具体的实现方法和实现程序也是多种多样的,图 4-2 所示的框图就是其中的一种方法。

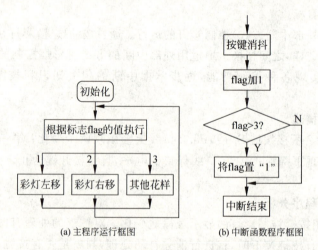

图 4-2 键控彩灯程序框图

4.1.4 源程序

```c
#include "reg51.h"
#define uchar unsigned char
uchar flag;
uchar light,assum;
void delay05s(void)              //延时0.5s
{
  unsigned char i,j,k;
  for(i=5;i>0;i--)
    for(j=200;j>0;j--)
      for(k=250;k>0;k--);
}
void delay10ms(void)             //延时10ms
{  unsigned char i,k;
   for(i=20;i>0;i--)
     for(k=250;k>0;k--);
}
void left()                      //左移显示
   {   P1=~light;
       light=light<<1;
       if(light==0) light=0x01;
   }
void right()                     //右移显示
   {   P1=~light;
       light=light>>1;
       if(light==0) light=0x80;
   }
void assume()
{                                /*定义花样显示*/
   uchar code dispcode[8]={0x7e,0xbd,0xe7,0xdb,0x7e,0xff};
   P1=dispcode[assum];           //输出花样数据
   if(assum==7) assum=0;         //指向下一个花样数据
   else assum++;
}
void main()
{   IT0=1;                       //外部中断0设置为下降沿触发
    EX0=1;                       //允许外部中断0产生中断
    EA=1;                        //中断总允许位设置,允许各中断申请
    flag=1;                      //花样控制变量,初始化左移显示
    light=0x01;                  //左移、右移显示输出变量初始数据
    assum=0;                     //花样显示数组下标变量初始化
    while(1)
      { switch(flag)             //根据变量选择显示模式
           {   case 1:left();break;
               case 2:right();break;
               case 3:assume();break;
           }
         delay05s();
```

```
        }
    }
    void int_0() interrupt 0
    {   delay10ms();                  //延时去抖
        if(INT0==0)                   //延时去抖后,若INT0=0,说明确实按了
            { flag++;
                if(flag>3) flag=1;
            }
        while(INT0==0) ;              //等待按键释放
    }
```

4.1.5 任务实施

1. 利用 Proteus 仿真软件绘制电路原理图

按照 Proteus 仿真软件绘制电路原理图(见图 4-1)。绘制原理图时添加的器件有 AT89C51、LED-BLUE、RESPARK-8、DIPSW-8、BUTTON 等。注意电源器件的放置与连线。

2. C51 程序的编译

按照 Keil C51 编译软件的操作步骤对源程序进行编译和调试。

3. 执行程序观察效果

将编译成功后的.HEX 文件加载到 CPU 并执行程序。单击 S2 按键,并观察效果。

4.1.6 相关知识

1. 80C51 中断系统概述

CPU 在工作过程中,由于系统内、外某种原因而出现特殊请求,CPU 暂时中止正在运行的原程序,转向相应的处理程序为其服务;待处理完毕,再返回去执行被中止的原程序,这个过程就是中断。引起中断的原因或设备称为中断源。一个计算机系统的中断源会有多个,用来管理这些中断的逻辑称为中断系统。

对于单片机而言,中断的执行相当于一种特殊的程序调用,而中断源是产生这种调用的条件。对于 80C51 单片机,中断源有外部中断、内部定时器/计数器中断和串行口中断三种类型。中断函数调用和一般函数调用的主要区别是:一般函数调用是程序中预先安排好的,程序中会以语句或表达式或参数的形式调用函数;而中断是随机发生的,只有中断事件发生后,CPU 才会停止正在运行的程序,保护好现场数据转去执行中断任务。

2. 80C51 中断系统的总体结构

80C51 中断系统的总体结构如图 4-3 所示。从图中可知,当中断源有中断请求时,对应的中断标志位锁存在 TCON 或 SCON 控制寄存器中。如果中断允许控制寄存器 IE 的对应位和 EA 位为"1",则中断源申请中断有效,可以通过中断优先级控制寄存器 IP 控制中断源的优先级。TCON、IE、IP 为单片机内部的特殊寄存器,通过程序对它们的相关位进行设置,可对中断实现控制。

3. 中断的一般功能

(1) 中断的屏蔽与开放

也称为关中断和开中断,这是 CPU 能否接收中断请求的关键。只有在开中断的情况下,CPU 才能响应中断源的中断请求。中断的关闭或开放可由指令控制。

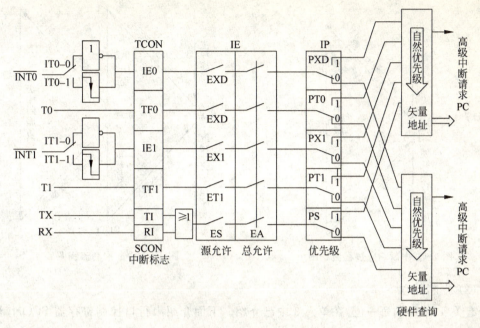

图 4-3　80C51 中断系统内部结构示意图

(2) 中断响应

在开中断的情况下,若有中断请求信号,CPU 便可从主程序转去执行中断服务函数,以进行中断服务,同时也像调用一般函数一样保护主程序的断点地址,使断点地址自动入栈,以便执行完中断服务函数后返回主程序继续执行。中断系统要能确定各个中断源的中断服务函数的入口地址,如图 4-4 所示。

(3) 中断排队

在中断开放的情况下,如果有几个中断同时发生,究竟首先响应哪一个中断,这就有一个中断优先级排队问题。计算机应该根据中断源的优先级首先响应优先级较高的中断请求。这也是中断系统管理的任务之一。

(4) 中断嵌套

当 CPU 在执行某一个中断处理程序时,若有一个优先级更高的中断源请求服务,该 CPU 应该能挂起正在运行的低优先级中断处理程序,响应这个高优先级中断。在高优先级中断处理完后返回低优先级中断,继续执行原来的中断处理程序,这个过程就是中断嵌套,如图 4-5 所示。

4. 中断源和中断标志

(1) 中断源

AT89C51 单片机设置了 5 个中断(52 系列有 6 个),外部有 2 个中断请求输入:$\overline{INT0}$ (P3.2)和$\overline{INT1}$(P3.3);内部有 3 个中断请求:定时器/计数器 T0,T1 的溢出中断和片内串行口中断。当系统产生中断时,5 个中断请求标志分别由特殊功能寄存器 TCON 和 SCON 的相应位来锁存。

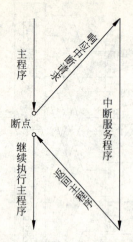
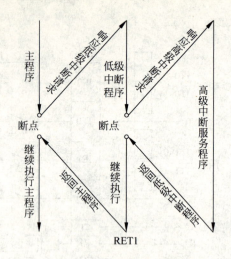

图 4-4 中断响应过程流程图　　　图 4-5 中断嵌套流程图

(2) 中断标志

有关 TCON 的每一位,在单元 3 中已介绍。下面介绍串行口控制寄存器 SCON(存放串行口中断标志)。

SCON 为串行口控制寄存器,当串行口发生中断请求时,其低两位锁存串行口的发送中断和接收中断请求标志,其格式如下所示:

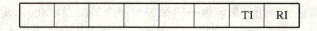

① TI:串行口发送中断标志。

当 CPU 向串行口的发送数据缓冲器 SBUF 写入一个数据时,发送器就开始发送。当发送完一帧数据后,由硬件置"1"TI,表示串行口正在向 CPU 请求中断。值得注意的是,当 CPU 响应中断,转向串行口中断服务时,硬件不能自动清零 TI 标志,而必须在中断服务程序中由指令清零。

② RI:串行口接收中断标志。

若串行口接收器允许接收,当接收器接收到一帧数据后,RI 置"1",表示串行口接收器正在向 CPU 请求中断;同样,RI 必须在用户中断服务程序中由指令清零。

80C51 复位后,SCON 被清零。

5. 中断允许寄存器 IE 和中断优先级寄存器 IP 的用途及设置

如前所述,通过对触发方式选择位 IT0,IT1 的编程,可以选择外部中断输入信号$\overline{INT0}$,$\overline{INT1}$的触发方式是低电平有效,还是边沿触发有效。那么,也可以通过对特殊功能寄存器 IE 的编程,选择哪几个中断是被禁止的或允许的;而这些被允许的中断又可以通过对中断优先级寄存器 IP 的编程,以定义为高优先级或低优先级。这样,便可以通过有关的控制寄存器的有关位,加强对中断的合理控制,使系统高效而有秩序地工作。

下面分别对 IE 和 IP 作具体介绍。

(1) 中断允许寄存器 IE(存放中断允许字)

IE 各位定义如下：

| EA | / | / | ES | ET1 | EX1 | ET0 | EX0 |

① EA：CPU 中断允许位。EA=1,CPU 开中断；EA=0,CPU 禁止所有中断。

② ES：串行口中断允许位。ES=1,开放串行口中断；ES=0,禁止串行口中断。

③ ET1：定时器/计数器 T1 溢出中断允许位。ET1=1,开 T1 中断；ET1=0,禁止 T1 中断。

④ EX1：外部中断$\overline{INT1}$允许位。EX1=1,开$\overline{INT1}$中断；EX1=0,禁止$\overline{INT1}$中断。

⑤ ET0：定时器/计数器 T0 溢出中断允许位。ET0=1,开 T0 中断；ET0=0,禁止 T0 中断。

⑥ EX0：外部中断$\overline{INT0}$允许位。EX0=1,开$\overline{INT0}$中断；EX0=0,禁止$\overline{INT0}$中断。

80C51 复位时,IE 被清除为"0"。对中断进行管理,必须对 IE 设置初始值,对各中断源开中断或关中断实行控制。

任务中使用了外部中断 0,所以开了外部中断 0 和总中断,相关语句为

EX0=1;

EA=1;

(2) 中断优先级寄存器 IP(存放中断优先字)

MCS-51 的中断分两个优先级,对于每一个中断源,都可通过对 IP 编程来定义为高优先级或低优先级中断,以便实现二级中断嵌套。IP 的各位定义如下：

| / | / | / | PS | PT1 | PX1 | PT0 | PX0 |

① PS：串行口优先级设定位。PS=1,串行口设定为高优先级；PS=0,穿行口设定为低优先级。

② PT1：定时器/计数器 T1 优先级设定位。PT1=1,T1 设定为高优先级；PT1=0,T1 设定为低优先级。

③ PX1：外部中断$\overline{INT1}$优先级设定位。PX1=1,$\overline{INT1}$设定为高优先级；PX1=0,$\overline{INT1}$设定为低优先级。

④ PT0：定时器/计数器 T0 优先级设定位。PT0=1,T0 设定为高优先级；PT0=0,T0 设定为低优先级。

⑤ PX0：外部中断$\overline{INT0}$优先级设定位。PX0=1,$\overline{INT0}$设定为高优先级；PX0=0,$\overline{INT0}$设定为低优先级。

AT89C51 复位后,IP 被清除为"0",即中断源均定义为低优先级中断。要确定各中断源的优先级,必须由用户对 IP 编程。若要改变各中断源在系统中的优先级,可随时由指令来修改 IP 内容。

任务中没有对 IP 设置初始值的语句,是因为只用了一个中断,中断的优先级设定就没

有意义了。采用了复位时 PX0=0,即自动设置为低优先级了。

(3) 中断优先级结构

对 IP 寄存器编程,可以为 5 个中断规定高、低优先级。它们遵循两个基本规则:

① 一个正在执行的低级中断服务程序,能被高优先级中断请求所中断,但不能被同优先级中断请求所中断。

② 一个正在执行的高优先级中断服务程序,不能被任何中断请求所中断。返回主程序后,要再执行一条指令才能响应新的中断请求。

为了实现这两个规则,中断系统内部设置了两个不可寻址的"优先级状态"触发器。当其中一个状态为"1"时,表示正在执行高优先级中断服务,它禁止所有其他中断;只有在高级中断服务返回时,被清"0",表示可响应其他中断。当另一个状态为"1"时,表示正在执行低优先级中断服务程序,它屏蔽其他同级中断请求,但不能屏蔽高优先级请求。在中断服务返回时,被清"0"。

AT89C51 有 5 个中断源,但只有两个优先级,必然会有几个中断请求源处于同样的优先级。当 CPU 同时收到几个同优先级中断请求时,AT89C51 内部有一个硬件查询逻辑,它的查询顺序是:

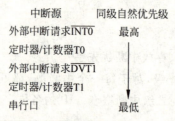

中断源	同级自然优先级
外部中断请求$\overline{INT0}$	最高
定时器/计数器T0	
外部中断请求$\overline{DVT1}$	
定时器/计数器T1	
串行口	最低

CPU 将根据查询顺序来响应这些中断请求。

6. 中断响应过程

80C51 单片机 CPU 在每一个机器周期顺序查询每一个中断源,在机器周期的 S5P2 状态采样并按优先级处理所有被激活的中断请求。若没有被下述条件所阻止,将在下一个机器周期的 S1 状态响应最高级中断请求:

① CPU 正在处理同级或高优先级中断。

② 现行的机器周期不是所执行指令的最后一个机器周期。

③ 正在执行的指令是 RETI,或者访问 IE 或 IP(即在 CPU 执行 RETI 或访问 IE、IP 的指令后,至少需要再执行一条指令,才会响应新的中断请求)。

若存在上述任一种情况,中断将暂时受阻;若不存在上述情况,将在紧跟的下一个机器周期执行这个中断。

CPU 响应中断时,首先要完成这样几件工作:其一,先置位相应的"优先级状态"触发器(该触发器指出 CPU 当前处理的中断优先级别),以阻断同级或低级中断请求;其二,自动清除相应的中断标志(TI 或 RI 除外);其三,自动保护断点,将现行程序计数器 PC 内容压入堆栈,并根据中断源把相应的矢量单元地址装入 PC。各中断源的矢量地址及在 C51 对应的中断号如表 4-1 所示。

单元 4 单片机中断系统

表 4-1 中断源的矢量地址和中断号

中断源	矢量地址	中断号
外部中断$\overline{INT0}$	0003H	0
定时器/计数器 T0 溢出	000BH	1
外部中断$\overline{INT1}$	0013H	2
定时器/计数器 T1 溢出	001BH	3
串行口	0023H	4

7. 中断程序的编制

(1) 首先必须对中断系统进行初始化,包括以下内容:

① 开中断,即设定 IE 寄存器。例如,任务中:

```
EX0=1;               //允许外部中断0产生中断
EA=1;                //开总中断
```

② 设定中断优先级,即设置 IP 寄存器。

③ 如果是外部中断,还必须设定中断触发方式,即设定 IT0,IT1 位。例如,任务中:

```
IT0=1;               //外部中断0设置为下降沿触发
```

④ 如果是计数、定时中断,必须先设定定时、计数的初始值。例如,

```
TH0=(65536-5000)/256;    //高8位的初始值
TL0=(65536-5000)%256;    //低8位的初始值
```

⑤ 初始化结束后,对于定时器、计数器而言,还应该记得启动定时或计数,即设定 TR0、TR1 位。串口接收中断,允许接收位 REN 应该设置。例如,

```
TR0=1;
```

(2) 中断初始化结束后,就可以编制主程序的其他部分及中断服务程序。编制中断服务程序时,注意 C51 中的中断服务程序的格式为:

函数类型 函数名(参数) interrupt 中断号 [using 寄存器组号]

其中,函数类型和参数都取为 void;interrupt 为中断函数的关键词;中断号指明编写的是哪一个中断源的中断函数;寄存器组号告诉编译系统中断函数中采用哪一组工作寄存器。

任务 2 用单片机构成 100Hz 方波发生器

4.2.1 任务目标

使用 AT89C51 单片机,利用定时中断实现从 P2.0 输出 100Hz 的方波。通过本任务的学习,掌握利用单片机内部定时器的定时功能完成定时的程序编写方法,进一步掌握中断系统的功能和编程。

4.2.2 任务描述

编写程序实现在 P2.0 引脚上输出 100Hz 的方波,并通过 Proteus 的虚拟示波器观察波形。其仿真电路如图 4-6 所示。

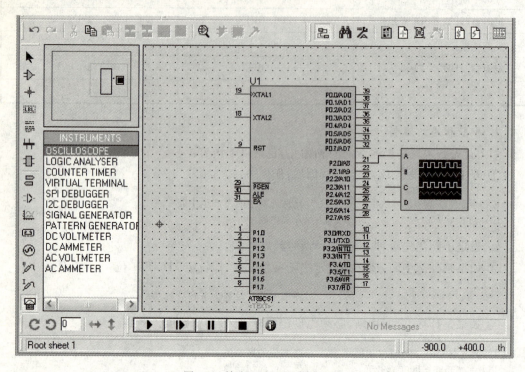

图 4-6 输出 100Hz 的仿真电路

4.2.3 任务程序分析

从 P2.0 输出 100Hz 的方波,实际上就是要求从 P2.0 输出周期为 10ms 的方波。就是在单片机中实现 5ms 的定时,每次定时时间到时,改变 P2.0 电平就可以了。引脚电平的改变,使用取反指令就可以完成,具体的指令如"P20=~P20;"。

使用单片机内部的定时器/计数器进行 5ms 的定时,需要对定时器/计数器初始化。启动定时器之后,计数器自动计数,达到 5ms 后,计数器出现计数溢出,产生中断,响应中断服务程序。

采用定时中断时,单片机可以执行正常的程序,由硬件定时。只有当定时时间到时,才中断正在执行的主程序,转去执行中断服务程序。中断服务程序执行完成后,自动回到主程序的中断点继续执行被中断的程序。相对于指令延时的定时方式,采用中断可以极大地提高单片机的利用率。

4.2.4 源程序

```
#include "reg51.h"
#define uchar unsigned char
sbit P20=P2^0;                    //定义输出引脚
void main()
```

```
{   TMOD=0x01;                  //设置定时器 T0 工作于方式 1
    TH0=(65536-5000)/256;       //高 8 位的初始值
    TL0=(65536-5000)%256;       //低 8 位的初始值
    ET0=1;                      //允许定时器 0 产生中断
    EA=1;
    TR0=1;                      //开始计数
    while(1)
    { ;
    }
}
void time0() interrupt 1
{   TH0=(65536-5000)/256;       //重装初始值
    TL0=(65536-5000)%256;
    P20=~P20;
}
```

4.2.5 任务实施

1. 利用 Proteus 仿真软件绘制电路原理图

绘制原理图时添加虚拟示波器,如图 4-7 所示。

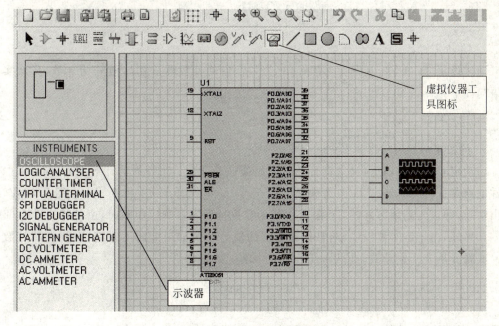

图 4-7 添加虚拟示波器

2. C51 程序的编译

按照 Keil C51 编译软件的操作步骤对源程序进行编译和调试。

3. 执行程序观察效果

将编译成功后的.HEX 文件加载到 CPU 并执行程序,观察示波器输出的波形图。

4.2.6 相关知识

1. TMOD 初始值的确定

任务中利用定时器的定时功能,采用方式 1 工作。根据单元 3 的知识,可以确定 TMOD 的高 4 位为 0000,低 4 位为 0001,所以程序中的语句为

TMOD=0x01;

2. 计数器初始值的计算与确定

在时钟频率为 12MHz 时,要定时 5ms,单片机内部定时器要计数 5000 次,则计数器的初始值计算与赋值为

TH0=(65536−5000)/256;   //高 8 位的初始值
TL0=(65536−5000)%256;   //低 8 位的初始值

3. 开中断

根据本单元任务 1 介绍的知识可知,要开定时器 T0 中断,必须初始化 ET0,EA 为"1"。例如,程序中的语句

ET0=1;   //允许定时器 0 产生中断
EA=1;   //开总中断

4. 启动定时器 T0 开始计数

通过设置 TCON 控制寄存器的 TR0 为"1",启动计数器从初始值开始计数,具体实现的语句如下:

TR0=1;   //开始计数

5. 响应定时器 T0 的溢出中断

启动定时器工作以后,计数器开始从初始值加 1 计数。当计数器计数满溢出时,由内部硬件电路置 TF0=1 向 CPU 申请中断。由于 CPU 事先开了 T0 中断,所以 CPU 响应 T0 溢出中断,即进入到编写好的 T0 溢出中断函数执行程序。响应中断时,由硬件自动对 TF0 清零。另外,由于定时器发生溢出时,计数器的值为"0",如果此时不重新装初始值,计数器下一次就会从 0 开始计数。所以,任务中在中断函数里有语句

TH0=(65536−5000)/256;   //高 8 位的初始值
TL0=(65536−5000)%256;   //低 8 位的初始值

就是给计数器重装计数初值。

6. 调整示波器观察输出波形

将执行程序装载到 CPU 后,单击执行程序工具图标,就能自动打开示波器窗口,如图 4-8 所示。

变一变:

试利用定时器 1 完成本任务的设计功能。

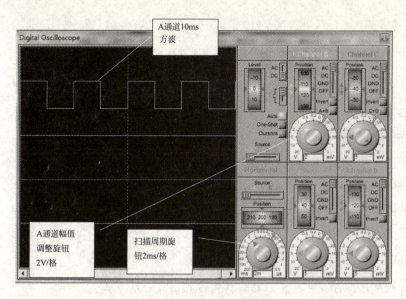

图 4-8 示波器测试波形

单元5　单片机串行口

1. 单片机 AT89C51 串行口的结构及组成；
2. 串行口控制寄存器 SCON 的作用；
3. 数据缓冲器 SBUF 的作用；
4. 串行通信波特率的设定。

1. 掌握利用串行口方式 0 扩展并行输出口和输入口的方法；
2. 掌握利用串行口方式 1 实现双机异步通信的方法；
3. 掌握利用串口中断方式和查询方式的软件编写技巧。

本单元通过 3 个任务详细讲解单片机串行口的工作方式及其原理，讲解与串行口有关的 SCON，SBUF，PCON 特殊寄存器每一位的作用。通过学习，掌握利用串行口的方式 0 扩展并行输出口和输入口涉及的硬件和软件设计的知识和技巧；掌握用串行口方式 1 实现双机异步通信的软件设计方法。

任务1　用单片机串行口扩展输出口

5.1.1　任务目标

利用串行口方式 0 扩展并行输出口驱动数码管显示器显示数字。通过完成该任务，了解单片机内部串行口的结构，学习和掌握与串行口功能有关的 SCON，SBUF 特殊寄存器的作用和正确使用方法。

5.1.2　任务描述

利用串行口方式 0 外接两片 74HC595 串行输入并行输出寄存器，用于扩展 16 位并行输出接口，外接 2 位数码管显示器，分别显示 9～0。其具体接线仿真电路如图 5-1 所示。

5.1.3　任务程序分析

利用串行口的方式 0 扩展并行输出口，在硬件上要外接串入并出的移位寄存器，在软件上要初始化串行口控制寄存器 SCON，并设置串行口的工作方式为方式 0。利用串行口输出数据，要通过单片机的 P3.0(RXD)引脚输出，P3.1(TXD)引脚用于提供同步移位脉冲输出。CPU 把要输出的显示数据写入到串行口数据缓冲器，启动串口工作。当 8 位数据输出完毕后，发送中断标志位 TI＝1，CPU 根据 TI 标志位是否为"1"，判断一个字节的数据是否发送完成。当 TI＝1 时，要由软件对 TI 清零。

单元 5 单片机串行口

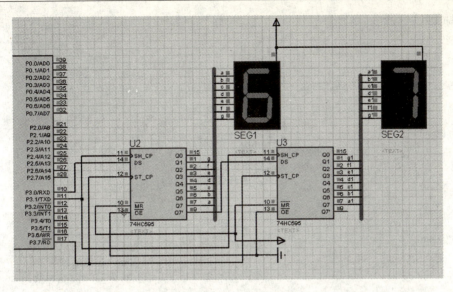

图 5-1 外接两片 74HC595 扩展输出口的仿真电路

5.1.4 源程序

1. 利用软件查询 TI 标志,实现程序功能

其主函数流程图如图 5-2 所示。

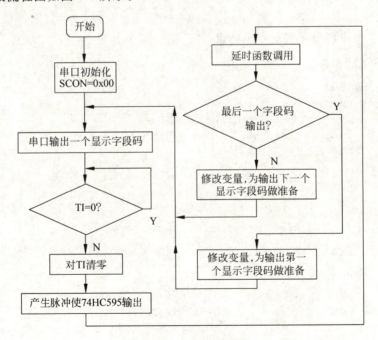

图 5-2 主函数流程图

程序如下:

```
#include "reg51.h"
#define uchar unsigned char
```

```c
sbit P3_7=P3^7;
void delay()
{   uchar i,j,k;
    for(i=0;i<200;i++)
       for(j=0;j<200;j++)
          for(k=0;k<5;k++) ;
}
void main()
{   uchar seg[10]={ 0x90,0x80,0xf8,0x82,0x92,0x99,
                    0xb0,0xa4,0xf9,0xc0},i;   //9~0 共阳段码值
    SCON=0x00;                //串行口工作方式0
    i=0;
    for(;;)
    {   SBUF=seg[i];          //串口输出显示段码
        while(TI==0);         //TI=0 等待,说明没发送完;TI=1 结束等待
        TI=0;                 //当 TI=1 时,一个字节数据发送完后清零
        P3_7=0;               //P3_7 引脚产生上升沿控制 74HC595 输出数据
        P3_7=1;
        delay();
        i++;
        if(i==10) i=0;
    }
}
```

2. 利用串口中断方式完成程序功能
具体程序如下:

```c
#include "reg51.h"
#define uchar unsigned char
uchar code seg[10]={ 0x90,0x80,0xf8,0x82,0x92,0x99,
          0xb0,0xa4,0xf9,0xc0};   //9~0 共阳段码值
sbit P3_7=P3^7;
uchar s_i=0;
void delay()
{   uchar i,j,k;
    for(i=0;i<200;i++)
       for(j=0;j<200;j++)
          for(k=0;k<5;k++) ;
}
void main()
{
    SCON=0x00;                //串行口工作方式0
    ES=1;                     //开串口中断
    EA=1;
    SBUF=seg[s_i];            //串口输出显示段码
    while(1)
    { ;                       //等待中断
    }
}
```

```
void serial() interrupt 4
{    TI=0;                          //清 TI 标志
     P3_7=0;                        //P3.7 产生脉冲控制 74HC595 输出数据
     P3_7=1;
     delay();
     s_i++;                         //为输出下一个数据做准备
     if(s_i==10) s_i=0;             //9～0 都已经输出,又从 9 开始输出
     SBUF=seg[s_i];                 //串口输出下一个显示段码
}
```

5.1.5 任务实施

1. 利用 Proteus 仿真软件绘制电路原理图

按照 Proteus 仿真软件绘制电路原理图 5-1。绘制原理图时添加的器件有 AT89C51、7SEG-COM-ANODE、74HC595 等。注意电源器件的放置与连线、总线的绘制、网络标号放置等。

（1）绘制总线工具图标如图 5-3 所示。

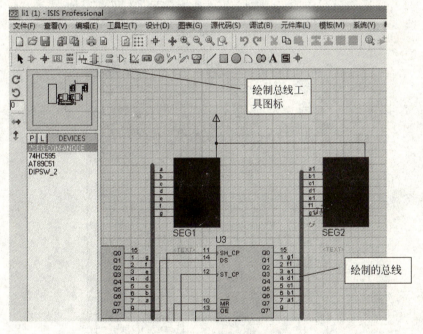

图 5-3　绘制总线电路图

（2）添加网络标号。

光有总线并不能描述电路连接关系。总线必须配备网络标号,才能真正描述线路连接关系。放置网络标号的操作如图 5-4 所示。

（3）在要放置网络标号的导线上执行添加网络标号命令,将弹出如图 5-5 所示的对话框。

2. C51 程序的编译

按照 Keil C51 编译软件的操作步骤对源程序进行编译和调试。

3. 执行程序观察效果

将编译成功后的 .HEX 文件加载到 CPU,执行程序,并观察效果。

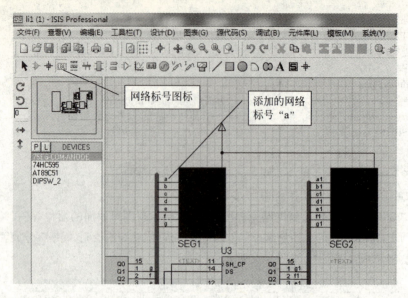

图 5-4 网络标号图标

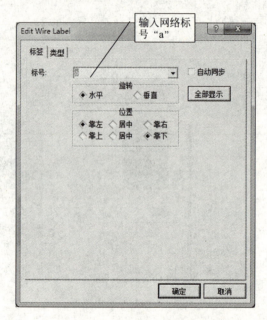

图 5-5 添加网络标号对话框

5.1.6 相关知识

1. 数据通信的传输方式

一般把计算机与外界的信息交换称为通信。最基本的通信方式有串行通信和并行通信两种,如图 5-6 所示。

并行通信是指一个数据的各个位用多条数据线同时进行传送的通信方式。其优点是传送速度很快;缺点是一个并行数据有多少位,就需要多少根传输线,只适用于近距离传送,对于太远的距离,传输成本太高,一般不采用。

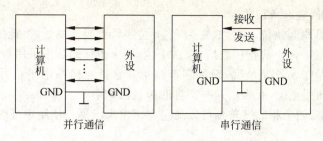

图 5-6 并行通信与串行通信

串行通信是指一个数据的各位逐位顺序传送的通信方式。其优点是仅需单线传输信息，特别是数据位很多和远距离数据传送时，这一优点更为突出。串行通信方式的主要缺点是传送速度较低。

串行通信又分为同步通信和异步通信两类。

同步通信是一种连续串行传送数据的通信方式，它将数据分块传送。在每一个数据块的开始处要用 1 或 2 个同步字符，使发送与接收双方取得同步，如图 5-7 所示。

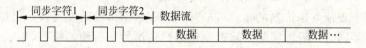

图 5-7 同步通信的格式

在同步通信中，由同步时钟来实现发送和接收的同步。在发送时插入同步字符，接收端接收到同步字符后，开始接收串行数据位。发送端在发送数据流的过程中，若出现没有准备好数据的情况，便用同步字符来填充，一直到下一字符准备好为止。数据流由一个个数据组成，称为数据块。每一个数据可选 5～8 个数据位和一个奇偶校验位。此外，整个数据流可进行奇偶校验或循环冗余校验（CRC）。同步字符可以采用统一的标准格式，也可自由约定。

同步通信的数据传送速率较高，一般适合于传送大量的数据。

异步通信是指通信时发送设备与接收设备使用各自的时钟控制数据的发送和接收过程，这两个时钟彼此独立，互不同步。数据通常是以一个字（也称为字符）为单位组成字符帧传送的。字符帧由发送端一帧一帧地发送，每一帧数据均是低位在前，高位在后，通过传输线被接收端一帧一帧地接收。

在异步通信中，接收端是依靠字符帧格式来判断发送端是何时开始发送，何时结束发送的。字符帧也叫数据帧，由起始位、数据位、校验位和停止位等四部分组成，其典型的格式如图 5-8 所示。

图 5-8 异步通信的格式

在上述帧格式中，一个字符的传送由起始位开始，至停止位结束。

① 起始位：位于字符帧开头，为逻辑低电平信号，只占 1 位，用于向接收端表示发送端

开始发送一帧信息,应准备接收。

② 数据位:紧跟起始位之后,通常为 5～8 位字符编码。发送时,低位在前,高位在后。

③ 奇偶校验位:位于数据位之后,仅占 1 位,用来表征通信中采用奇校验还是偶校验。

④ 停止位:位于字符帧最后,表示字符结束。它是逻辑高电平信号,可以占 1 位或 2 位。接收端接收到停止位,就表示这一字符的传送已结束。

在异步通信中,两个相邻字符帧可以通过空闲位来间隔。使用中可以没有空闲位,也可以有若干空闲位。

由于异步通信中的每帧都要加上起始位和停止位,所以通信速度相对同步来说较慢,但是它的间隔时间可以任意改变,使得其使用非常自由。在小数据量且间隔时间不定的通信中,往往采用异步串行通信。

在一帧信息中,每一位的传送时间(位宽)是一定的,用 T_d 表示,T_d 的倒数称为波特率。波特率是串行通信中的一个重要概念,只有当通信双方采用相同的波特率时,通信才不会发生混乱。波特率表示每秒传送的位数。例如,当采用 8 位数据的异步串行通信(这时每个字符加上起始位和停止位,一共为 10 位),且每秒发送 120 个字符时,波特率为:10 位/字符×120 字符/秒=1200 位/秒;每一位的传送时间 $T_d=1/1200=0.833$(ms)。

波特率用于表征数据传输的速度,波特率越高,数据传输速度越快。但波特率和字符的实际传输速率不同。字符的实际传输速率是每秒内所传字符帧的帧数,和字符帧格式有关。通常,异步通信的波特率为 50～9600 位/秒(b/s)。

在串行通信中,按照信息传送的方向,分为单工、半双工和全双工三种方式。

单工方式指只能单方向传送信息,如图 5-9(a)所示。

在半双工方式下,每个站都由一个发送器和一个接收器组成,如图 5-9(b)所示。在这种制式下,信息能从甲站传送到乙站,也可以从乙站传送到甲站,即能双向传送信息;但在同一时间,信息只能向一个方向传送,不能同时在两个方向上传送。

全双工通信系统的每端都有发送器和接收器,能同时实现信息的双向传送,如图 5-9(c)所示。

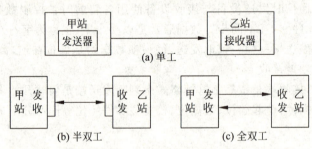

图 5-9 串口传送方式

2. 与串行口相关的控制寄存器

AT89C51 单片机串行口的控制寄存器有两个,分别是特殊功能寄存器 SCON 和电源控制寄存器 PCON。

(1) 特殊功能寄存器 SCON

AT89C51 对串行通信方式的选择、接收和发送以及串行口的状态标志等均由串行口控制寄存器 SCON 控制和指示。SCON 可以位寻址,字节地址 98H。单片机复位时,其所有位均为"0"。其控制字格式如图 5-10 所示。

SCON	9FH	9EH	9DH	9CH	9BH	9AH	99H	98H
	SM0	SM1	SM2	REN	TB8	RB8	TI	RI

图 5-10　SCON 各位定义

① SM0,SM1：串行方式选择位,用于设定串行口的工作方式。两个选择位对应四种通信方式,如表 5-1 所示。

表 5-1　串行口工作方式

SM0	SM1	工作方式	功能说明	波特率
0	0	方式 0	同步移位寄存器	$f_{osc}/12$
0	1	方式 1	8 位数据 UART	可变(T_1 溢出率$/n$)
1	0	方式 2	9 位数据 UART	$f_{osc}/64$ 或 $f_{osc}/32$
1	1	方式 3	9 位数据 UART	可变(T_1 溢出率$/n$)

② SM2：多机通信控制位,主要用于允许方式 2 和方式 3 进行多机通信。在方式 2 和方式 3 处于接收方式时,若 SM2＝1,且接收到的第 9 位数据 RB8 为"0"时,不激活 RI；若 SM2＝1,且 RB8＝1 时,则置 RI＝1。在方式 2,3 处于接收或发送方式时,若 SM2＝0,不论接收到的第 9 位 RB8 为"0"还是为"1",TI,RI 都以正常方式被激活。在方式 1 处于接收状态时,若 SM2＝1,只有收到有效的停止位后,RI 置"1"。在方式 0 中,SM2 应为"0"。

③ REN：允许串行接收位,由软件置位清零。REN＝1 时,允许接收；REN＝0 时,禁止接收。

④ TB8：在方式 2 和方式 3 时,将发送的第 9 位数据放入 TB8。根据需要,由软件置位或清零。在方式 0 和方式 1 中,该位未使用。可作为奇偶校验位；也可在多机通信中,作为区别地址帧或数据帧的标志位。一般约定,是地址帧时 TB8 为"1",是数据帧时 TB8 为"0"。

⑤ RB8：在方式 2 和方式 3 时,将接收到的第 9 位数据放入 RB8；也可约定作为奇偶校验位,以及在多机通信中区别地址帧或数据帧。在方式 2 或方式 3 的多机通信中,若 SM2＝1,如果 RB8＝1,表示地址帧。在方式 1 中,若 SM2＝0,RB8 中存放的是已收到的停止位。在方式 0 中,该位未使用。

⑥ TI：发送中断标志位。在方式 0 中,发送完 8 位数据后,由硬件置位；在其他方式中,在发送停止位之初,由硬件置位。因此,TI 是发送完一帧数据的标志,可由软件来查询 TI 的状态。TI＝1 时,也可向 CPU 申请中断；CPU 响应中断后,必须由软件清零。

⑦ RI：接收中断标志位。在方式 0 中,接收完 8 位数据后,由硬件置位；在其他方式中,在接收停止位的中间由硬件置位。同 TI 一样,也可以通过软件来查询是否接收完一帧数据。RI＝1 时,也可申请中断；响应中断后,RI 必须由软件清零。

程序中的语句

SCON=0x00;

就是对 SCON 初始化,使 SM0,SM1 为"00",TI、RI 为"00",其他位的状态与方式 0 无关。这里取"0"。

(2) 电源控制寄存器 PCON

PCON 主要是为 CHMOS 型单片机的电源控制而设置的专用寄存器,不可以位寻址,字节地址为 87H。在 HMOS 型单片机中,PCON 除了最高位以外,其他位均无意义,其格式如图 5-11 所示。

图 5-11 PCON 各位定义

与串行通信有关的只有 SMOD 位。SMOD 为波特率选择位。在方式 1,2 和 3 时,串行通信的波特率与 SMOD 有关。当 SMOD=1 时,通信波特率乘以 2;当 SMOD=0 时,波特率不变。

(3) 发送和接收数据缓冲器 SBUF

串行口缓冲器 SBUF 由发送缓冲器和接收缓冲器组成,在单片机中占有同一个字节地址(99H),可同时发送和接收数据。单片机在执行指令时,根据读写操作来区分对这两个缓冲器进行操作,不会出现冲突和错误。发送缓冲器只能写不能读,接收缓冲器只能读不能写。程序中,语句

SBUF=seg[s_i];

此处的 SBUF 是发送数据缓冲器,功能是将显示数字的段码写入到串行口输出数据缓冲器。

3. 串行口的工作方式 0

AT89C51 的串行口有 4 种工作方式,通过 SCON 的 SM0,SM1 位来决定,如表 5-1 所示。

方式 0 为同步移位寄存器方式。在方式 0 时,数据由 RXD 脚发送或接收。TXD 脚作为同步移位脉冲的输出脚,用来控制时序。1 帧信息由 8 位数据位组成,低位在前,高位在后,波特率固定,为 $f_{osc}/12$(振荡频率的 1/12)。这种方式常用于扩展 I/O 口。

以方式 0 发送数据时,数据从 RXD 端串行输出,TXD 端输出同步信号。当一个 8 位数据写入串行口发送缓冲器 SBUF 时,串行口将 8 位数据以 $f_{osc}/12$ 的波特率从 RXD 串行输出(低位在前)。8 位数据发送完后,由硬件置中断标志 TI 为"1",可向 CPU 请求中断。在再次发送数据之前,必须由软件清 TI 为"0"。

以方式 0 发送数据时,CPU 执行一条写数据到 SBUF 的指令,如"SBUF=seg[s_i];",就启动了发送过程。发送的时序如图 5-12 所示。

4. 利用串行口方式 0 发送数据的方法

利用串行口方式 0 发送数据的方法有两种:

(1) 第一种方法是软件查询 TI 标志位,在以方式 0 启动串口发送数据后,CPU 通过等待查询发送中断标志位 TI 是否为"1",来判断一个 8 位的数据是否发送完毕。若发送完,对 TI 清零;若没有发送完,继续等待串口发送。程序 1 中的语句

while(TI==0);

单元 5　单片机串行口

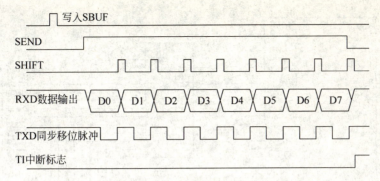

图 5-12　方式 0 发送时序

就是等待查询是否发送完毕。当发送完时,TI 由硬件置"1",此时必须由软件对其清零。程序中的语句

TI=0;

是对 TI 清零的语句。

(2) 第二种方法是利用串口中断的方式。TI=1 时,中断系统向 CPU 申请中断,如果事先 CPU 对串口中断开放,即允许串口中断的话,CPU 响应串口中断,执行事先编写好的串口中断函数。程序 2 中的语句

ES=1;　　　//开串行口中断
EA=1;

就是允许串口中断的语句。

程序 2 中断函数定义时,通过关键词 interrupt 和中断号 4 指出该函数是串行口的中断函数,在 CPU 响应串口中断,即执行串口中断函数时,必须有清 TI 为"0"的语句。

任务 2　用单片机串行口扩展输入口

5.2.1　任务目标

利用串行口方式 0 扩展并行输入口外接开关。通过完成该任务,进一步学习和掌握与串行口功能有关的 SCON、SBUF 特殊寄存器的作用和正确使用方法,掌握利用串行口和并入串出的移位寄存器扩展并行输入口的方法。

5.2.2　任务描述

利用串行口方式 0 外接 1 片 74LS165 并行输入串行输出移位寄存器,用于扩展 8 位并行输入接口。外接 8 位开关,将开关量状态通过 P1 口外接的发光二极管显示。其具体接线仿真图如图 5-13 所示。

5.2.3　任务程序分析

利用串行口的方式 0 扩展并行输入口,在硬件上要外接并入串出的移位寄存器,在软件上要初始化串行口控制寄存器 SCON,设置串行口的工作方式为方式 0。利用串行口输入数据,要通过单片机的 P3.0 引脚输入,P3.1 引脚用于提供同步移位脉冲输出。在 REN=1,即串口接收允许控制位置"1"时,启动串口开始接收工作;当 8 位数据输入完毕后,接收

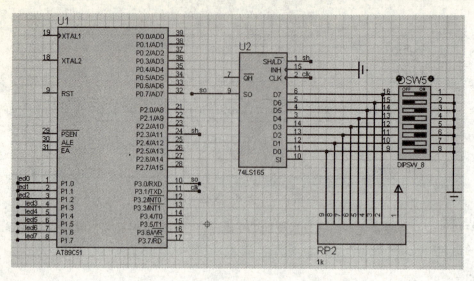

图 5-13　74LS165 扩展输入口仿真电路

中断标志位由硬件置 RI 为"1",CPU 根据 RI 标志位是否为"1"判断一个字节的数据是否接收完成。当"RI"=1 时,说明一个字节的数据接收完毕,此时 RI 要由软件清零。

5.2.4　源程序

1. 利用软件查询 RI 标志实现程序功能

```c
#include "reg51.h"
sbit SL=P2^3;
void delay(unsigned int k,unsigned int p)
{   unsigned int i,j;
    for(i=0;i<k;i++)
       for(j=0;j<p;j++)
          ;
}
void main()
{   unsigned char m;
    while(1)
    {   SCON=0x10;          //串口初始化为方式 0 并接收数据
        SL=0;               //启动 74LS165 并行接收数据
        delay(0x01,0x10);   //延时一段时间
        SL=1;               //选择 74LS165 串行输出数据
        RI=0;               //初始值为 0
        while(RI==0);       //等待接收完
        m=SBUF;             //数据接收完后读取 SBUF 数据到变量 m
        P1=m;               //把接收的开关量由 P1 口输出
        RI=0;               //RI 必须由软件清零
        delay(0x200,0x250); //显示一段时间
    }
}
```

2. 利用串口中断实现程序功能

```c
#include "reg51.h"
sbit SL=P2^3;
void delay(unsigned int k,unsigned int p)  //有参函数定义
{   unsigned int i,j;
    for(i=0;i<k;i++)
      for(j=0;j<p;j++)
                             ;
}
void main()
{
    ES=1;                        //开中断
    EA=1;
    SCON=0x10;                   //串口初始化为方式0并启动接收数据
    RI=0;                        //初始值为0
    SL=0;                        //启动74LS165并行接收数据
    delay(0x01,0x10);            //延时一段时间
    SL=1;                        //选择74LS165串行输出数据
    while(1);                    //等待中断
}
void serial() interrupt 4        //串行口中断函数
{   RI=0;                        //响应中断后RI必须由软件清零
    P1=SBUF;                     //读取串行口接收的数据并由P1口输出
    delay(0x100,0x200);          //显示一段时间
    SL=0;                        //启动74LS165并行接收数据
    delay(0x01,0x10);            //延时一段时间
    SL=1;                        //选择74LS165串行输出数据
}
```

5.2.5 任务实施

1. 利用 Proteus 仿真软件绘制电路原理图

利用 Proteus 仿真软件绘制电路原理图 5-13。绘制原理图时添加的器件有 AT89C51、74LS165、DIPSW-8 等。注意电源器件的放置与连线、总线的绘制、网络标号放置等。

2. C51 程序的编译

按照 Keil C51 编译软件的操作步骤对源程序进行编译和调试。

3. 执行程序观察效果

将编译成功后的 .HEX 文件加载到 CPU 并执行程序。任意设置组合开关的状态,并观察效果。

5.2.6 相关知识

1. 串行口方式 0 以软件查询方式接收

在串行口控制寄存器 SCON 的 SM0 位和 SM1 位,将初始值设置为"00"。REN 为"1"时,启动串口以方式 0 接收外部同步移位寄存器输出过来的数据,数据以 $f_{osc}/12$ 的波特率从 RXD 端串行输入,TXD 端输出同步移位脉冲信号。程序中的语句

SCON=0x10;

就是设置串口方式 0 并启动接收。

当一个 8 位数据在同步移位脉冲作用下一位一位输入到串行口内部的移位寄存器时,由硬件置 RI 为"1",同时将接收的 8 位数据送到接收数据缓冲器 SBUF。接收中断标志 RI 为"1",可向 CPU 申请中断。

在源程序 1 中,CPU 通过软件查询 RI 标志位,判断串口是否接收完 8 位数据。若 RI=1,说明串口已接收完 8 位数据。程序中的语句

while(RI==0);

是等待串口接收数据,直到 RI=1 为止。程序中的语句

m=SBUF;

是读取串口接收数据缓冲器上的数据并存放到变量 m。

2. 串行口方式 0 以中断方式接收

利用串口中断的方式,在 8 位数据接收完时,由硬件置 RI=1,中断系统向 CPU 申请中断。如果事先 CPU 对串口中断开放,即允许串口中断的话,CPU 响应串口中断,即执行事先编写好的串口中断函数。程序 2 中的语句

ES=1;   //开串口中断
EA=1;

就是允许串口中断的语句。

程序 2 中断函数定义时,通过关键词 interrupt 和中断号 4 指出该函数是串口的中断函数。在 CPU 响应串口中断,即执行串口中断函数时,必须有清 RI 为"0"的语句。

方式 0 接收时序图如图 5-14 所示。

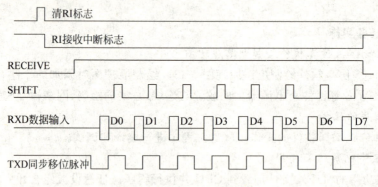

图 5-14 方式 0 接收时序

任务 3 两台单片机互传数据

5.3.1 任务目标

通过本任务的学习、完成,掌握利用单片机的串行接口方式 1 实现异步通信的硬件设计和软件设计方法。

5.3.2 任务描述

两台单片机之间通信,发送机扫描到 S1(P3.2)键合上后,即启动串行发送,将"01H"这个数发送给对方,即接收机;接收机收到数据后,把数据从 P1 口送出来显示。其硬件仿真电路如图 5-15 所示。

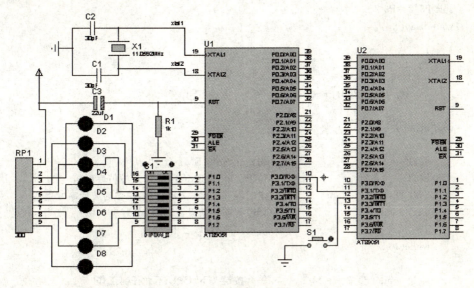

图 5-15 双机通信仿真电路

5.3.3 任务程序分析

两台单片机之间采用串口方式 1 实现异步通信。发送机在接收到发送命令,即 S1 键按下后,CPU 启动串口发送数据;相应地,接收机开始接收数据。通信双方都以串口工作方式 1 工作,通信波特率设置相同。发送机和接收机的程序流程图如图 5-16 所示。

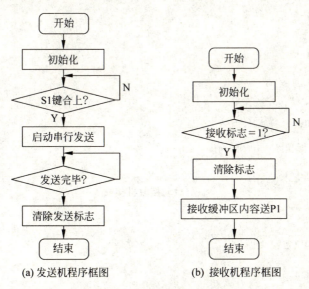

(a) 发送机程序框图　　(b) 接收机程序框图

图 5-16 双机通信程序框图

5.3.4 源程序

```c
/*发送机程序*/
#include "reg51.h"
#define uchar unsigned char
sbit P3_2=P3^2;
void delay()
{
    uchar i,j;
    for(i=0;i<40;i++)
        for(j=0;j<250;j++);
}
void main()
{
    SCON=0x40;              //初始化 SM0、SM1 为 01
    PCON=0x80;              //使 PCON 的 SMOD 位为 1,波特率增倍
    TMOD=0x20;              //定时器 T1 工作 2 定时功能,作为波特率发生器
    TH1=0xfa;               //计数器初始值设置,波特率为 9600b/s
    TR1=1;                  //启动定时器 T1 工作
    while(1)
    {
        dg:while(P3_2==1);  //等待按键按下,CPU 不做任何工作
        delay();            //延时去抖
        if(P3_2==1) goto dg;//若是抖动,回到 dg 标号描述的语句
        SBUF=0x01;          //若不是抖动,启动串口发送数据
        while(TI==0);       //等待发送完毕
        TI=0;
        while(1);
    }
}
/*接收机程序*/
#include "reg51.h"
void main()
{
    SCON=0x40;
    PCON=0x80;
    TMOD=0x20;
    TH1=0xfa;
    TR1=1;
    REN=1;                  //启动接收机接收
    while(1)
    {
        while(RI==0);
        RI=0;
        P1=SBUF;
    }
}
```

5.3.5 任务实施

1. 利用 Proteus 仿真软件绘制电路原理图

按照 Proteus 仿真软件绘制电路原理图（见 5-15）。绘制原理图时添加的器件有 AT89C51、DIPSW-8、BUTTON 等。注意电源器件的放置与连线、网络标号放置等。

2. C51 程序的编译

按照 Keil C51 编译软件的操作步骤对源程序进行编译和调试。

3. 执行程序观察效果

将编译成功后的发送和接收.HEX 文件分别加载到各自的 CPU 中并执行程序，然后按一下 S1 键，并观察效果。

5.3.6 相关知识

1. 串口方式 1

当 SM0=0，SM1=1 时，串行口以方式 1 工作。方式 1 为 10 位通用异步通信接口。其中，TXD 发送数据，RXD 接收数据。一帧信息包括 1 位起始位、8 位数据位（低位在前）和 1 位停止位。

（1）发送

发送时，数据从 TXD 端输出。当向 CPU 执行一条写 SBUF 指令时，即开启了发送过程。发送时序如图 5-17 所示。CPU 执行"写 SBUF"指令启动发送控制器，同时将并行数据送入 SBUF。经过一个机器周期，发送控制器 SEND，DATA 有效，输出控制门被打开，在发送移位脉冲（TX CLOCK）的作用下，向外逐位输出串行信号。在发送时，串行口自动地在数据的前、后分别插入 1 位起始位"0"和 1 位停止位"1"，以构成一帧信息；在 8 位数据发出之后，并在停止位开始时，CPU 自动使 TI 为"1"，申请发送中断。当一帧信息发完后，自动保持 TXD 端的信号为"1"。

方式 1 发送时的移位时钟是由定时器 T1 送来的溢出信号经过 16 分频或 32 分频（取决于 PCON 中的 SMOD 位）而取得的，因此方式 1 的波特率是可变的。

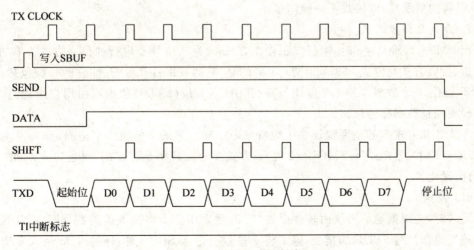

图 5-17 方式 1 发送时序

(2) 接收

串行口以方式1接收时,数据从RXD端输入。其接收时序如图5-18所示。

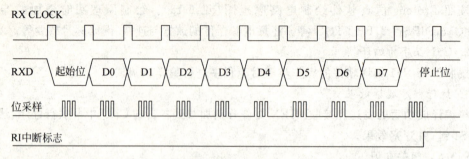

图5-18 方式1接收时序

当允许接收标志REN=1时,允许接收器接收。在没有信号到来时,RXD端状态保持为"1";当检测到存在由"1"到"0"的变化时,确认是一帧信息的起始位"0",开始接收一帧数据。在接收移位脉冲(RX CLOCK)的控制下,把收到的数据一位一位地移入接收移位寄存器,直到9位数据全部接收齐(包括1位停止位)。

在接收操作中,接收移位脉冲的频率和发送波特率相同,也是由定时器T1的溢出信号经过16分频或32分频(由SMOD位决定)而得到的。接收器以波特率的16倍速率采样RXD脚状态。当检测到"1"到"0"的变化时,启动接收控制器接收数据。为了避免通信双方波特率微小不同的误差影响,接收控制器将一位数据的传送时间等分为16份,并在第7,8,9三个状态由位检测器采样RXD三次,取三次采样中至少两次相同的值作为数据。这样,可以大大减少干扰影响,保证通信准确无误。

接收完一帧信息后,如果RI=0,并且SM2=0或停止位为"1",表示接收数据有效,开始装载SBUF,将8位有效数据送入SBUF,将停止位送入SCON,得到RB8,同时硬件置RI=1;否则,接收数据无效,信息将丢失。无论数据接收是否有效,接收控制器将再次采样RXD引脚的负跳变,以接收下一帧信息。

2. 方式2和方式3

当SM0=1,SM1=0时,串行口工作在方式2,为9位异步串行通信。方式2和方式3的发送、接收方式与方式1基本相同;不同的是,它的数据是9位的,即它的一帧包括11位(1个开始位、9个数据位和1个停止位)。其中,第9位(即D8)数据可由用户编程,作为奇偶校验或地址数据标志位。

方式2和方式3的差别仅仅在于波特率不一样。方式2的波特率是固定的,为$f_{osc}/32$(SMOD=1时)或$f_{osc}/64$(SMOD=0时);方式3的波特率是可变的,可通过定时器T1或T2自由设定。

(1) 发送

发送时,先根据通信协议由软件设置TB8,然后用指令将要发送的数据写入SBUF,然后启动发送器。写SBUF的指令,除了将8位数据送入SBUF外,还将TB8装入发送移位寄存器的第9位,并通知发送控制器进行一次发送。一帧信息从TXD发送,在送完一帧信息后,TI被自动置"1"。在发送下一帧信息之前,TI必须由中断服务程序或查询程序清零。

(2) 接收

当 REN=1 时,允许串行口接收数据。数据由 RXD 端输入,接收 11 位信息。当接收器采样到 RXD 端的负跳变,并判断起始位有效后,开始接收一帧信息。当接收器接收到第 9 位数据后,若同时满足以下两个条件:RI=0 和 SM2=0,或接收到的第 9 位数据为"1",则接收数据有效,8 位数据送入 SBUF,第 9 位送入 RB8,并置 RI=1。若不满足上述两个条件,则信息丢失。

3. AT89C51 串行口的波特率

在串行通信中,收、发双方对传送的数据速率,即波特率,要有一定的约定。通过本单元任务 1 的论述,我们知道,AT89C51 单片机的串行口通过编程可以有 4 种工作方式。其中,方式 0 和方式 2 的波特率是固定的;方式 1 和方式 3 的波特率可变,由定时器 1 的溢出率决定。下面具体分析。

(1) 方式 0 和方式 2

当采用方式 0 和方式 2 时,波特率仅仅与晶振频率有关。

在方式 0 中,波特率为时钟频率的 1/12,即 $f_{osc}/12$,固定不变。

在方式 2 中,波特率取决于 PCON 中的 SMOD 值。当 SMOD=0 时,波特率为 $f_{osc}/64$;当 SMOD=1 时,波特率为 $f_{osc}/32$。

(2) 方式 1 和方式 3

在方式 1 和方式 3 时,波特率不仅仅与晶振频率和 SMOD 位有关,还与定时器 T1 的设置有关。波特率的计算公式为

$$波特率 = 2^{SMOD}/32 \times 定时器\ T1\ 溢出率$$

其中,定时器 T1 的溢出率又与其工作关系、计数初值、晶振频率相关。用定时器 T1 做波特率发生器时,通常选用定时器工作方式 2(8 位自动重装定时初值),但要禁止 T1 中断 (ET1=0),以免 T1 溢出时产生不必要的中断。先设 T1 的初值为 X,那么每过 $256-X$ 个机器周期,定时器 T1 就会溢出一次,溢出周期为 $12 \times (256-X)/f_{osc}$。T1 的溢出率为溢出周期的倒数。所以,波特率 = $2^{SMOD}/32 \times f_{osc}/12/(256-X)$。

如果串行通信选用很低的波特率,可将定时器置于方式 0(13 位定时方式)或方式 1(16 位定时方式)。在这种情况下,T1 溢出时需要由中断服务程序来重装初值,那么应该允许 T1 中断,但中断响应和中断处理的时间会对波特率精度带来一些误差。常用的波特率如表 5-2 所示。

表 5-2 常用波特率

波特率/(b/s)	f_{osc}/MHz	SMOD	定时器 T1		
			C/T	方式	重装值
方式 0: 1×10^6	12	×	×	×	×
方式 2: 375×10^3	12	1	×	×	×
方式 1,3: 62500	12	1	0	2	FFH
19200	11.0592	1	0	2	FDH
9600	11.0592	0	0	2	FDH

续表

波特率/(b/s)	f_{osc}/MHz	SMOD	定时器 T1		
			C/T	方式	重装值
4800	11.0592	0	0	2	FAH
2400	11.0592	0	0	2	F4H
1200	11.0592	0	0	2	E8H
110	6	0	0	2	72H
110	12	0	0	1	FEEBH

变一变：

在本任务的基础上，发送机将 P1 口外接的 8 位开关量状态传送到接收机，接收机将接收到的数据实时地在 P1 口外接的二极管显示器上显示。试设计电路和编写程序。

单元 6　单片机系统扩展

1. 单片机 AT89C51 外部总线结构及组成；
2. 如何扩展外部 RAM；
3. 如何扩展外部 I/O 口。

1. 掌握利用外部总线方式扩展 RAM 的方法；
2. 掌握利用 TTL 芯片扩展并行 I/O 口的方法；
3. 掌握利用可编程 I/O 接口芯片扩展 I/O 口的方法；
4. 掌握利用 C 语言中的指针访问 RAM,ROM,I/O 口的方法。

本单元利用两个任务阐述外部 RAM,I/O 口的扩展。通过学习，掌握单片机应用系统中如何利用 TTL 芯片、可编程 I/O 芯片扩展外部存储器和外部 I/O 口的方法和技巧；掌握 C51 中指针的应用，通过指针访问存储器和外部 I/O 口的方法。

任务 1　存储器的扩展

6.1.1　任务目标

本任务是在单片机外部扩展 8KB 的 RAM，实现在外部 RAM 和内部 RAM 之间传递数据。通过完成任务，学习和掌握单片机系统的总线结构及构成；掌握利用总线扩展片外并行存储器的方法；进一步了解数据存储器、程序存储器的功能；掌握 C51 语言中指针的概念，以及各种指针的定义和引用。

6.1.2　任务描述

把内部 RAM 从 40H 单元开始的共 16 个地址单元的内容依次传送给外部 RAM 从 0000H 开始的地址单元，然后将外部 RAM 从 0000H 开始的 16 个地址单元的内容传送到内部 RAM 从 50H 开始的单元，并通过 P1 口送到外接的 8 个发光二极管显示。硬件仿真电路如图 6-1 所示。

6.1.3　任务程序分析

该任务实现内部 RAM 连续的地址单元和外部 RAM 连续的地址单元之间的数据传送。利用循环结构和 C 语言中的指针能高效地完成程序。

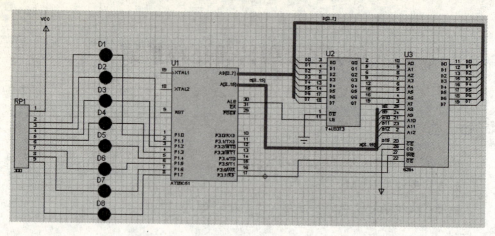

图 6-1 利用 6264 扩展外部 RAM 仿真电路

6.1.4 源程序

```c
#include "reg51.h"
#define uchar unsigned char
uchar xdata * wainame=0x0000;      //定义指向外部 RAM 的指针变量并初始化
uchar data * pa=0x40,* pb=0x50;    //定义指向内部 RAM 的指针变量并初始化
void delay()
{ uchar i,j,k;
    for(i=0;i<5;i++)
        for(j=0;j<200;j++)
            for(k=0;k<250;k++);
}
main()
{ uchar i;
    while(1)
    {
        for(i=0;i<16;i++)          //对内部 RAM 40H~4FH 单元初始化值
        { * pa=i;                  //将 i 变量的值赋给指针 pa 所指向的地址单元
          pa++;                    //指针加 1
        }
        pa=0x40;                   //重新对指针 pa 定向
        for(i=0;i<16;i++)          //实现内部 RAM 和外部 RAM 之间数据传送
        {
            * wainame= * pa;       //将 pa 指针所指向的地址单元的值赋给指针 wainame 所指
                                   //  向的外部 RAM 某一地址单元
            pa++;                  //指针加 1
            wainame++;
        }
        wainame=wainame-16;        //通过指针变量的运算给指针重新定向
        for(i=0;i<16;i++)          //外部 RAM 和内部 RAM 之间数据传送,并输出显示
        { * pb= * wainame;
          P1= * pb;
          delay();
```

```
            pb++;
            wainame++;
        }
    }
}
```

6.1.5 任务实施

1. 利用 Proteus 仿真软件绘制电路原理图

利用 Proteus 仿真软件绘制电路原理图(见图 6-1)。绘制原理图时添加的器件有 AT89C51(总线型)、6264、74LS373 等。注意电源器件的放置与连线、总线的绘制、网络标号放置等。

2. C51 程序的编译

按照 Keil C51 编译软件的操作步骤对源程序进行编译和调试。

3. 执行程序观察效果

将编译成功后的 .HEX 文件加载到 CPU,执行程序,并观察效果。

6.1.6 相关知识

1. 扩展外部存储器的一般方法

1) 构造"三"总线

既然单片机的扩展系统是总线结构,因此单片机扩展的首要问题就是构造系统总线。这里之所以叫"构造"总线,是因为单片机与其他微型计算机不同,芯片本身并没有提供专用的地址线和数据线,而是借用它的 I/O 口线构造而成。

系统总线的构造包括以下内容:

(1) 以 P0 的 8 位口线作为地址/数据线

这里的地址线是指系统的低 8 位地址。因为 P0 口线既作为地址线使用,又作为数据线使用,具有双重功能,因此需采用分离技术,对地址和数据进行分离。为此,在构造地址总线时要增加一个 8 位锁存器,用于暂存低 8 位地址。此后,即由地址锁存器为系统提供低 8 位地址,而把 P0 口作为数据线使用。

实际上,单片机 P0 口的电路逻辑已考虑了这种应用需要,口线电路中的多路转接电路 MUX 以及地址/数据控制就是为此目的而设计的。

(2) 以 P2 口的口线作为高位地址线

如果使用 P2 口的全部 8 位口线,再加上 P0 口提供的低 8 位地址,就形成了完整的 16 位地址总线。使单片机系统的扩展寻址范围达到 64KB。

但在实际应用系统中,高位地址线并不固定为 8 位,而是根据需要,用几位就从 P2 口中引出几条口线。极端情况下,当扩展地址单元小于 256 时,根本就不用构造高位地址。

(3) 控制信号线

① 使用 ALE 作为地址锁存的选通信号,以实现低 8 位地址的锁存。

② 以 $\overline{PSEN}$ 作为扩展程序存储器的读选通信号。

③ 以 $\overline{EA}$ 作为内、外程序存储器的选择信号。

④ 以 $\overline{RD}$ 和 $\overline{WR}$ 作为扩展数据存储器和 I/O 端口的读写选通信号。

以上这些信号在图 6-2 中均有表示。其他如复位信号、中断请求信号以及计数信号等,也常被使用。

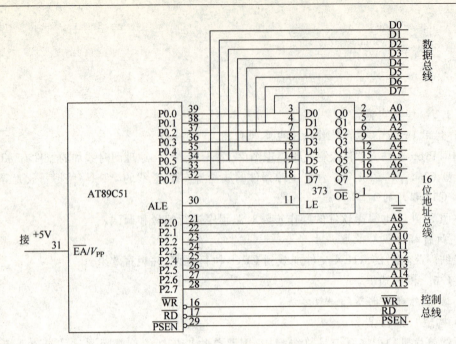

图 6-2 单片机扩展构造总线结构框图

在 CPU 访问外部程序存储器时,P2 口输出地址高 8 位(即 PC 指针的高 8 位值),P0 口分时输出地址低 8 位(即 PC 指针的低 8 位值)和送指令字节,其波形如图 6-3 所示。

图 6-3 所示为 AT89C51 外部程序存储器读时序图。从图中可以看出,P0 口提供低 8 位地址。P2 口提供高 8 位地址。S_2 结束前,P0 口上的低 8 位地址是有效的,之后出现在 P0 口上的就不再是低 8 位的地址信号,而是指令数据信号。当然,地址信号与指令数据信号之间有一段缓冲的过渡时间,这就要求在 S_2 期间必须把低 8 位的地址信号锁存起来。这时用 ALE 选通脉冲去控制锁存器把低 8 位地址予以锁存,P2 口只输出地址信号。而没有指令数据信号。整个机器周期地址信号都是有效的,因而无须锁存这一地址信号。

从外部程序存储器读取指令时,必须有两个信号进行控制,除了上述 ALE 信号,还有一个 $\overline{PSEN}$(外部 ROM 读选通脉冲)。从图 6-3 显然可以看出,$\overline{PSEN}$ 从 S3P1 开始有效,直到将地址信号送出和外部程序存储器的数据读入 CPU 后方才失效,又从 S4P2 开始执行第二个读指令操作。

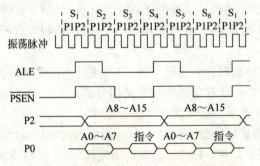

图 6-3 AT89C51 外部程序存储器读时序图

从图 6-3 中还可以看到,AT89C51 的 CPU 在访问外部程序存储器的机器周期内,控制线 ALE 上出现两个正脉冲,程序存储器选通线 $\overline{PSEN}$ 上出现两个负脉冲,说明在一个机器周期内 CPU 访问两次外部程序存储器。

2) 地址锁存器

由于 P0 口是作为分时复用的地址/数据线,为此,要使用地址锁存器把地址信号从地址/数据线中分离出来。

地址锁存器可以使用三态缓冲输出的 8D 锁存器芯片 74LS373 或 8282,也可以使用带清除端的 8D 锁存器芯片 74LS273。这几种芯片的信号引脚排列如图 6-4 所示。

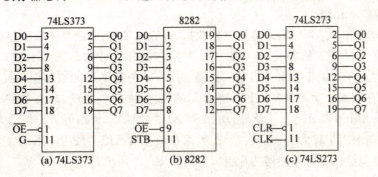

图 6-4 可用于地址锁存器的芯片

现以 74LS373 为例,说明对地址锁存器的使用。图 6-5 所示为 74LS373 逻辑结构形式。

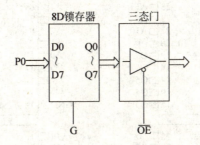

图 6-5 74LS373 逻辑结构形式

该芯片共有两个控制信号:

(1) $\overline{OE}$:使能信号,用于控制三态门的状态,低电平有效。

当 $\overline{OE}=0$ 时,三态门处于导通状态,锁存器的状态经三态门输出;当 $\overline{OE}=1$ 时,三态门输出处于高阻抗状态。

(2) G:地址输入控制信号,高电平有效。

当 G 为高电平时,锁存器输出(Q7~Q0)反映输入端(D7~D0)的状态;当 G 从高电平下跳为低电平(下降沿)时,输入端的单片机地址被锁存器锁存。

当 74LS373 作为系统扩展的地址锁存器使用时,$\overline{OE}$ 固定接低电平,使其三态门总是处于导通状态,锁存的地址总是处于输出状态。

另一个控制信号 G 应与单片机的 ALE 信号连接。按照时序,P0 口输出的低 8 位地址有效时,ALE 信号刚好处于正脉冲顶部到下降沿时刻,正好进行地址锁存。

2. 数据存储器扩展技术

单片机内部的程序存储器容量越来越大,根据设计系统的需要,可以选择满足容量大小的 CPU,所以该任务中就不介绍并行程序存储器的扩展了,在后面 I^2C 总线内容的介绍中将讲解和学习串行 Flash ROM 扩展知识。

AT89C51 单片机内部有 256 字节的数据存储器,CPU 对片内 RAM 有丰富的操作指令,应用非常方便。但在一些 AT89C51 单片机应用系统中,仅靠片内 RAM 往往不够用,必须扩展片外数据存储器。

(1) 典型芯片介绍

数据存储器用于存储现场采集的原始数据、运算结果等,所以外部数据存储器应能随机地进行读或写。按其工作方式,RAM 又分为静态(SRAM)和动态(DRAM)两种。静态 RAM 只要加电,所存数据就可能保存。而动态 RAM 使用的是动态存储单元,需要不停地刷新,才能保存数据。动态 RAM 集成密度大,集成同样的位容量,动态 RAM 所占芯片面积只有静态 RAM 的四分之一。此外,动态 RAM 的功耗低,价格便宜。但动态存储器要有刷新电路,只能应用于较大的计算机系统,因而在单片机系统中较少使用。

常用的典型静态数据存储器芯片引脚封装如图 6-6 所示。

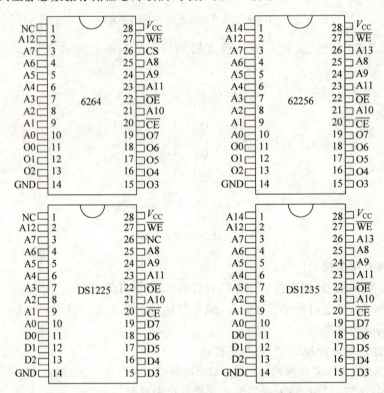

图 6-6 常用数据存储器芯片引脚封装示意图

静态随机存取存储器 RAM 具有存取速度快、使用方便和价格低廉等优点。它的缺点是一旦掉电,内部所存数据信息便会丢失。常用的静态 SRAM 有 6116(2KB×8)、6264

(8KB×8),62128(16KB×8),62256(32KB×8)等芯片。它们全部为单一+5V供电、双列直插式(DIP)封装。6116为24脚,其余芯片为28脚封装。为了避免掉电丢失数据,近年来出现了掉电自动保护的静态RAM,如DS1225,DS1235等,它们的引脚与6264和62256是兼容的。由图6-6可以看到,不同的静态RAM芯片仅仅是地址线数目和编程信号引脚有些区别。

SRAM的引脚功能如下所述。

① A0~A14:片内地址线,由外部输入,用以选择SRAM内部存储单元。

② D0~D7:双向三态数据线。读时为输出线,编程时为输入线,禁止时为高阻(有些资料中用O0~O7表示)。

③ $\overline{CE}$:片选信号输入线,低电平有效。对于6264,片选线有两条,必须是第26脚(CS)为高电平,同时第20脚($\overline{CE}$)为低电平时,才选中该片。

④ $\overline{OE}$:读选通信号输入线,低电平有效。

⑤ $\overline{WE}$:写允许信号输入线,低电平有效。

⑥ V_{CC}:工作电源,+5V。

⑦ GND:地线。

静态RAM芯片在不同操作方式下控制引脚电平的状态如表6-1所示。

表6-1 静态RAM芯片在不同操作方式下控制引脚电平的状态

操作方式	CE	OE	WE	D0~D7
读	V_{IL}	V_{IL}	V_{IH}	数据输出
写	V_{IL}	V_{IH}	V_{IL}	数据输入
维持	V_{IH}	任意	任意	高阻

(2) 用线选法扩展一片6264

存储器扩展的主要工作是地址线、数据线和控制信号线的连接。地址线的连接与存储芯片的容量有直接关系。6264的存储容量为8KB,需13位地址(A12~A0)进行存储单元的选择,为此先把芯片的A7~A0与地址锁存器的8位地址输出对应连接。剩下的高位地址(A12~A8)与P2口的P2.4~P2.0相连。这样,6264芯片内存储单元的选择问题就解决了。对于单片存储器扩展系统,采用线选法编址比较方便,如图6-1所示。

为此,只需在剩下的高位地址线中取P2.7(A15)作为芯片选择信号,与6264的$\overline{CE}$端相连接即可。这种产生片选信号线的方法叫做线选法。至于数据线的连接,则更为简单,只要把存储芯片的数据信号线与单片机P0口线对应连接就可以了。

控制线的连接要用到下述控制信号:

① $\overline{RD}$:(P3.7)单片机读(输出)信号与存储器读(输入)信号$\overline{OE}$相连接。

② $\overline{WR}$(P3.6)单片机写(输出)信号与存储器写(输入)信号$\overline{WE}$相连接。

③ ALE:信号的使用及连接方法与程序存储器相同。

分析该存储器的地址范围,把P2口中没用到的高位地址线假定为0状态,则6264芯片的地址范围是:

① 最低地址：
0000H(A15A14A13A12A11A10A9A8A7A6A5A4A3A2A1A0＝0000000000000000B)
② 最高地址：
1FFFH(A15A14A13A12A11A10A9A8A7A6A5A4A3A2A1A0＝0001111111111111B)

由于 P2.6～P2.5 的状态与该 6264 芯片的编址无关，所以 P2.6～P2.5 可为从 00 到 11 共 4 种编码组合。因此实际上该 6264 芯片对应着 4 个地址区，即 0000H～1FFFH、2000H～3FFFH、4000H～5FFFH 和 6000H～7FFFH，使用这些地址区中的地址都能访问这片 6264 的存储单元。

线选法的优点是硬件简单。但是由于所用的线选信号线都是高位地址线，它们的权值比较大，因此地址空间没有被充分利用。

（3）用译码法扩展多片数据存储器或外部 I/O 口

所谓译码法，就是使用译码器对系统的高位地址进行译码。以译码输出作为存储芯片的片选信号。这种编址方法能有效地利用地址空间，适用于大容量多芯片的存储器扩展。为进行地址译码，通常使用的译码芯片有 74LS139（双 2-4 译码器）、74LS138（3-8 译码器）和 74LS154（4-16 译码器）等。

74LS138 是 3-8 译码器，用于对三个地址输入进行译码，共得到 8 种输出状态。74LS138 的引脚排列如图 6-7 所示。

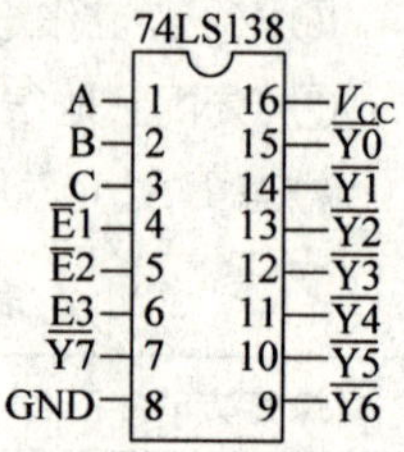

各引脚说明如下：

① $\overline{E1}$，$\overline{E2}$，E3：译码使能端，用于引入译码控制信号。其中，$\overline{E1}$ 和 $\overline{E2}$ 低电平有效，E_3 高电平有效。

② A，B，C：选择端，用于译码地址输入。

③ $\overline{Y0}$～$\overline{Y7}$：译码输出信号，低电平有效。

74LS138 的真值表如表 6-2 所示。

图 6-7 74LS138 引脚图

表 6-2 74LS138 真值表

输入端		输出端							
使能 E3,$\overline{E2}$,$\overline{E1}$	选择 CBA	$\overline{Y0}$	$\overline{Y1}$	$\overline{Y2}$	$\overline{Y3}$	$\overline{Y4}$	$\overline{Y5}$	$\overline{Y6}$	$\overline{Y7}$
100	000	0	1	1	1	1	1	1	1
100	001	1	0	1	1	1	1	1	1
100	010	1	1	0	1	1	1	1	1
100	011	1	1	1	0	1	1	1	1
100	100	1	1	1	1	0	1	1	1
100	101	1	1	1	1	1	0	1	1
100	110	1	1	1	1	1	1	0	1
100	111	1	1	1	1	1	1	1	0
0XX	XXX	1	1	1	1	1	1	1	1
X1X	XXX	1	1	1	1	1	1	1	1
XX1	XXX	1	1	1	1	1	1	1	1

在实际应用中,一般将$\overline{E1}$和$\overline{E2}$引脚接低电平,E_3引脚接高电平,C,B,A引脚接剩下的高位地址线;如果高位地址线不够,可考虑用其他I/O线作为C,B,A引脚信号和$\overline{E1}$,$\overline{E2}$,E_3译码使能端引脚信号。

3. C51中的指针

1) 指针的基本概念

在计算机中,所有的数据都是存放在存储器中的。一般把存储器中的一个字节称为一个内存单元,不同的数据类型所占用的内存单元数不等,如整型量占2个单元,字符量占1个单元等。为了正确地访问这些内存单元,必须为每个内存单元编上号。根据一个内存单元的编号,即可准确地找到该内存单元。内存单元的编号也叫做地址,通常也把这个地址称为指针。内存单元的指针和内存单元的内容是两个不同的概念。

2) 指针与变量

(1) 指针变量的定义

在C语言中,允许用一个变量来存放指针,这种变量称为指针变量。因此,一个指针变量的值就是某个内存单元的地址,或称为某内存单元的指针。严格地说,一个指针是一个地址,是一个常量。一个指针变量可以被赋予不同的指针值,是变量。但在这里,常把指针变量简称为指针。为了避免混淆,我们约定:"指针"是指地址,是常量;"指针变量"是指取值为地址的变量。定义指针的目的是为了通过指针去访问存储单元。

对指针变量的类型说明包括以下三个内容:

① 指针类型说明,即定义变量为一个指针变量;

② 指针变量名;

③ 变量值(指针)所指向的变量的数据类型。

指针变量的一般形式为:

类型说明符 存储器类型 *变量名;

其中,"*"表示这是一个指针变量;"变量名"即为定义的指针变量名;"类型说明符"表示本指针变量所指向的变量的数据类型;"存储器类型"表示指针变量所指向的变量的存储器类型,如果缺省,表示指针变量所指向的变量的存储器类型为内部RAM。例如,

int *p1;

表示p1是一个指针变量,它的值是某个整型变量的地址;或者说,p1指向一个分配在内部RAM的整型变量。至于p1究竟指向哪一个整型变量,应由向p1赋予的地址来决定。

再如,

```
int *p2;              //p2是指向整型变量的指针变量
float *p3;            //p3是指向浮点变量的指针变量
char *p4;             //p4是指向字符变量的指针变量
uchar xdata *wainame; //定义指向外部RAM的字符型变量的指针变量
uchar *pa, *pb;
```

应该注意的是,一个指针变量只能指向同类型的变量。如上面定义的p3指针,只能指向浮点变量;不能时而指向一个浮点变量,时而指向一个字符变量。

（2）指针变量的引用

定义的指针变量只能存放地址，一般不要将一个整型量（或任何其他非地址型的数据）赋给一个指针变量，否则可能造成系统崩溃。对定义了的指针变量，可以进行如输出一个指针变量的值、访问指针变量所指向的变量等操作。例如，

```
printf("%d",*p); /*将指针变量p所指向的变量的值输出.*/
*p=5; /*将5赋给p所指向的变量.*/
P1=*pb;          //指针变量pb所指向的存储单元的数据送给P1口
*wainame=*pa;    //将pa指针所指向的地址单元的值赋给指针wainame所指向地址单元
```

（3）指针运算符 & 和 *

在 C 语言中有两个有关指针的运算：

① &：取地址运算符。

② *：指针运算符（或称指向运算符，间接访问运算符）。

例如，"&a"为变量 a 的地址，"*p"为指针变量 p 所指向的存储单元。

3）指针与一维数组

既然指针变量的值是一个地址，那么这个地址不仅可以是变量的地址，也可以是其他数据结构的地址。在一个指针变量中存放一个数组首地址有何意义呢？因为数组都是连续存放的，通过访问指针变量取得了数组的首地址，也就找到了该数组。这样一来，凡是出现数组的地方都可以用一个指针变量来表示，只要该指针变量中赋予数组的首地址即可。这样做，将会使程序的概念十分清楚，程序本身也精练、高效。在 C 语言中，一种数据类型或数据结构往往都占有一组连续的内存单元。用"地址"这个概念并不能很好地描述一种数据类型或数据结构，而"指针"虽然实际上也是一个地址，但它是一个数据结构的首地址，是"指向"一个数据结构的，因而概念更为清楚，表示更为明确。这也是引入"指针"概念的一个重要原因。

（1）基本概念

由于一个数组名代表数组的起始地址，所以指针指向某一个一维数组是指设置的指针变量里存放的是数组的首地址。例如，

```
int a[10];
int *p;
```

通过下面的赋值：

```
p=&a[0];
```

把 a[0] 元素的地址赋给指针变量 p。也就是说，指针 p 就指向数组 a 的第 0 号元素，p 的值就是数组 a 的起始地址，如图 6-8 所示。

C 语言规定数组的首地址，也就是数组第一个元素（即序号为 0 的那个元素）的地址。因此，下面的两个语句等价：

```
p=&a[0];
p=a;
```

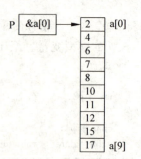

图 6-8　指针 p 指向 a 数组

(2) 用指针引用数组元素

C语言规定,如果一个指针变量 p 已经指向一个数组,则 p+1 指向同一数组中的下一个元素。例如,数组元素是整型,每个元素占 2 个字节,则 p+1 使 p 的值加 2 个字节,使它指向下一个元素。

引用一个数组元素,可以采用以下两种方法:

① 下标法:如 a[i]形式。

② 指针法:如 *(a+i)或 *(p+i)。其中,a 是数组名,p 是指向数组元素的指针变量,p=a。*(a+i)或 *(p+i)是 p+i 或 a+i 所指向的数组元素,即 a[i]。

【例 6-1】 输出数组的全部元素。

```
main()
{   int a[5]={1,2,3,4,5};
    int i, * p;
    p=a;
    for(i=0;i<5;i++)
        printf("%d",a[i]);  //利用格式函数输出数组 a 的各元素
    printf("\n");
    for(i=0;i<5;i++)
        printf("%d,%d\n", * (a+i), * (p+i));
}
```

运行情况如下:

12345
1,1
2,2
3,3
4,4
5,5

(3) 指针与字符串

字符串存放在字符数组中。因此为了对字符串操作,可以定义一个字符数组,也可以定义一个字符指针。通过指针的指向来访问所需用的字符。指针指向该字符串的首字符。

【例 6-2】

```
main()
{   char string[]="I am a boy.";
    char * p;
    p=string;
    printf("%s\n",string);
    printf("%s\n",p);
}
```

运行结果如下:

I am a boy.
I am a boy.

也可以用"\c"格式符逐个输出字符:

for(p=string;*p!='\0';p++)
printf("%c",*p);

字符串存放在数组中,是以"\0"字符为结束字符。p的初值为string,指向第一个字符I,判断p所指向的字符是否是"\0"。如果不是,就输出该字符,然后执行"p++",使p指向下一个字符。如此继续,直到p所指向的字符是"\0"为止。

(4) 数组名及指针作为函数参数

数组名和指针都可以作为函数的参数。由于数组名和指针的意义都是地址,函数的实参和形参的意义都应该是地址。

① 数组名作为函数的参数

实参数组和形参数组分别在它们所在的函数中定义。

【例 6-3】

```
main()
{   void sort();
    int a[10]={89,76,90,23,45,65,12,43,55,11};
    int i;
    sort(a);
    for(i=0;i<10;i++)
      printf("%d",a[i]);
}
void sort(int b[ ])
{   int i,j,t,temp;
    for(i=1;i<10;i++)
    for(j=0;j<=9-i;j++)
    if(b[j]>b[j+1])
      {   temp=b[j];
          b[j]=b[j+1];
          b[j+1]=temp;
      }
}
```

分析:在函数sort中,形参为数组;在主调函数main函数中,实参也是数组,都是地址。参数传送的方式是"地址传送",实参和形参共用一段存储单元。这样,形参的数组元素改变了,意味着实参数组元素值发生变化。本程序就是这样完成10个数的排序。

② 指针作为函数的参数

由于指针是地址,因此实参和形参都应该代表地址的意义。

【例 6-4】

```
void swap(int *p,int *q);   //函数声明语句
main()
{
  int a=10,b=9;
  swap(&a,&b);
  printf("%d %d",a,b);
```

```
}
void swap(int * p,int * q)
{   int t;
    t= * p;
    * p= * q;
    * q=t;
}
```

分析：通过调用函数 swap，整型变量 a 和 b 的值实现了交换。运行结果是：9 10。

任务 2　并行 I/O 口的扩展

6.2.1　任务目标

通过本任务的学习，掌握利用 8255A 可编程芯片扩展外部 I/O 口的方法；掌握利用 8255A 的 A 口、B 口、C 口完成数据的输入与输出；进一步掌握指针变量的使用；了解 TTL 芯片扩展 I/O 口的方法。

6.2.2　任务描述

把 8255A 的 C 口外接的 8 个开关量的状态读入到内部 RAM 50H 单元，然后将内部 RAM 50H 单元内容的低 4 位和高 4 位分别通过 8255A 的 A 口的低 4 位、B 口的低 4 位输出，并分别在其外接的 4 个发光二极管上显示。其硬件仿真电路如图 6-9 所示。

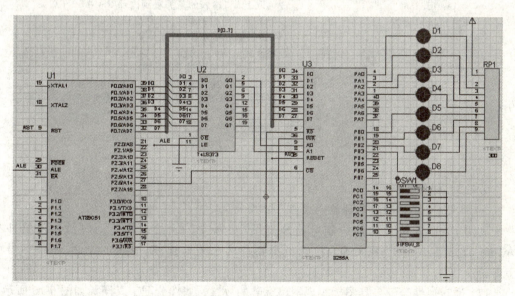

图 6-9　用 8255A 扩展并行口仿真电路

6.2.3　任务程序分析

利用 8255 扩展并行口，首先要掌握 8255 内部工作方式控制字的作用。通过对 8255 初始化，将 8255 的 PA 口、PB 口工作方式设置为方式 0，为输出口；PC 口为输入口，通过指针或宏定义外部端口来访问 8255 的各端口。先要读取 PC 口的开关量的状态，根据要求处理这 8 位数据，然后通过 PA 口、PB 口输出。

6.2.4 源程序

```c
#include "at89x51.h"
#include "absacc.h"
#define uchar unsigned char
#define A8255 XBYTE[0xbf00]   //8255A 口地址定义
#define B8255 XBYTE[0xbf01]   //8255B 口地址定义
#define C8255 XBYTE[0xbf02]   //8255C 口地址定义
#define K8255 XBYTE[0xbf03]   //8255 控制口地址定义
void delay()
{   uchar i,j;
    for(i=0;i<40;i++)
       for(j=0;j<250;j++)
         ;
}
void main()
{
    uchar data * pn=0x50,a;
    K8255 = 0x89;             //对 8255 初始化工作方式控制字
    while(1)
    {
       * pn=C8255;             //读取 PC 口输入的开关量到内部 RAM 50H 单元
       a= * pn&0xf0;           //屏蔽读取数据的低 4 位,然后送给 a 变量
       a>>=4;                  //a 变量值右移 4 位,高位补 0
       a|=0xf0;                //将 a 变量的高 4 位置"1",因为二极管是低电平点亮
       B8255=a;                //将 a 变量的值通过 PB 口输出
       a= * pn&0x0f;           //屏蔽读取数据的高 4 位,然后送给 a 变量
       a|=0xf0;                //通过位逻辑或将 a 变量的高 4 位置"1"
       A8255=a;
       delay();
    }
}
```

6.2.5 任务实施

1. 利用 Proteus 仿真软件绘制电路原理图

利用 Proteus 仿真软件绘制电路原理图(见图 6-9)。绘制原理图时添加的器件有 AT89C51、8255A、DIPSW-8 等。注意电源器件的放置与连线、总线的绘制、网络标号放置等。

(1) 通过属性分配工具图标实现网络标号的放置。属性分配工具图标如图 6-10 所示。

(2) 单击属性分配工具图标命令,弹出对话框如图 6-11 所示。

(3) 在"字符串"栏输入"net=D#",单击"确定"按钮后,在需要加网络标号的导线上依次单击,就会产生 D0,D1,D2,D3,D4 等网络标号。

2. C51 程序的编译

按照 Keil C51 编译软件的操作步骤对源程序进行编译和调试。

3. 执行程序观察效果

将编译成功后的.HEX 文件加载到 CPU,执行程序,并观察效果。

单元 6 单片机系统扩展

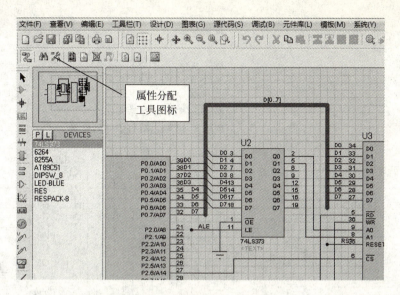

图 6-10 属性分配工具图标

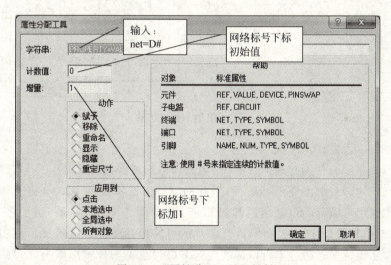

图 6-11 "属性分配工具"对话框

6.2.6 相关知识

I/O 接口扩展分简单 I/O 接口扩展、用可编程 I/O 接口芯片扩展和用串行口扩展。

1. 并行 I/O 口的简单扩展

简单 I/O 口扩展是通过系统外总线进行的。简单 I/O 口扩展芯片可选用带输入、输出锁存端的三态门组合门电路,如 74LS373,74LS377,74LS273,74LS245 及 8282 等。图 6-12 所示为由 74LS373 及 8282 构成的 8 位并行输入/输出 I/O 口。其中,74LS373 用作输出口,8282 用作输入口。若不用的地址线取为"1",则口地址为 BFFFH(74LS373 输出口)、7FFFH(8282 输入口)。数据的输入与输出通过下述指令完成:

输出数据：
unsigned char xdata * p;
unsigned char i;
p=0xbfff;   //指针 p 指向 74LS373 输出口
*p=0x30;   //74LS373 输出数据 30H
输入数据：
p=0x7fff;   //指针 p 指向 8282 输入口
i=*p;   //读取 8282 输入端口数据到变量 i

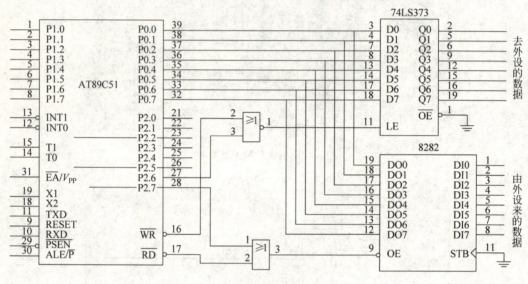

图 6-12　简单 I/O 口扩展

2. 采用 8255 扩展 I/O 口

简单 I/O 口扩展有使用普通的 TTL 门电路作为扩展器件的简单 I/O 口扩展。该方式线路简单，但由于 TTL 门电路不可编程，因此用这种方法扩展的 I/O 口功能单一，使用不太方便。使用通用可编程 I/O 扩展芯片如 8255，8155 等芯片进行扩展，由于它是 I/O 口扩展专用芯片，与单片机连接比较方便，而且芯片的可编程性质使 I/O 扩展口应用灵活，这种方法在实际中用得较多。通过串行口扩展并行 I/O 也是一种常用的 I/O 口扩展方法，该方法的最大优点是不占用数据存储器地址空间，但速度较慢，适用于数据空间使用较多且对 I/O 口速度要求不高的场所。除通过串行口扩展 I/O 口外，用另两种方法扩展 I/O 口，其 I/O 口地址与数据存储器地址统一编址。

8255 与 8155 相比没有内部定时器/计数器及静态 RAM，但同样具有三个端口，端口的结构与功能略强于 8155。

1) 8255 的内部结构和引脚功能

8255 的内部由端口、端口控制电路、数据总线缓冲器、读/写控制逻辑电路组成。8255 的内部结构如图 6-13 所示，引脚功能如图 6-14 所示。

(1) 外设接口部分

该部分有 3 个 8 位并行 I/O 端口，即 A 口、B 口、C 口。可由编程决定这 3 个端口的功能。

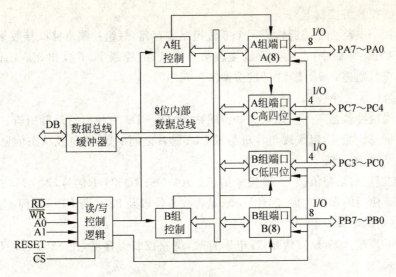

图 6-13 8255 内部结构

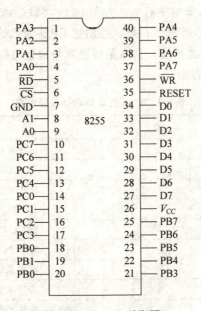

图 6-14 8255A 引脚图

① A 口：具有一个 8 位数据输出锁存/缓冲器和一个 8 位数据输入锁存器，PA0~PA7 是其可与外设连接的外部引脚。它可编程为 8 位输入/输出或双向 I/O 口。

② B 口：具有一个 8 位数据输出锁存器/缓冲器和一个 8 位数据输入缓冲器(不锁存)，PB0~PB7 是其可与外设连接的外部引脚。B 口可编程为 8 位输入/输出口，但不能作为双向输入/输出口。

③ C 口：具有一个 8 位数据输出锁存器/缓冲器和一个 8 位数据输入缓冲器(不锁存)，PC0~PC7 为其与外设连接的外部引脚。这个口包括两个 4 位口。C 口除作为输入、输出口使用外，还可以作为为 A 口、B 口选通方式操作时的状态/控制口。

(2) A 组和 B 组控制电路

这两组控制电路合在一起构成一个 8 位控制寄存器,每组控制电路既接收来自读/写控制逻辑电路的读/写命令,也从数据线接收来自 CPU 的控制字,并发出相应的命令到各自管理的外设接口通道;或对端口 C 按位清"0"、置"1"。

(3) 数据总线缓冲器

数据总线缓冲器是一个三态双向 8 位缓冲器,D7~D0 为相应的外部引脚,用于和单片机系统的数据总线相连,以实现单片机与 8255A 芯片之间的数、控制及状态信息的传送。

(4) 读/写控制逻辑

读/写控制逻辑电路依据 CPU 发来的 A1,A0,$\overline{CS}$、$\overline{RD}$ 和 $\overline{WR}$ 信号,对 8255 进行硬件管理,决定 8255 使用的端口对象、芯片选择、是否被复位以及 8255 与 CPU 之间的数据传输方向,具体操作情况如表 6-3 所示。

① RESET(输入):复位信号,高电平有效,清除控制寄存器,使 8255 各端口均处于基本的输入方式。

② $\overline{CS}$(输入):片选信号,低电平有效。

③ $\overline{RD}$(输入):读信号,低电平有效。控制 8255 将数据或状态信息送至 CPU。

④ $\overline{WR}$(输入):写信号,低电平有效。控制把 CPU 输出数据或命令信息写入 8255。

⑤ A1,A0(输入):端口选择线。这两条线通常与地址总线的低 2 位地址相连,使 CPU 可以选择片内的 4 个端口寄存器。

表 6-3 8255 的端口选择及操作表

$\overline{CS}$	A1	A0	$\overline{RD}$	$\overline{WR}$	端口操作
0	0	0	0	1	读 PA 口,端口 A→数据总线
0	0	0	1	0	写 PA 口,端口 A←数据总线
0	0	1	0	1	读 PB 口,端口 B→数据总线
0	0	1	1	0	写 PB 口,端口 B←数据总线
0	1	0	0	1	读 PC 口,端口 C→数据总线
0	1	0	1	0	写 PC 口,端口 C←数据总线
0	1	1	1	0	数据总线→8255 控制寄存器
1	×	×	×	×	芯片未选中(数据线呈高阻状态)
0	1	1	0	1	非法操作
0	×	×	1	1	非法操作

2) AT89C51 与 8255A 的连接方法

AT89C51 和 8255 可以直接连接,简单的连接方法如图 6-9 所示。

① A1,A0:与 AT89C51 的低 2 位地址线经锁存器后相连。

② $\overline{CS}$:与 AT89C51 剩下地址线中的一根相连。

③ $\overline{RD}$:与 AT89C51 的 $\overline{RD}$ 相连。

④ $\overline{WR}$:与 AT89C51 的 $\overline{WR}$ 相连。

⑤ RESET:与 AT89C51 的 RESET 直接相连。

⑥ D0~D7：与 AT89C51 的 P0 口直接相连。

根据图 6-9 所示的连接情况，地址分配如下（设未用地址线为高电平）：

P2.6($\overline{CS}$)	A1(P0.1)	A0(P0.0)	端口	地址
0	0	0	A 口	BFFCH
0	0	1	B 口	BFFDH
0	1	0	C 口	BFFEH
0	1	1	控制寄存器	BFFFH

3) 8255 的方式控制字

用编程的方法向 8255A 的控制端口写入控制字，可以用来选择 8255A 的工作方式。8255A 的控制字有两个，即方式选择控制字和 PC 口复位/置位控制字。这两个控制字共用一个地址，根据每个控制字的最高位 D7 来识别是何种控制字。D7＝1 为方式选择控制字，D7＝0 为 C 口置位/复位控制字。

(1) 方式选择控制字

方式选择控制字用来定义 PA，PB，PC 口的工作方式。其中，对 PC 口的定义不影响其某些位作为 PA，PB 口的联络线使用。方式控制字的格式和定义如图 6-15 所示。

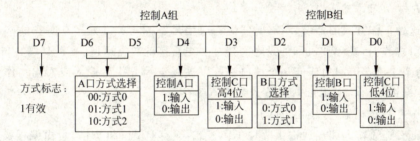

图 6-15　8255A 方式选择控制字

8255A 的 PA 口和 PB 口在设定工作方式时，必须以 8 位为一个整体进行。PC 口分为高 4 位和低 4 位，分别选择不同的工作方式。这样，四个部分可以按规定互相组合，非常灵活、方便。

例如，假设 8255A 的 PA 口和 PB 口工作于工作方式 0、输出，PC 工作于方式为 0、输入，则命令字为 10001001B＝89H。以图 6-9 所示电路为例，任务中的初始化程序改为：

```
uchar xdata * p;        //定义指向外部 I/O 口的指针变量
p=0xbfff;               //对指针 p 初始化，指向 8255 的控制寄存器
*p=0x89;                //方式命令字写入 8255A 的命令寄存器
```

(2) C 口按位复位/置位控制字

C 口的各位具有位控制功能，在 8255 工作方式 1，2 时，某些位是状态信号和控制信号。为便于实现控制功能，可以单独地对某一位复位/置位，其格式如图 6-16 所示。

必须注意的是，虽然是对 PC 口的某一位进行操作，但命令字必须从 8255A 的命令口写入。例如，编程使 PC 口的 PC1 置"1"输出：

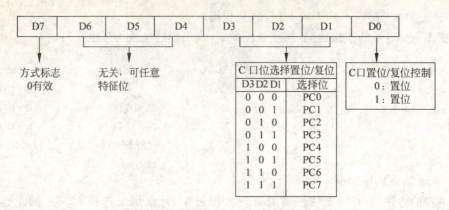

图 6-16 C 口按位复位/置位控制寄存器

```
uchar xdata *p;              //指针指向命令口
p=0xbffe;
*p=0x03;                     //复位/置位控制字写入 8255A 的命令寄存器,使 PC1=1 输出
```

4) 8255 工作方式

8255 有三种工作方式：方式 0、方式 1 和方式 2(仅 A 口)。

(1) 方式 0(基本输入/输出方式)

适用这种工作方式的外设,不需要任何选通信号。8255A 以方式 0 工作的端口在单片机执行 I/O 操作时,在单片机和外设之间建立一个直接的数据通道。PA 口、PB 口及 PC 口的高、低两个 4 位端口中的任何一个端口都可以被设定为方式 0 输入或输出。作为输出口时,输出数据锁存；作为输入口时,输入数据不锁存。

(2) 方式 1(选通输入/输出方式)

方式 1 有选通输入和选通输出两种工作方式,只有 PA 口和 PB 口可由编程设定为方式 1 输入或输出口,PC 口中的若干位将用来作为方式 1 输入/输出操作时的控制联络信号。

(3) 方式 2(双向数据传送方式)

只有 PA 口采用这种方式工作。此时,PA 口是双向的输入/输出口。A 口工作在方式 2 时,其输入或输出都有独立的状态信息,占用了 C 口的 5 根联络线,因此 A 口工作于方式 2 时,C 口已不能为 B 口提供足够的联络线,因此 B 口不能工作于方式 2,但可以工作在方式 1 或方式 0。

变一变：

通过修改硬件电路,将 8255 的 PA 口作为输入口,外接 8 位组合开关,PC 口和 PB 口作为输出口外接发光二极管。完成本任务的功能。

单元 7　单片机显示系统

知识点

1. LED 数码管的结构及实现显示的方法；
2. 静态显示接口电路的设计与实现方法；
3. 动态显示接口电路的设计与实现方法；
4. 液晶 1602 的引脚功能及实现显示的方法。

技能点

1. 掌握利用 LED 数码管构成静态和动态显示的方法；
2. 掌握利用液晶 1602 实现显示的方法；
3. 掌握将指针作为函数参数的技巧。

本单元通过三个任务，分别学习 LED 数码管的结构和分类，掌握利用 LED 数码管实现静态显示和动态显示的电路设计和编程的方法；学习液晶 1602 显示器的引脚和相关指令的功能，掌握利用液晶 1602 实现静态显示的硬件接口设计和编程的方法；进一步掌握指针作为函数参数在函数调用时的功能和作用。

任务 1　用 LED 数码管构成静态显示器

7.1.1　任务目标

通过本任务的学习，掌握 LED 七段数码显示管的结构及工作原理；掌握 LED 静态显示器的硬件电路设计；掌握单片机对 LED 静态显示的控制方法。

7.1.2　任务描述

将单片机与数码管接成如图 7-1 所示静态显示电路，编程实现在数码管上循环显示数字 0~9。

7.1.3　任务程序分析

本任务是将数码管的 0~9 字符的笔画码（也叫段码）构成一个常数表格存放在定义好的一维数组里面，程序依次将这些数据通过 I/O 口输出到数码管的笔画段引脚。数码管显示对应的数字，每个数字的显示时间由延时函数的延时时间控制。

7.1.4　源程序

```
#include "reg51.h"
#define uchar unsigned char
uchar code dispcode[10]={
            0x3F,         //二进制码为 0011 1111,对应数码管 hgfe dcba 端。
```

对于共阴极数码管,端口输出高电平,对应 LED 亮;
当数码管 fedcba 段亮时,用于显示出"0"字符

```
        0x06,      //显示"1"字符
        0x5B,      //显示"2"字符
        0x4F,      //显示"3"字符
        0x66,      //显示"4"字符
        0x6D,      //显示"5"字符
        0x7D,      //显示"6"字符
        0x07,      //显示"7"字符
        0x7f,      //显示"8"字符
        0x6f       //显示"9"字符
    };
void delay(void)
{ unsigned char i,j,k;
    for(i=5;i>0;i--)
        for(j=200;j>0;j--)
            for(k=250;k>0;k--)
                {;}
}
void main(void)
{ uchar i;
    while(1)
        { for(i=0;i<10;i++)
            {P2=dispcode[i]; //通过 P2 口依次输出 0~9 的段码
            delay();
            }
        }
}
```

7.1.5 任务实施

1. 利用 Proteus 仿真软件绘制电路原理图

利用 Proteus 仿真软件绘制电路原理图(见图 7-1)。绘制原理图时添加的器件有 AT89C51,7SEG-COM-CAT-BLUE 等。注意电源器件的放置与连线等。

2. C51 程序的编译

按照 Keil C51 编译软件的操作步骤对源程序进行编译和调试。

3. 执行程序观察效果

将编译成功后的 .HEX 文件加载到 CPU,执行程序,并观察效果。

7.1.6 相关知识

1. LED 数码显示器结构和工作原理

LED 数码显示器是由发光二极管作为显示字段的数码型显示器件的。LED 数码显示器的种类很多,有规格、发光材料、颜色以及内部结构之分,在用户系统中可以根据不同需要进行选择。这里以每段只有一个发光二极管的 LED 数码显示器为例,介绍其结构和显示原理。

图 7-2(a)所示为一个 LED 显示器的引脚图。其中,七只发光二极管构成字形"8",还有一只发光二极管作为小数点。因此这种 LED 显示器称为七段 LED 数码管显示器,或八段数码管显示器。

单元 7 单片机显示系统

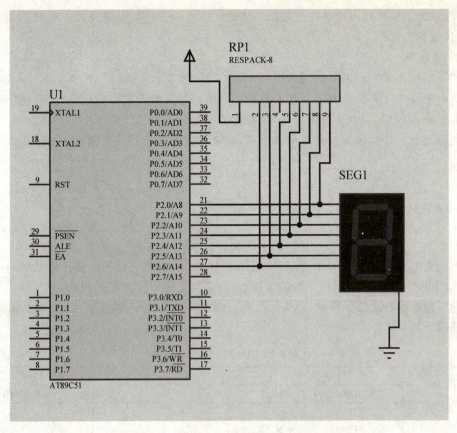

图 7-1 七段数码管静态显示仿真电路

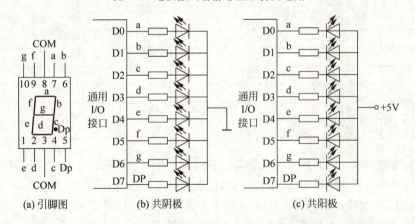

图 7-2 LED 显示器与通用 I/O 口的连线

当显示器的某一段发光二极管加电时,该段便会发光。如果人为控制其中某几段发光,会显示出某个数字或字符。例如,使 b 和 c 两段发光,会显示出一个字符"1"。又如,使 abcefg 段发光,会显示出一个字符"A"。从内部连接的结构上,LED 数码显示器分为共阴极和共阳极两种,如图 7-2(b)和图 7-2(c)所示。在共阴极结构中,各段发光二极管的阴极连在一起当作公共点接地,某一段发光二极管的阳极接高电平时,该段就会发光。在阳极结构中,各段发光二极管的阳极连在一起。当公共点接+5V时,某一段发光二极管的阴极接低电平,该段就会发光。

2. 字段码

图 7-2(b)中采用的是共阴极 LED 数码显示器,要显示字符"0",要求 a,b,c,d,e,f 各引脚为高电平,g 和 DP 为低电平。图 7-2(c)中采用的是共阳极数码显示器,要显示字符"0",要求 a,b,c,d,e,f 各引脚为低电平,g 和 DP 为高电平。

以图 7-2(b)中共阴极数码显示器为例,要显示字符"0",I/O 口输出的 8 位数据如下:

```
I/O 口        D7   D6   D5   D4   D3   D2   D1   D0
              ↓    ↓    ↓    ↓    ↓    ↓    ↓    ↓
显示器的段    DP    g    f    e    d    c    b    a
I/O 口输出    0     0    1    1    1    1    1    1    3FH(段码)
```

由上面的分析产生的 3FH 就是对应图 7-2(b)中"0"的字段码。表 7-1 所示为共阴极 LED 和共阳极 LED 显示不同字符的字段码,此表是七段码。所谓七段码,是不计小数点的字段码。包括小数点的字段码,称为八段码。由表中可以看出,共阴极 LED 和共阳极 LED 的字段码互为补码。

表 7-1 LED 显示器的字段码

显示字符	字段码		显示字符	字段码	
	共阴极	共阳极		共阴极	共阳极
0	3FH	C0H	A	77H	88H
1	06H	F9H	B	7CH	83H
2	5BH	A4H	C	39H	C6H
3	4FH	B0H	d	5EH	A1H
4	66H	99H	E	79H	86H
5	6DH	92H	F	71H	8EH
6	7DH	82H	P	73H	8CH
7	07H	F8H	—	40H	BFH
8	7FH	80H	y	6EH	91H
9	6FH	90H	熄灭	00H	FFH

这种把要显示的字符转换成字段码的过程就称为译码。译码方式有软件译码和硬件译码两种。软件译码就是将要显示的字符代码通过软件译成字段码,CPU 可直接将字段码通过并行接口送到 LED 数码显示器。软件译码的优点是方便、灵活,可显示特殊字形,小数点处理方便。硬件译码是 CPU 将字符代码通过 4 位并行接口送到一个译码器,由译码器完成译码后送到显示器,其优点是编程简单,但硬件译码不能产生特殊字形,小数点也要单独处理。

需要说明的是,在软件译码方式下,有时为了线路连接上的方便,LED 数码显示器的引脚 a~g 以及 DP 与接口的 D0~D7 可以不按顺序相连。这时要根据具体电路来生成字段码。

图 7-1 中所示 LED 显示器为共阴极结构,用 P2 口驱动数码管,也可以用其他端口驱动数码管,每一段都可接限流电阻。与共阳极数码管相比,显示相同的字符而端口的驱动数据不同,如显示数字"4",驱动共阴极数码管 P2.7~P2.0 输出 0110 0110,而共阳极数码管输出 1001 1001。

3. 静态 LED 显示器接口

LED 数码显示器的显示方法有静态显示和动态显示两种。所谓静态显示，就是显示器的每一个字段都要独占一条具有锁存功能的 I/O 线。当 CPU 将要显示的字（经硬件译码）或字段码（经软件译码）送到输出口上，显示器就可以显示出所要显示的字符。如果 CPU 不去改写它，它将一直保持下去。

静态显示的优点是显示程序简单、亮度高。由于在不改变显示内容时不用 CPU 去干预，所以节约了 CPU 的时间。但静态显示也有缺点，主要是显示位数较多时，占用 I/O 线较多，硬件较复杂，成本高。静态显示一般用于显示位数较少的系统中，单元 5 任务 1 中的串行口方式 0 外接 74HC595 移位寄存器扩展输出口，连接的数码管显示电路就是一种典型的静态显示接口电路。

任务 2　用 LED 数码管构成动态显示器

7.2.1　任务目标

通过本任务的学习，掌握 LED 动态显示器的硬件电路设计；掌握单片机对 LED 动态显示的控制方法。

7.2.2　任务描述

将单片机与数码管接成如图 7-3 所示动态显示方式，编程实现在数码管上从左到右显示数字 1～4。

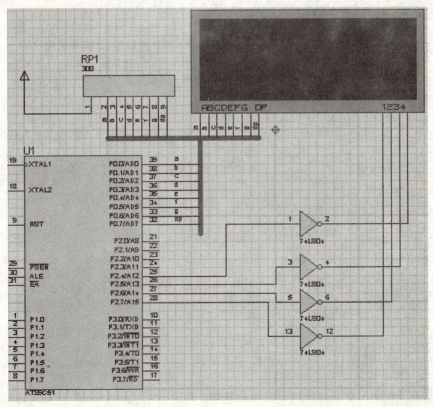

图 7-3　动态显示电路

7.2.3 任务程序分析

本任务要求 4 位数码管从左至右动态显示"1234",在有显示器的系统程序设计中,通常编写显示函数完成显示功能。动态显示函数的设计思路为:先定义一个显示缓冲区存放要显示的数字,然后把显示缓冲区内要显示的数字对应的段码通过段码输出口输出,而数码管的公共端受另一组控制信号即位码控制。位码输出口输出位码,让要点亮的数码管的公共端有效,每位数码管显示时间为 1ms,通过循环,依次让所有数码管点亮一遍,称之为动态扫描一遍。在主函数中不停地调用显示函数,就能使显示不闪烁,实现和静态显示一样的效果。

7.2.4 源程序

```c
#include "reg51.h"
#define uchar unsigned char
uchar code dispcode[]={0x3F,0x06,0x5B,0x4F,0x66,0x6D,
0x7D,0x07,0x7f,0x6f,0x77,0x7c,0x39,0x5e,0x79,0x71};
                                    //定义 7 段码表的数组,依次为 0~9、A~F
uchar display_data[4]={1,2,3,4};    //显示缓冲区为定义的一位数组
    void delay(void)
    {   uchar i;
        for(i=50;i>0;i--);
    }
void display()
{   uchar i;                        //定义变量 i,用作循环控制和显示数组的位控制
    uchar k;                        //定义变量 k,用作位码控制数据存储
    k=0x80;                         //k 初始化,是第一只数码管亮,硬件上有取反
    for(i=0;i<4;i++)
        {   P2=0;                   //关闭显示
            P0=dispcode[display_data[i]];//将 display_code 数组中的值送到 P0 口作为数码管的段码
            P2=k;                   //输出位码
            k=k>>1;                 //k 中为 1 的位左移 1 位,为点亮下一位数码管做准备
            delay();
        }
        P2=0;
}
void main(void)
    {
        while(1)
        {   display();
        }
    }
```

7.2.5 任务实施

1. 利用 Proteus 仿真软件绘制电路原理图

利用 Proteus 仿真软件绘制电路原理图(见图 7-3)。绘制原理图时添加的器件有

AT89C51,7SEG-MPX4-CC-BLUE,74LS04等。注意电源器件的放置与连线、总线绘制、网络标号放置等。

2. C51程序的编译

按照Keil C51编译软件的操作步骤对源程序进行编译和调试。

3. 执行程序观察效果

将编译成功后的.HEX文件加载到CPU,执行程序,并观察效果。

7.2.6 相关知识

1. 动态LED显示器原理

所谓动态显示,就是在显示时,单片机控制电路连续不断刷新输出显示数据,使各数码管轮流点亮。由于人眼的视觉暂留特性,使人眼观察到各数码管显示的是稳定数字。对动态扫描的频率有一定的要求,频率太低,LED数码管将出现闪烁现象;频率太高,由于每个LED数码管点亮的时间太短,数码管的亮度太低,无法看清。所以显示时间一般取几毫秒为好。动态显示是微机应用系统中最常用的显示方式之一,它具有线路简单,成本低的特点。

2. 动态LED显示器接口

动态显示的电路有很多,本任务电路中将4只数码管的相同段码控制线连接在一起,再分别接到单片机的P0口上,作为整个数码管的段码控制。由于P0口内部不带上拉电阻,所以用P0口作为段码输出口,必须外接上拉电阻。用P2口P2.7,P2.6,P2.5,P2.4分别对数码管的公共端实现控制,使每只数码管可以单独显示。由于数码管的公共端电流较大,如果直接用P2口作为公共端,会影响数码管亮度。通常在P2口外接74LS04或74LS06(OC门)反相器,在反相器输出低电平时吸收数码管公共端电流,点亮数码管并保证数码管的亮度。

任务3 用1602构成显示器

7.3.1 任务目标

用1602液晶显示器显示两行字符串。通过本任务的学习,掌握字符型液晶显示器1602与单片机的接口硬件电路设计;掌握1602液晶显示器的工作原理和编程控制方法。

7.3.2 任务描述

将单片机与LM016L液晶显示器接成如图7-4所示电路。编程实现在液晶显示器上任意显示两行字符串。LM016L是与LCD1602相类似的字符型液晶显示器。

7.3.3 任务程序分析

本任务是将要显示的两个字符串定义在两个字符数组里。根据LCD1602各种指令的作用,通过定义对1602液晶显示器进行判忙、写控制字、设置显示方式等函数和写一行字符函数,实现任务的功能。

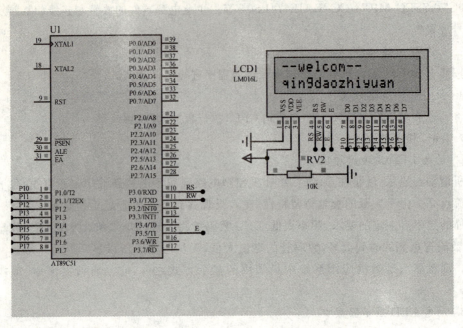

图 7-4 单片机与 LM016L 液晶显示器的连接仿真电路

7.3.4 源程序

```
// #include <absacc.>
#include <at89x51.h>
#define uchar unsigned char
/* 函数声明 */
uchar busy_lcd(void);                    //液晶判忙函数
void cmd_wr(void);                       //写控制字函数
void show_lcd(uchar i);                  //LCD 显示一字符函数
void init_lcd(void);                     //设置液晶方式函数
void dispwelcom(uchar * ,uchar );        //写一行字符函数
sbit RS=P3^0;                            //液晶 RS
sbit RW=P3^1;                            //液晶 RW
sbit E=P3^5;                             //液晶 E
uchar welcode[]={"--welcom--"};          //第一行字符串定义
uchar testcode[]={"qingdaozhiyuan"};     //第二行字符串定义
/****** 主函数 *******/
void main(void)
{
    init_lcd();                          //液晶方式定义
    dispwelcom(welcode,0x80);            //在第一行第一个字符位置开始显示字符串
    dispwelcom(testcode,0xc0);           //在第二行第一个字符位置开始显示字符串
    while(1);
}
///////////液晶显示函数 /////////////////////
/* 判 LCD 是否忙 */
uchar busy_lcd(void)
```

```c
{
    uchar a;
start:                                  //语句标号
    RS=0;                               //选择指令寄存器
    RW=1;                               //读操作
    E=0;                                //使能端为低电平
    for(a=0;a<2;a++);                   //循环两次,实现延时几个微秒
    E=1;                                //使能端由低电平变为高电平,进行读操作
    P1=0xff;
    if(P1_7==0)
        return;                         //返回到主调函数语句
    else
        goto start;                     //无条件跳转到标号为 start 的语句
}
/*写控制字*/
void cmd_wr(void)
{
    RS=0;
    RW=0;                               //写操作
    E=0;
    E=1;
for(a=0;a<2;a++)                        //循环两次,实现几个微秒的延时
E=0;
}
/*设置 LCD 方式*/
void init_lcd(void)
{   busy_lcd();
    P1=0x38;                            //显示模式设置
    cmd_wr();                           //对指令寄存器写操作命令函数调用,完成 RS,RW,E 引脚状态设置
    busy_lcd();
    P1=0x01;                            //清屏
    cmd_wr();
    busy_lcd();
    P1=0x06;                            //显示光标移动设置
    cmd_wr();
    busy_lcd();
    P1=0x0c;                            //显示开及光标设置
    cmd_wr();
}

/* LCD 显示一字符函数 */
void show_lcd(uchar i)
{
    P1=i;
    RS=1;                               //选择数据寄存器
    RW=0;
    E=0;
    E=1;
}
```

```c
/*显示一行字符函数*/
void dispwelcom (uchar * p, uchar a)
{
    uchar i=0;
    busy_lcd();
    P1=a;
    cmd_wr();
    while(* p!='\0')                //判是否是字符串的最后一个字符
    {
        busy_lcd();
        show_lcd(* p);              //输出一个字符在显示器上显示
        p++;                        //指针加1,指向下一个字符
    }
}
```

7.3.5 任务实施

1. 利用 Proteus 仿真软件绘制电路原理图

利用 Proteus 仿真软件绘制电路原理图(见图 7-4)。绘制原理图时添加的器件有 AT89C51,LM016L 等。注意电源器件的放置与连线等。

2. C51 程序的编译

按照 Keil C51 编译软件的操作步骤对源程序进行编译和调试。

3. 执行程序观察效果

将编译成功后的.HEX 文件加载到 CPU,执行程序,并观察效果。

7.3.6 相关知识

1. 液晶显示器 1602 介绍

任务中的液晶显示采用长沙太阳人电子有限公司的 1602 字符型液晶显示器,其采用标准的 14 脚(无背光)或 16 脚(带背光)接口,可显示 16×2 个字符。下面首先说明其具体的使用方法。

(1) 液晶显示器 1602 各引脚接口说明(如表 7-2 所示)

表 7-2 液晶显示器 1602 引脚说明

编号	符号	引脚说明	编号	符号	引脚说明
1	V_{SS}	电源地	9	D2	数据
2	V_{DD}	电源正极	10	D3	数据
3	V_{EE}	液晶显示偏压	11	D4	数据
4	RS	数据/命令选择	12	D5	数据
5	R/W	读/写选择	13	D6	数据
6	E	使能信号	14	D7	数据
7	D0	数据	15	BLA	背光源正极
8	D1	数据	16	BLK	背光源负极

① 第 1 脚:V_{SS} 为地电源。

② 第 2 脚:V_{DD} 接 5V 正电源。

③ 第 3 脚：V_{EE} 为液晶显示器对比度调整端，接正电源时对比度最弱，接地时对比度最高。对比度过高时，会产生"鬼影"，使用时可以通过一个 $10k\Omega$ 的电位器调整对比度。

④ 第 4 脚：RS 为寄存器选择。高电平时，选择数据寄存器；低电平时，选择指令寄存器。

⑤ 第 5 脚：R/W 为读写信号线。高电平时进行读操作，低电平时进行写操作。当 RS 和 R/W 共同为低电平时，可以写入指令或者显示地址；当 RS 为低电平、R/W 为高电平时，可以读忙信号；当 RS 为高电平、R/W 为低电平时，可以写入数据。

⑥ 第 6 脚：E 端为使能端。当 E 端由低电平跳变成高电平时，液晶模块执行命令。

⑦ 第 7~14 脚：D0~D7 为 8 位双向数据线。

⑧ 第 15 脚：背光源正极。

⑨ 第 16 脚：背光源负极。

(2) 液晶显示器 1602 的指令说明及时序

1602 液晶模块内部的控制器共有 11 条控制指令，如表 7-3 所示。

表 7-3 控制指令表

序号	指令	RS	R/W	D7	D6	D5	D4	D3	D2	D1	D0
1	清显示	0	0	0	0	0	0	0	0	0	1
2	光标返回	0	0	0	0	0	0	0	0	1	*
3	置输入模式	0	0	0	0	0	0	0	1	I/D	S
4	显示开/关控制	0	0	0	0	0	0	1	D	C	B
5	光标或字符移位	0	0	0	0	0	1	S/C	R/L	*	*
6	置功能	0	0	0	0	1	DL	N	F	*	*
7	置字符发生存储器地址	0	0	0	1	字符发生存储器地址					
8	置数据存储器地址	0	0	1	显示数据存储器地址						
9	读忙标志或地址	0	1	BF	计数器地址						
10	写数到 CGRAM 或 DDRAM	1	0	要写的数据内容							
11	从 CGRAM 或 DDRAM 读数	1	1	读出的数据内容							

1602 液晶模块的读写操作、屏幕和光标的操作都是通过指令编程来实现的（说明："1"为高电平，"0"为低电平）。

① 指令 1：清显示，指令码 01H，光标复位到地址 00H 位置。

② 指令 2：光标复位，光标返回到地址 00H。

③ 指令 3：光标和显示模式设置。

- I/D：光标移动方向，高电平右移，低电平左移；
- S：屏幕上所有文字是否左移或者右移。高电平表示有效，低电平则显示无效。

④ 指令 4：显示开关控制。

- D：控制整体显示的开与关。高电平表示开显示，低电平表示关显示。
- C：控制光标的开与关。高电平表示有光标，低电平表示无光标。
- B：控制光标是否闪烁。高电平闪烁，低电平不闪烁。

⑤ 指令5:光标或显示移位。S/C:高电平时,移动显示的文字;低电平时,移动光标。
⑥ 指令6:功能设置命令。
- DL:高电平时为4位总线,低电平时为8位总线。
- N:低电平时为单行显示,高电平时为双行显示。
- F:低电平时,显示 5×7 的点阵字符;高电平时,显示 5×10 的点阵字符。
⑦ 指令7:字符发生器 RAM 地址设置。
⑧ 指令8:DDRAM 地址设置。
⑨ 指令9:读忙信号和光标地址。
- BF:为忙标志位,高电平表示忙,此时模块不能接收命令或者数据;如果为低电平,表示不忙。
⑩ 指令10:写数据。
⑪ 指令11:读数据。

读写操作时序如图7-5和图7-6所示。

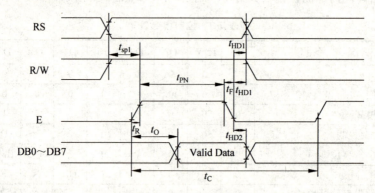

图 7-5 读操作时序

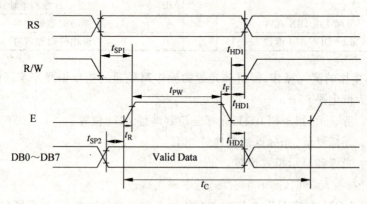

图 7-6 写操作时序

(3) 液晶显示器1602的 RAM 地址映射及标准字库表

液晶显示模块是一个慢显示器件,所以在执行每条指令之前一定要确认模块的忙标志为低电平,表示不忙,否则此指令失效。要显示字符时,要先输入显示字符地址,也就是告诉模块在哪里显示字符。图7-7所示是1602的内部显示地址。

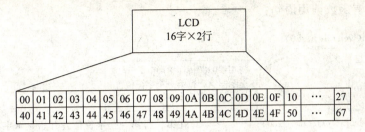

图 7-7　1602LCD 内部显示地址

例如,第二行第一个字符的地址是40H,那么是否直接写入40H,就可以将光标定位在第二行第一个字符的位置呢?这样不行,因为写入显示地址时,要求最高位 D7 恒定为高电平"1",所以实际写入的数据应该是 01000000B(40H)＋10000000B(80H)＝11000000B(C0H)。

在对液晶模块的初始化中,要先设置其显示模式。在液晶模块显示字符时,光标是自动右移的,无须人工干预。每次输入指令前都要判断液晶模块是否处于忙的状态。

(4) 液晶显示器 1602 的一般初始化(复位)过程

每次写指令、读/写数据操作均需要检测忙信号。初始化时,一般写指令的操作顺序如下:

① 写指令 38H:显示模式设置;
② 写指令 01H:显示清屏;
③ 写指令 06H:显示光标移动设置;
④ 写指令 0CH:显示开及光标设置。

2. 指针作为函数参数

在单元 6 中已经学习了指针,知道可以定义指向任何数据类型的指针。该任务中用指针变量作为函数的形式参数,调用该函数时将字符数组名作为实际参数传递给形式参数,即指针变量,使指针指向字符串。举例说明如下:

① 指针作为形参的函数定义举例说明。

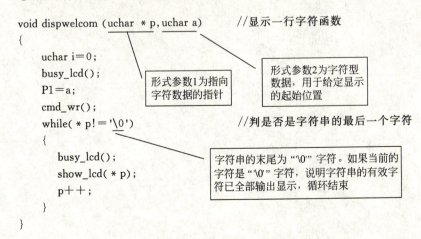

② 指针作为形参的函数调用举例说明。

主函数中有函数调用语句：

dispwelcom(welcode,0x80);

字符数组名作为实参，传递给指针p，使p指向该数组

将实参0x80传递给形参a，从显示器第一行第一个字符位置开始显示字符串

dispwelcom(testcode,0xc0);   //在第二行第一个字符位置开始显示字符串

单元 8 单片机键盘系统

知识点

1. 简单键盘接口电路设计的方法;
2. 矩阵式键盘接口电路设计的方法;
3. 矩阵式键盘按键扫描程序编写方法。

技能点

1. 掌握矩阵式键盘按键扫描程序编写技巧;
2. 掌握数码管动态显示和键盘处理程序相互协调的编程技巧。

本单元通过两个任务分别学习键盘的结构和分类,掌握利用单片机 I/O 口设计简单键盘和矩阵式键盘电路的方法;学习矩阵式键盘的扫描处理程序的编程方法和技巧。

任务 1 单键控制 LED 二极管循环显示

8.1.1 任务目标

本任务是通过外接的按键来控制 LED 二极管的显示。通过本任务的学习,掌握机械按键的特性及消抖方法;掌握简单键盘的接口技术;掌握按键对显示器的控制方法。

8.1.2 任务描述

用按键实现对 LED 进行控制,每当按下一次键时,LED 显示方式变化一次,即使 LED 从上到下依次被点亮一个,而其他 LED 都不亮,循环往复。其仿真电路如图 8-1 所示。

8.1.3 任务程序分析

要实现用按键控制 LED 的显示,首先要使单片机读入按键的状态,再根据按键的状态去控制 LED 的循环显示。每当按下按键时,单片机引脚 P3.2 为低电平。程序运行时,要判断 P3.2 引脚是否为低电平。若为低电平,表示按键已按下。按键每按下一次,P2 口输出数据变化一次,P2 口输出不同的数据,使不同的 LED 灯被点亮。

8.1.4 源程序

```c
#include "reg51.h"
sbit key1=P3^2;                    //定义 P3.2 给位符号 key1
void delay10ms(void)               //延时函数用于机械按键去抖
    {   unsigned char i,k;
        for(i=40;i>0;i--)
            for(k=250;k>0;k--)
                ;
    }
```

```
void main(void)
{   unsigned   char i=0xfe;          //P2 口输出数据的初始值
        P2=i;                         //电路中 D1 灯被点亮
      while(1)
    {if(key1==0)                      //如果 key1=0 说明按键按下
        {   delay10ms();              //延时 10ms 软件去抖
            if(key1==0)               //延时后,如果 key1=0 说明按键确实按下
                {  if((i&0x80)==0)i=i<<1;    //如果 D8 灯已经点亮,下一个要点亮的是 $D_1$ 灯,i 变量的值左移 1 位,$D_0$ 位为 0
                   else i=(i<<1)+1;   //否则 i 的值左移 1 位,最低位补 1
                   P2=i;
                   while(key1==0)
                    {;}               //等待按键松开
                }
        }
    }
}
```

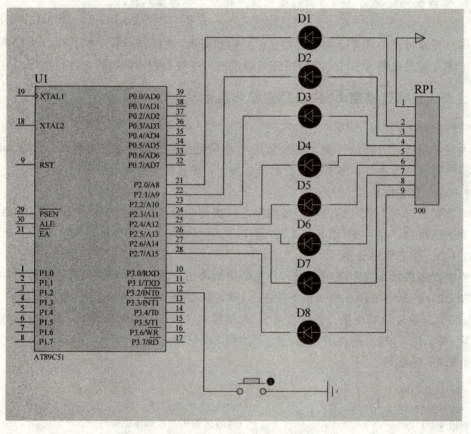

图 8-1　单键控制 LED 二极管显示仿真电路

8.1.5 任务实施

1. 利用 Proteus 仿真软件绘制电路原理图

利用 Proteus 仿真软件绘制电路原理图(见图 8-1)。绘制原理图时添加的器件有 AT89C51,BUTTON 等。注意电源器件的放置与连线等。

2. C51 程序的编译

按照 Keil C51 编译软件的操作步骤对源程序进行编译和调试。

3. 执行程序观察效果

将编译成功后的.HEX 文件加载到 CPU,执行程序,并观察效果。

8.1.6 相关知识

1. 键盘接口概述

对于需要人工干预的单片机应用系统,键盘成为人机联系的必要手段,此时必须配置适当的键盘输入设备。

用于计算机系统的键盘有两类:一类是编码键盘,即键盘上闭合键的识别由专用硬件实现。另一类是非编码键盘,即键盘上输入及闭合键的识别由软件来完成。

在单片机系统中广泛使用机械式非编码键盘。非编码键盘分为独立式键盘和矩阵式键盘。

2. 独立式按键或键盘工作原理

(1) 独立式按键结构

独立式键盘(见图 8-2)的各个按键之间相互独立,每一个按键连接一根 I/O 口线。当其中任意一按键按下时,它所对应的数据线的电平就变成低电平,读入单片机的是逻辑"0",表示键闭合;若无键闭合,则所有的数据线的电平都是高电平。独立式键盘电路简单,软件设计也比较方便,但由于每一个按键均需要一根 I/O 口线,当键盘按键数量比较多时,需要的 I/O 口线较多,因此独立式键盘只适合于按键较少的应用场合。

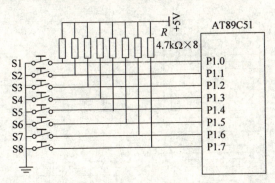

图 8-2 独立式键盘

(2) 键开关状态的可靠输入

当测试表明有键被按下之后,紧接着进行去抖动处理。因为键是一种开关结构,由于机械触点的弹性及电压突跳等原因,在闭合及断开的瞬间,均存在电压波动过程,如图 8-3 所示。抖动时间的长短与开关的机械特性有关,一般为 5~10ms。

为保证键识别的准确性,需进行去抖动处理。去抖动有硬件和软件两种方法。硬件方法就是加去抖动电路,从根本上避免电压抖动的产生。软件方法则采用时间延迟,躲过抖动,待电压稳定之后,再进行行状态的输入。在单片机系统中,为简单起见,多采用软件方法。延迟时间 10～20ms 即可。

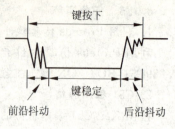

在源程序中用 delay10ms( ) 函数来实现 10ms 的软件延时。当判断按键确实按下后,等待按键松开,再进行按键的处理,从而实现每按一次按键,LED 灯才变化一次显示。

图 8-3 键闭合及断开时的电压波动

任务2 矩阵式键盘控制数码管显示

8.2.1 任务目标

通过学习本任务,进一步掌握按键的特性及消抖方法;掌握矩阵式键盘的接口技术;掌握矩阵式键盘的按键识别方法;进一步掌握数码管动态显示电路的设计和动态显示程序的编写方法。

8.2.2 任务描述

用按键实现对数码管显示进行控制,每当按下一个按键时,数码管显示对应按键的键值。P3 口外接了 16 个按键,按键的键值为 0～15,用最左边的两位数码管显示每一个按键的键值,其仿真电路如图 8-4 所示。

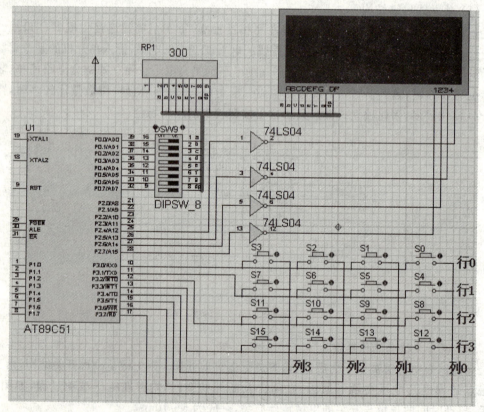

图 8-4 矩阵式键盘控制数码管显示仿真电路

8.2.3 任务程序分析

程序的关键任务是键盘识别,即找到按键所在的行和列号,并存放到一个 8 位数据中。

另外一个任务是键译码。在确定了闭合按键的位置后,可通过查表的方法对按键译码,将按键码变为对应的按键值。编写程序时,先将各按键按"先行后列"的顺序用一个 8 位数据进行编码,即一个 8 位数据低 4 位中"1"的位置描述按键的行号,高 4 位中"1"的位置描述按键的列号。例如,数据 0x81 就是行 0 和列 0 位置的按键编码值,得到的按键编码值定义在某一数组中。

8.2.4 源程序

```
#include "reg51.h"
#define uchar unsigned char
uchar temp;                    //存放按键的键值
void delay(void)               //延时 1ms 函数
  { unsigned char i,j;
    for(j=4;j>0;j--)
      for(i=250;i>0;i--)
        ;
  }
void display()                 //动态显示函数
  { uchar code dispcode[]={0x3f,0x06,0x5b,0x4f,
                0x66,0x6d,0x7d,0x07,0x7f,
                0x6f};
    //共阴极数码管 0—9 的段码
    P2=0;                      //关显示
    P0=dispcode[temp/10];      //输出十位数的段码
    P2=0x80;                   //输出位码,最右边数码管被点亮
    delay();                   //延时 1ms
    P2=0;
    P0=dispcode[temp%10];      //输出个位数的段码
    P2=0x40;
    delay();
    P2=0;
  }
uchar inkey()
  { uchar i,j=1,k; //变量 j 取反后,提供键盘的扫描码,同时为行码
    uchar code keytab[16]={0x81,0x41,0x21,0x11,0x82,0x42,
        0x22,0x12,0x84,0x44,0x24,0x14,0x88,0x48,0x28,0x18};
//分别对应 16 个按键所在的行列号,高 4 位和低 4 位中的"1"表示列号和行号
    for(i=0;i<4;i++)
      { P3=~j;                 //P3 的高 4 位为高,低 4 位为扫描码,首先扫描第 0 行
        k=~P3;                 //k 中的值为 P3 各位取反,如果该行无键按下,其高 4 位为"0"
        k=k&0xf0;              //k 中保留高 4 位,低 4 位清"0"
        if(k!=0) break;        //如果 k 不等于 0,该行有键按下,退出循环
        j=j<<1;                //j 中的"1"左移 1 位,为扫描下一行做准备
      }
    k=k+j;                     //将行和列的代码合成到 k 中
    for(i=0;i<16;i++)
```

```
            {   if(keytab[i]==k) break;        //在 keytab 中搜索与 k 相同的编码,得到第 i 键号
            }
                return i;
    }
        void main()
        {   uchar key;
            while(1)
            {   key=inkey();
                if(key!=16)            //无键按下,key 值为 16
                {   display();         //延时去抖
                    display();
                    display();
                    if(key==inkey())
                       {temp=key;   //显示键值,模拟按键处理
                    display();
                    }
                }
                display();
                temp=inkey();
            }
        }
```

程序中,inkey( )函数是键盘扫描函数,通过逐行扫描的方式来判断键盘中是否有键按下。如果无键按下,按键的键值为 16,所以仿真时,当无键按下时数码管显示"16";当判断有键按下时,通过 3 次调用显示函数一方面实现延时去抖,另一方面起到了动态扫描数码管的作用。延时去抖后,如果确实有键按下,数码管显示按键的键值。为更好地观察仿真结果,在按键按下时不要松开,等确实观察到显示器显示值与按键号一致时再松开。

8.2.5 任务实施

1. 利用 Proteus 仿真软件绘制电路原理图

利用 Proteus 仿真软件绘制电路原理图(见图 8-4)。绘制原理图时添加的器件有 AT89C51,74LS04,7SEG-MPX4-CC-BLUE 等。注意电源器件的放置与连线等。

2. C51 程序的编译

按照 Keil C51 编译软件的操作步骤对源程序进行编译和调试。

3. 执行程序观察效果

将编译成功后的.HEX 文件加载到 CPU 并执行程序。按下某一按键,观察效果。

8.2.6 相关知识

1. 矩阵式键盘的结构

在按键较多时,为了少占用单片机 I/O 线资源,通常采用矩阵式键盘,每一行或每一列上连接多个按键。在本任务中,通过 P3 口的 8 根 I/O 线外接了由 4 行 4 列构成的 16 个键阵。

2. 矩阵式键盘按键处理的步骤

(1) 键盘扫描

首先检查键盘是否有键按下,并消除抖动,然后通过键盘识别程序获得按键的键号。行

列式键盘的具体识别方法有扫描法和反转法。在这里只讨论扫描法。所谓扫描法,即用行线输出,列线输入(可交换行线/列线的输入/输出关系)。

本程序中,行线逐行输出"0"。若某列有键按下,则列线有"0"输入;若无键按下,列线输入全部为"1"。当有键按下时,根据行线和列线,可最终确定哪个按键被按下。

(2) 键译码

当按键的行号和列号确定后,可查找或计算出按键的键值。程序中定义了数组 keytab,根据按键的物理位置,事先存放了各按键的扫描码,根据按键的扫描码获取按键的键值。

(3) 键处理

对于键盘上的每一个键,具体实现什么功能,由程序设计者来决定。程序中用显示按键号作为键处理程序。

变一变:

重新编写键盘扫描函数,完成同样的设计功能。

单元 9 I²C 总线和 One-Wire 总线

知识点

1. I²C 总线和 One-Wire 总线协议；
2. 用软件模拟 I²C 总线协议的编程方法；
3. 用软件模拟 One-Wire 总线协议的编程方法。

技能点

1. 掌握利用串行 E²PROM 24C02 扩展存储器及程序编写技巧；
2. 掌握利用 18B20 实现温度测量的程序编程技巧。

该单元通过对 24C02 串行 E²PROM 的读写和用 18B20 实现温度测量两个任务的学习，掌握在 51 单片机系统中用软件模拟 I²C 总线和 One-Wire 总线协议的方法。

任务 1 51 单片机读写 24C02 串行 E²PROM

9.1.1 任务目标

本任务是扩展一片 24C02 串行 E²PROM，单片机对外部 24C02 进行读写操作。通过本任务的学习，掌握 I²C 总线技术；掌握基于 I²C 总线的串行 E²PROM 的编程技术；掌握利用 I²C 调试器监视 I²C 总线的方法。

9.1.2 任务描述

单片机将内部 RAM 30H～3FH 单元共 16 个字节的数据依次写入到 24C02 从 30H 单元开始的 16 个地址单元内，然后将 24C02 从 30H 单元开始的 16 个地址单元内的数据依次读进来存放到单片机从 40H 单元开始的地址单元内，并每隔 1s 在 P2 口外接的两位 BCD 码数码管上分别显示这 16 个地址单元的数据。其硬件仿真电路如图 9-1 所示。

9.1.3 任务程序分析

由于 AT89C51 单片机没有 I²C 总线，需要由软件来模拟 I²C 总线协议。按照 I²C 总线读写时序，需要编写函数实现开始、结束、应答信号和发送、接收数据操作。

9.1.4 源程序

```
/**** 晶振:11.0592M *****/
#include <reg52.h>
#include <intrins.h>
#define SLAVEADDR   0xa0
#define nops()    do{_nop_();_nop_();_nop_();_nop_();_nop_();} while(0) //定义空指令
sbit SCL = P3^0;              //定义 24c02 时钟线
sbit SDA = P3^1;              //定义 24C02 数据线
```

单元 9 I²C 总线和 One-Wire 总线

```c
void delay(unsigned int cnt)
{
    unsigned int i;
    for(i=0;i<cnt;i++);
}
/*** 函数: i2c_start()
 * 功能: 启动 i2c
 */
void i2c_start()
{
    SDA=1;              // SDA 为高电平
    nops();             //延时 5μs
    SCL=1;              //SCL 为高电平
    nops();
    SDA=0;              //SDA 为低电平
    nops();
    SCL = 0;            //SCL 为低电平
}

/**
 * 函数: i2c_stop()
 * 功能: 停止 i2c
 */
void i2c_stop()
{
    SCL = 0;
    nops();
    SDA = 0;
    nops();
    SCL = 1;
    nops();
    SDA = 1;
nops();
}
/**
 * 函数: i2c_ACK(bit ck)
 * 功能: ck 为 1 时发送应答信号 ACK,
 *       ck 为 0 时不发送 ACK
 */
void i2c_ACK(bit ck)
{
    if(ck)
        SDA=0;
    else
        SDA=1;
    nops();
    SCL=1;
    nops();
    SCL=0;
```

```
        SDA=1;
        nops();
}
/**
 * 函数:i2c_waitACK()
 * 功能:返回为1时收到 ACK
 * 返回为0时没收到 ACK
 */
bit i2c_waitACK()
{
    SDA=1;                      //使 SDA 处于输入状态
    nops();
    SCL=1;
    nops();
    if(SDA)
    {
        SCL = 0;
        i2c_stop();
        return 0;
    }
    else
    {
        SCL=0;
        return 1;
    }
}
/**
 * 函数:i2c_sendbyte(unsigned char bt)
 * 功能:将输入的一字节数据 bt 发送
 */
void i2c_sendbyte(unsigned char bt)
{
    unsigned char i;

    for(i=0; i<8; i++)
    {
        if (bt&0x80)            //先发高位,若条件成立,发送位为1
            SDA=1;              //发送最高位
        else
            SDA=0;              //发送 0
        nops();
        SCL=1;
        bt<<=1;                 //左移1位
        nops();
        SCL=0;
    }
}
/**
 * 函数:i2c_recbyte( )
```

```
* 功能:从总线上接收1字节数据
*/
unsigned char i2c_recbyte()
{
    unsigned char dee, i;
        for(i=0;i<8;i++)
        {
        SCL=1;
        nops();
        dee <<=1;
        if(SDA)
            dee=dee|0x01;         //读入的位如果为1,低位为1
        SCL=0;
        nops();
        }
        return dee;
}
/**
* 函数: i2c_writebyte
* 功能:字节写,在指定的地址(add)
* 写入1字节数据(dat)
*/
void i2c_writebyte(unsigned char add, unsigned char dat)
{
    i2c_start();
    i2c_sendbyte(SLAVEADDR);   //器件地址+写+ACK应答
    i2c_waitACK();
    i2c_sendbyte(add);          //字地址+ACK应答
    i2c_waitACK();
    i2c_sendbyte(dat);          //1Byte字数据+ACK应答
    i2c_waitACK();
    i2c_stop();
    delay(200);
}


/**
* 函数: i2c_readbyte
* 输入: add
* 返回: hep
* 功能:字节读,在指定的地址(add)
* 读出1字节数据
*/
unsigned char i2c_readbyte(unsigned char add)
{
    unsigned char hep;
    i2c_start();
    i2c_sendbyte(SLAVEADDR);   //器件地址+写+ACK应答
    i2c_waitACK();
    i2c_sendbyte(add);          //字地址+ACK应答
```

```
    i2c_waitACK();
    i2c_start();
    i2c_sendbyte(SLAVEADDR+1);    //器件地址+读+ACK 应答
    i2c_waitACK();
    hep = i2c_recbyte();          //开始读数据
    i2c_ACK(0);                   //因为只读 1 字节数据,不发送 ACK 信号
    i2c_stop();
    return hep;
}
/**
 * 函数: i2c_serwrite
 * 功能: 页写,在指定的地址(add)
 * 开始连续写入 16 字节数据
 * 输入: p——要写入的数据指针
 *       add——写入 E²PROM 的位置
 *       num——写入的字节数<=16
 */
void i2c_serwrite(unsigned char * p, unsigned char add, unsigned char num)
{
    unsigned char n;
    i2c_start();
    i2c_sendbyte(SLAVEADDR);      //器件地址+写+ACK 应答
    i2c_waitACK();
    i2c_sendbyte(add);            //写入数据的首地址+ACK 应答
    i2c_waitACK();
    for(n=0;n<num;n++)
    {
        i2c_sendbyte(*p);
        i2c_waitACK();
        p++;
    }
    i2c_stop();
    delay(200);
}
/**
 * 函数: i2c_serread
 * 功能: 连续读,从指定的地址(add)开始连续读 num 个字节数据
 * 输入: slave——器件地址
 *       k——存储数据指针
 */
void i2c_serread(unsigned char * k, unsigned char add, unsigned char num)
{
    unsigned char n;
    i2c_start();
    i2c_sendbyte(SLAVEADDR);      //器件地址+写+ACK 应答
    i2c_waitACK();
    i2c_sendbyte(add);            //字地址+ACK 应答
    i2c_waitACK();
    i2c_start();                  //复开始条件
```

```
        i2c_sendbyte(SLAVEADDR+1);    //器件地址+读+ACK 应答
        i2c_waitACK();
        for(n=0;n<num-1;n++)
        {
            *k = i2c_recbyte();
            i2c_ACK(1);
            k++;
        }
        *k = i2c_recbyte();
        i2c_ACK(0);                   //不发送应答信号
        i2c_stop();
    }
    unsigned char *p;                 //初始化指针,指向30H 单元
    main()
    {
        unsigned char i,len=16;
        while(1)
        {
        p=0x30;
        for(i=0;i<16;i++)             //初始化内部RAM 为 0~15
            {
            *p=i;
            p++;
            }
        p=0x30;
        i2c_serwrite(p,0x30,len);     //将16个数据写入到24C02从30H开始的单元
        delay(10000);
        p=0x40;
        i2c_serread(p,0x30,len);      //从24C02的30H单元开始读16个数据到内部40H开始的单元
        p=0x40;
        for(i=0;i<16;i++)
            {P2= ((*p)/10)<<4|(*p)%10;                    //输出某地址单元内容
            delay(35535);             //延时1s
            p++;
            }
        }
    }
```

9.1.5 任务实施

1. 利用 Proteus 仿真软件绘制电路原理图

利用 Proteus 仿真软件绘制电路原理图(见图 9-1)。绘制原理图时添加的器件有 AT89C51,24C02,I²C 总线调试器等。注意电源器件的放置与连线等。

2. C51 程序的编译

按照 Keil C51 编译软件的操作步骤对源程序进行编译和调试。

3. 执行程序观察效果

将编译成功后的.HEX 文件加载到 CPU,执行程序并观察效果。

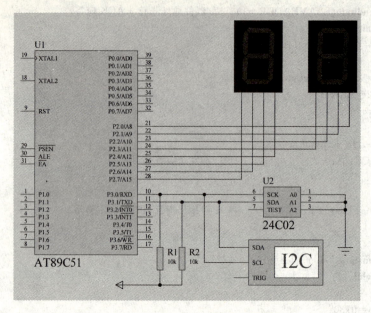

图 9-1　单片机与 24C02 的仿真连接电路

9.1.6　相关知识

1. 利用虚拟仪器 I^2C 总线调试器观察结果

加载目标代码文件后,执行下列操作:

(1) 在 Proteus ISIS 界面中,单击 ▶ 按钮,启动仿真。

(2) 在仿真过程中单击 ▌▌ 按钮暂停仿真,从"Debug"菜单中调出"8051 CPU Internal (IDATA) Memory"窗口和"I2C Memory Internal Memory-U2"窗口,如图 9-2 和图 9-3 所示。观察单片机内部数据存储器和 24C02 存储器相关单元的内容变化,如图 9-4 所示。

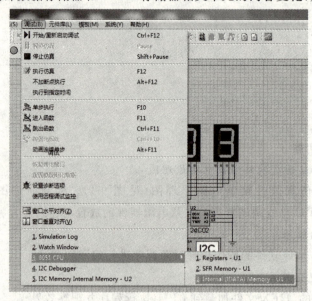

图 9-2　打开 CPU 内部存储器窗口

单元 9　I²C 总线和 One-Wire 总线

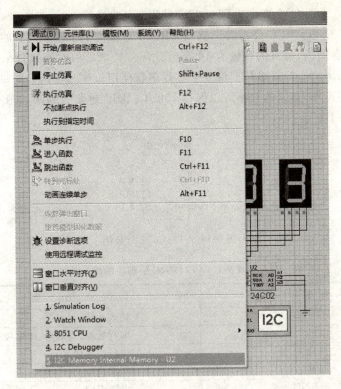

图 9-3　打开 I²C 窗口

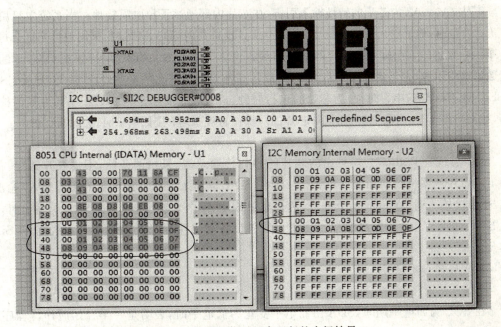

图 9-4　仿真暂停时程序运行的中间结果

2. I²C 总线 E²PROM 芯片 AT24C02C 封装及引脚功能

AT24C02C 是 ATMEL 公司的一款 E²PROM 产品,其内部存储器的大小为 2048×8 位,是采用分页存储的,每页的容量为 16 字节。AT24C02C 的对外接口采用了串行双线的接口方式,这样,串口协议最多可允许 8 个芯片串联使用。AT24C02C 的每个存储单元可以进行 100 万次写操作,存储的数据可以保存 100 年。DIP 封装引脚图如图 9-5 所示,各引脚功能定义如表 9-1 所示。

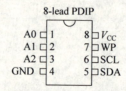

图 9-5 AT24C02C 封装图

表 9-1 AT24C02C 引脚功能表

引脚名称	功 能
A0~A2	输入地址
SDA	串行数据,为双向、集电极开路
SCL	串行时钟输入
WP	写保护
V_{CC},GND	电源引脚

其中,A0~A2 为芯片的地址输入引脚,在芯片内部通过下拉电阻接地。当系统中只用一片 I²C 设备时,地址输入引脚可悬空;当多个 I²C 设备共用 SDA、SCL 时,采用地址来区分每个 I²C 设备,地址输入引脚要接系统的 I/O 口线。SDA(SERIAL DATA,串行数据)是芯片的串行数据双向引脚,它是集电极开路引脚,可以与其他集电极开路的设备进行"线与"连接;SCL (SERIAL CLOCK,串行时钟)为芯片的串行时钟,最大频率要小于 400kHz;WP 为写保护引脚,如果接高电平,为写保护,任何对芯片的写操作将被忽略;接低电平时,去除写保护。

3. I²C 总线系统结构

I²C 总线是 Philips 公司推出的芯片间串行传输总线,采用两条线,不需要片选线。采用 I²C 总线的系统结构如图 9-6 所示。其中,SDA 与 SCL 一起实现数据的串行输入/输出。当 SDA 为输入时,在 SCL 的上升沿,芯片会把 SDA 线作为数据输入;当 SDA 为输出时,在 SCL 的下降沿,芯片会输出数据。总线上的各设备都采用漏极开路结构与总线相连,SDA 与 SCL 都要接上拉电阻。

4. I²C 的标准操作介绍

(1) 开始时序

在 SCL 为高电平期间,SDA 由高电平变化为低电平时,表明是一个开始时序。程序中的 i2c_start()函数模拟开始时序。在每个命令之前,必须发送开始时序。

(2) 停止时序

在 SCL 为高电平期间,SDA 由低电平变化为高电平时,表明是一个停止时序,程序中

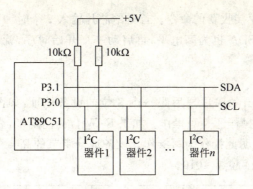

图 9-6 典型 I^2C 总线系统结构

的 i2c_stop() 函数模拟停止时序,如图 9-7 所示。在读时序之后的停止时序会把 AT24C02C 芯片设置为待机模式,以节省功率。

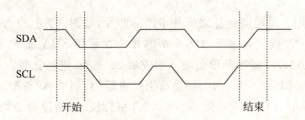

图 9-7 I^2C 开始和结束时序

(3) 应答时序

所有的地址和数据以 8 位为一个字输出或输入到芯片。在每个字的第 9 个时钟,发送一个"0"或"1",来表明应答或应答非信号,也就是应答时序。

图 9-8 所示为 I^2C 的应答时序,如果通过两线对 E^2PROM 进行数据的存储,必须实现对 E^2PROM 的写、读操作,同时要区分不同的存储单元,需要不同的字节地址来区分。如果几个 I^2C 设备共用 SDA 和 SCL 两根线,需要对几个 I^2C 设备进行区分。

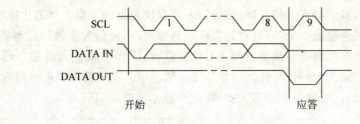

图 9-8 I^2C 应答时序

(4) 待机模式

这种模式是一个低功耗的省电模式。在两种情况下,芯片可以进入待机模式:第一种情况是上电后 AT24C02C 就进入了待机模式;第二种情况是在芯片内部完成了相应的操作后,如果给 AT24C02C 发送了停止时序,芯片就进入待机模式。

(5) 存储器复位

在芯片的内部操作协议被中断,芯片的电源丢失或系统复位后,芯片的 I^2C 部分可以通过以下步骤来复位,以便接收新的命令。首先给芯片输入 9 个时钟,然后查看如果在每个时钟的 SCL 为高电平时,SDA 也为高电平,再启动一个开始时序,就可以把 AT24C02C 的存储单元复位了。

(6) 设备地址

AT24C02C 要求在开始时序之后跟一个 8 位的设备地址,如图 9-9 所示。其中,R/W 位用来表明此操作为读操作还是写操作。如果 R/W 位为高电平,表明此操作为读操作;如果 R/W 位为低电平,表明此操作为写操作。设备地址字节的高 4 位表明设备类型,对于所有的 E^2PROM 设备,前 4 位是 1010。

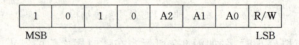

图 9-9 AT24C02C 芯片地址

AT24C02C 采用 3 位设备地址来区分不同的芯片,如图 9-9 中的 A2,A1 和 A0。这样,在同一根 SCL 和 SDA 线上最多可以接 8 个芯片。在采用 SDA 和 SCL 进行数据传输时,AT24C02C 把 A2,A1,A0 和实际设备输入引脚的 A2~A0 进行比较。如果相同,则是对本芯片进行的操作。引脚 A2~A0 的内部是有下拉电阻的,如果 A2~A0 引脚悬空,则认为是"0"状态。由于任务中 AT24C02C 的 A2,A1,A0 引脚接地,所以设备读操作和写操作的地址分别为 A1H 和 A0H。

如果地址匹配,那么 AT24C02C 输出一个低电平,表明对输入地址的应答。如果输入的地址不匹配,AT24C02C 进入待机模式。

(7) 写操作

写操作分为字节写和页写两种。

对于字节写而言,一个写操作的过程如图 9-10 所示。I^2C 总线上传送的每一个字节均为 8 位,并且高位在前。在 I^2C 数据传送中,首先由起始信号启动 I^2C 总线,然后是一个设备地址字节。当芯片对其应答后,接着写入 1 个 8 位的存储地址字节。当芯片对存储的每个存储地址应答后,其后写入 8 位数据,这是写入该存储地址的数据。当芯片接收了这 8 位数据后,在下一个时钟输出一个"0"来对此数据进行应答,用此信号来通知控制器(如 8051)芯片收到此数据,那么控制器必须发出停止时序。这时,E^2PROM 进入内部写周期(时间为 t_{WR},AT24C02C 的 t_{WR} 为 5ms),写数据到非易性存储器中。在内部写周期时间内,所有对芯片的操作都是无效的。所以每次对 E^2PROM 的写操作的时间间隔为 5ms。

图 9-10 一次完整的字节写入格式

图中,S 为起始信号,SLAW 为从机地址字节,WORDADR 为数据写入地址,Data 为写入的数据,A 为应答信号。

对于页写而言,一个写操作的过程如图 9-11 所示。AT24C02C 的内部存储器采用分页的方式来存储,每页长度为 16 个字节,AT24C02C 支持最长 16 字节的连续写操作。页写操作的初始化和字节写操作是一样的,但是当第一个字节的数据被输入到芯片后,控制器不发出停止时序,而是在 E^2PROM 对输入的第一个字节应答后,控制器最多可以再输入 15 字节的数据到 E^2PROM 中。E^2PROM 会对输入的每个字节进行应答。控制器可以通过一个停止时序来结束页写操作。

| S | SLAW | A | WORDADR | A | Data1 | A | Data2 | A | ... | Data16 | A | P |

图 9-11　一次完整的页写入格式

在页写数据过程中,写入的数据个数可以小于 16。当大于 16 个数据时,后面的数据会从该页的起始地址处开始存放,可能造成原来地址单元的数据被覆盖,在进行页写操作时需注意。任务程序中

void i2c_serwrite(unsigned char * p, unsigned char add, unsigned char num)

完成页写操作。

(8) 读操作

除了 AT24C02C 芯片地址字节的 R/W 位为高电平外,读操作的初始化和写操作的初始化是基本一样的。E^2PROM 有 3 种读操作:当前地址读、随机地址读和顺序读。

当前地址读操作是指内部的数据地址操作计数器保持上一次读或写操作的地址加 1。如果 E^2PROM 芯片不掉电,这个地址会一直保持。同样,当读存储页的最后地址时,也存在地址回转的问题,地址会回到这个页的开始地址。一旦带有读写控制位的芯片的地址字节(SLAR)被送入芯片,同时 E^2PROM 对芯片地址应答后,存储在当前地址的数据会根据 SCL 时钟被送出来。控制器不必要对此数据进行应答,但是要随后产生停止时序来结束读当前地址操作。这个过程如图 9-12 所示。

| S | SLAR | A | Data | A | P |

图 9-12　当前地址读的数据操作格式

指定地址读操作要求一个"虚拟"的字节写操作来设置要读的数据的地址。要将设备的地址、数据字节存储地址送入 E^2PROM;E^2PROM 应答后,控制器必须再另外产生一个开始时序。这时,控制器可以把 R/W 位设置为高电平,来执行"当前地址读操作",以读取当前地址的数据。其时序如图 9-13 所示。

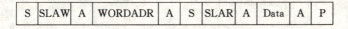

图 9-13　指定地址读操作格式

顺序读操作是指连续读入 m 个字节数据的操作。顺序读入字节的首地址可以是当前地址或指定地址,其读操作可连在上述两种操作的 SLAR 发送之后。数据操作格式如图 9-14 所示。

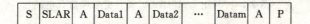

图 9-14　顺序读操作格式

任务程序中，

i2c_serread(unsigned char * k, unsigned char add, unsigned char num)

函数就是完成顺序读操作的。

任务2 51单片机读写温度传感器 DS18B20

9.2.1 任务目标

本任务是扩展一片 DS18B20 集成温度传感器，单片机对外部 DS18B20 进行读写操作。通过本任务的学习，掌握 One-wire 总线技术；掌握基于 One-wire 总线的 DS18B20 的编程技术；进一步掌握 1602 液晶显示器的编程技术。

9.2.2 任务描述

单片机通过对 DS18B20 的读、写完成温度的采样，并通过外接的 1602 液晶显示器来显示所采样的温度值。系统硬件仿真电路如图 9-15 所示。

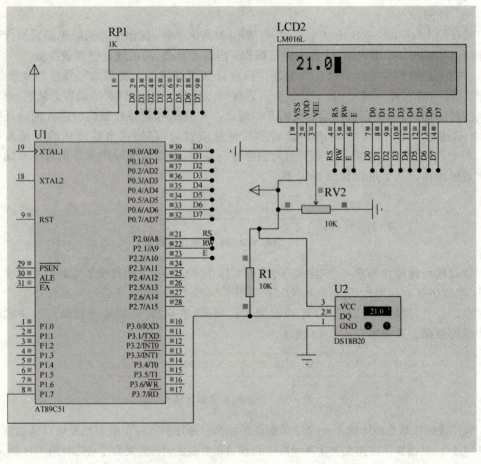

图 9-15 利用 DS18B20 实现温度采样仿真电路

9.2.3 任务程序分析

本任务程序的关键是把 1602 液晶显示器的初始化、显示数字和字符等函数作为头文件包含到源程序中,并编写 18B20 的初始化函数、读/写一个字节函数、相关延时函数等。

9.2.4 源程序

```c
/****** main.c ******/
#include "1602.h"
sbit DQ = P1^7;
unsigned char TD,TN;
unsigned char time;
//--------------DS18B20 初始化
bit DS18B20_INIT(void)
{
    bit DS18B20_OK;
    DQ=1;                              //拉高
    for(time=0;time<2;time++);         //延时 6μs
    DQ=0;                              //拉低
    for(time=0;time<200;time++);       //延时 600μs
    DQ=1;
    for(time=0;time<10;time++);        //延时 48μs
    DS18B20_OK=DQ;                     //DQ=0 时,表明温度传感器有响应,可以工作
    for(time=0;time<200;time++);       //延时足够长的时间,等待脉冲输出完毕
    return DS18B20_OK;
}
//--------------DS18B20 读一个字节
unsigned char Read_DS18B20_Byte(void)
{
    unsigned char i;
    unsigned char value;
    for( i=0;i<8;i++)
    {
        DQ=1;                          //先拉高
        _nop_();                       //延时
        DQ=0;                          //拉低
        _nop_();                       //延时
        DQ=1;                          //拉高
        for(time=0;time<2;time++);     //延时 6μs,让主机在 15μs 内采样。如果是低电平,
                                       //  直接会被拉低;如果是高电平,会保持一会儿
        value>>=1;                     //移位 8 次,有效数据移位 7 次
        if(DQ)value|=0x80;             //如果是 1,把最高位置 1
        for(time=0;time<8;time++);     //延时足够长的时间,令其恢复!!!这里很重要
    }
    return value;
}

//--------------DS18B20 写一个字节
void Write_DS18B20_Byte(unsigned char dat)
{
    unsigned char i;
```

```c
    for(i=0;i<8;i++)
    {
        DQ=1;                              //先拉高
        _nop_();                           //延时
        DQ=0;                              //拉低,同时启动写程序
        DQ=dat&0x01 ;                      //先送最低位
        for(time=0;time<10;time++);        //延时15μs~60μs后从数据线上采样
        DQ=1;                              //释放数据线
        for(time=0;time<1;time++);         //延时足够长的时间,令其恢复
        dat >>=1;                          //下一个位移到第0位
    }
    for(time=0;time<4;time++);             //延时一定时间,给硬件一定反应时间
}
//－－－－－－－－－－－读之前做好准备
void ReadyRead(void)
{
    DS18B20_INIT();                        //将DS18B20初始化
    Write_DS18B20_Byte(0xCC);              //跳过读序列号的操作
    Write_DS18B20_Byte(0x44);              //启动温度转换
    delay22(200);                          //转换一次需要延时一段时间,大约200ms
    DS18B20_INIT();                        //将DS18B20初始化
    Write_DS18B20_Byte(0xCC);              //跳过读序列号的操作
    Write_DS18B20_Byte(0xBE);              //读取温度寄存器,前两个分别是温度的低位和高位
}
//－－－－－－－－－－－主函数
void main(void)
{
    unsigned char TH,TL;
    LcdInt();                              //液晶初始化
    DS18B20_INIT();                        //温度传感器初始化
    while(1)
    {
        ReadyRead();                       //读准备
        TL=Read_DS18B20_Byte();            //先读温度寄存器低位
        TH=Read_DS18B20_Byte();            //先读温度寄存器高位
        TN = (TH << 4)+(TL >> 4);          //整数部分
        TD = (TL&0X0F) * 10/16;            //小数部分
        //－－显示部分－－//
        WriteAddress(0x00);
        WriteData(TN/10+0x30);
        WriteData(TN%10+0x30);
        WriteData('.');
        WriteData(TD+0x30);
        delay22(200);
    }
}
/****** 1602.h ****** /
#ifndef __1602_H__
#define __1602_H__
```

```c
#define uchar unsigned char
#define uint unsigned int
#include <reg52.h>
#include <intrins.h>
#include "delay.h"
sbit BF=P0^7;                        //忙碌标志位,将 BF 位定义为 P0.7 引脚
sbit RS=P2^0;                        //寄存器选择位,将 RS 位定义为 P2.0 引脚
sbit RW=P2^1;                        //读写选择位,将 RW 位定义为 P2.1 引脚
sbit E=P2^2;                         //使能信号位,将 E 位定义为 P2.2 引脚
void LcdInt(void);
void WriteAddress(unsigned char x);
void Write_com (unsigned char dictate);
void WriteData(unsigned char y);
bit BusyTest(void);
#endif
/************************************ 1602.c *****************************************/
#include "1602.h"
/*****************************************************************************
函数功能:判断液晶模块的忙碌状态
返回值:result. result=1,忙碌;result=0,不忙
****************************************************************** */
bit BusyTest(void)
 {
        bit result;
        RS=0;                        //根据规定,RS 为低电平,RW 为高电平时,可以读状态
        RW=1;
        E=1;                         //E=1,才允许读写
        _nop_();                     //空操作
        _nop_();
        _nop_();
        _nop_();                     //空操作四个机器周期,给硬件反应时间
        result=BF;  //将忙碌标志电平赋给 result
        E=0;
        return result;
 }
/*****************************************************************************
函数功能:将模式设置指令或显示地址写入液晶模块
入口参数:dictate
****************************************************************** /
void Write_com (unsigned char dictate)
{
    while(BusyTest()==1); //如果忙,就等待
    RS=0;                            //根据规定,RS 和 R/W 同时为低电平时,可以写入指令
    RW=0;
    E=0;              //E 置低电平(写指令时,就是让 E 从 0 到 1 发生正跳变,所以应先置"0")
    _nop_();
    _nop_();                         //空操作两个机器周期,给硬件反应时间
    P0=dictate;                      //将数据送入 P0 口,即写入指令或地址
    _nop_();
```

```c
        _nop_();
        _nop_();
        _nop_();                        //空操作四个机器周期,给硬件反应时间
        E=1;                            //E 置高电平
        _nop_();
        _nop_();
        _nop_();
        _nop_();                        //空操作四个机器周期,给硬件反应时间
        E=0;                            //当 E 由高电平跳变成低电平时,液晶模块开始执行命令
}
/*************************************************************************
函数功能:指定字符显示的实际地址
入口参数:x
*************************************************************************/
void WriteAddress(unsigned char x)
{
        Write_com(x|0x80);              //显示位置的确定方法规定为 80H+地址码 x
}
/*************************************************************************
函数功能:将数据(字符的标准 ASCII 码)写入液晶模块
入口参数:y(为字符常量)
*************************************************************************/
void WriteData(unsigned char y)
{
        while(BusyTest()==1);
        RS=1;                           //RS 为高电平,RW 为低电平时,可以写入数据
        RW=0;
        E=0;                            //E 置低电平(写指令时)
                                        //就是让 E 从 0 到 1 发生正跳变,所以应先置"0"
        P0=y;                           //将数据送入 P0 口,即将数据写入液晶模块
        _nop_();
        _nop_();
        _nop_();
        _nop_();                        //空操作四个机器周期,给硬件反应时间
        E=1;                            //E 置高电平
        _nop_();
        _nop_();
        _nop_();
        _nop_();                        //空操作四个机器周期,给硬件反应时间
        E=0;                            //当 E 由高电平跳变成低电平时,液晶模块开始执行命令
}
/*************************************************************************
函数功能:对 LCD 的显示模式进行初始化设置
*************************************************************************/
void LcdInt(void)
{
        delay22(15);                    //延时 15ms,首次写指令时应给 LCD 一段较长的反应时间
        Write_com(0x38);                //显示模式设置:16×2 显示,5×7 点阵,8 位数据接口
```

```c
    delay22(5);                          //延时 5ms
    Write_com(0x38);
    delay22(5);
    Write_com(0x38);                     //3 次写 设置模式
    delay22(5);
    Write_com(0x0F);                     //显示模式设置：显示开,有光标,光标闪烁
    delay22(5);
    Write_com(0x06);                     //显示模式设置：光标右移,字符不移
    delay22(5);
    Write_com(0x01);                     //清屏幕指令,将以前的显示内容清除
    delay22(5);
}
//-------------在指定地址上写一组字符串数据------------
void Print_1602(unsigned char Address,unsigned char * str )
{
Write_com(Address);
while( * str != '\0')
{
   WriteData( * str++);
}
}


/ ****** delay.c ******** /
#include "delay.h"
// *************************************************************************
//函数功能：延时若干毫秒
//入口参数：n
// *************************************************************************
void delay1ms(void )
{
    unsigned char i,j;
    for(i=0;i<10;i++)
    for(j=0;j<33;j++)
    ;
}
void delay22(unsigned int n)
{
    unsigned int i;
    for(i=0;i<n;i++)
    delay1ms();
}
/ ****** delay.h ******* /
#ifndef  _DELAY_H_
#define  _DELAY_H_
#define uchar unsigned char
#define uint unsigned int
void delay22(unsigned int n);            //1 毫秒 可改变 n 值
void delay1ms(void );                    //1 毫秒
#endif
```

9.2.5 任务实施

1. 利用 Proteus 仿真软件绘制电路原理图

利用 Proteus 仿真软件绘制电路原理图(见图 9-15)。绘制原理图时添加的器件有 AT89C51、18B20、LM016L 等。注意电源器件的放置与连线等。

2. C51 程序的编译

按照 Keil C51 编译软件的操作步骤对源程序进行编译和调试。

3. 执行程序观察效果

将编译成功后的.HEX 文件加载到 CPU,执行程序并观察效果。

9.2.6 相关知识

1. One-wire 总线原理简介

One-wire 总线协议是 Dallas 公司研制的一种协议,它是由一个主器件和一个或多个从器件组成的系统。系统结构如图 9-16 所示。

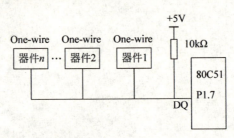

图 9-16 One-wire 系统结构

图中,DQ 是信号线。主器件通过此线与从器件实现双向通信,即通过一根信号线就能对从器件进行数据的读/写等操作。信号线内部是集电极开路的输出形式,在与总线相连时,应该外接上拉电阻。每个符合 One-wire 协议的从器件都有唯一的地址,包括 8 位家族代码、48 位序列号和 8 位 CRC 代码,主器件对各个从器件的寻址就依据这 64 位来进行。主器件与从器件之间的数据传输都是低位在前,高位在后,时序要求较严格。基本的时序包括复位及应答时序、写 1 位时序和读 1 位时序。

2. 通信的复位和应答时序

通信的启动由主器件发出复位信号开始,具体时序如图 9-17 所示。主器件首先发出低电平作为复位脉冲,持续时间 t_{RSTL} 至少为 480μs;然后置为高电平,持续时间 t_{RSTH} 至少 480μs。在置为高电平期间,等待从器件发出应答信号。从器件得到总线上的复位脉冲后,以它作为同步脉冲,等待一段时间 t_{PDH} 后,发出应答脉冲,持续时间为 t_{PDL}。主器件在 t_{PDL} 时间段内监测到总线上的应答脉冲,表示通信启动成功。如果未成功,可重复前面的时序。

3. One-wire 总线写 1 位时序

在通信启动成功后,主器件向从器件写入命令。在写命令过程中,主器件每写 1 位,都应满足写 1 位时序。图 9-18 给出了写 1 位的时序,首先由主器件发出 t_{LOW} 的低电平,然后在 t_{LOW} 之后的 t_{SLOT} 内,根据写"1"和写"0"的不同发出高电平或低电平,从器件的采样窗口时间为 15~60μs。在 t_{SLOT} 之后,还需要至少 1μs 时间 t_{REC} 的高电平,用于表明本次位写操作结束,让从器件准备好接收下一位数据。

单元 9　I²C 总线和 One-Wire 总线

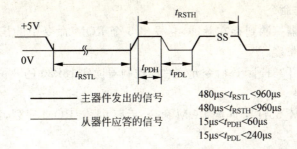

图 9-17　One-wire 总线复位和应答时序

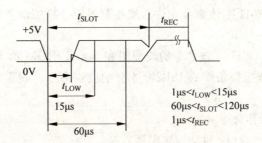

图 9-18　One-wire 总线写 1 位时序

4. One-wire 总线读 1 位时序

主器件读取从器件的数据由一系列位读时序组合而成，每一位的读操作应满足如图 9-19 所示的读 1 位时序。每读 1 位，首先由主器件发出 t_{LOWR} 低电平，在 t_{LOWR} 之后主器件释放总线。在 t_{RDV} 时间内，从器件将被读位的内容送到总线上。如果内容为"1"，总线保持高电平不变；如果内容为"0"，总线变为低电平。这段时间是主器件的采样窗口。为满足不同主器件采样时间的差异，还增加了 $t_{RELEASE}$。在此之后，从器件释放总线，总线变为高电平，准备下一位读操作。

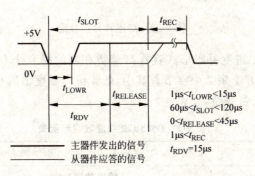

图 9-19　One-wire 总线读 1 位时序

5. 通过 One-wire 总线访问 18B20 协议

（1）初始化

通过 One-wire 总线的所有执行处理都从一个初始化序列开始。初始化序列包含一个由总线控制器发出的复位脉冲和跟在其后由从机发出的存在脉冲。

(2) ROM 操作命令

一旦总线控制器探测到存在脉冲,它发出 5 个 ROM 命令中的任意一个。所有 ROM 操作命令都是 8 位长度。

① Read ROM [33H]:该命令允许总线控制器读到 18B20 的 8 位系列编码、唯一的序列号和 8 位 CRC 码。

② Match ROM[55H]:匹配 ROM 命令,后跟 64 位 ROM 序列,让总线控制器定位一只特定的 18B20。

③ Skip ROM[CCH]:该命令允许总线控制器不用提供 64 位 ROM 编码,就使用存储器操作命令,在单点总线情况下可节省时间。

④ Search ROM[F0H]:该命令允许总线控制器用排除法识别总线上所有从机的 64 位编码。

⑤ Alarm Search[ECH]:该命令的流程图和 Search ROM 命令相同。然而,只有在最近一次测温后遇到符合报警条件的 18B20,才会响应该命令。报警条件定义为高于 TH 或低于 TL。

(3) 主要存储器操作命令

① 温度转换命令[44H]:启动一次温度转换。

② 读取暂存器命令[BEH]:读取暂存器的内容,读取从第 0 字节开始,直到第 9 字节读完。

③ 向暂存器写入数据命令[4EH]:该命令向暂存器写入数据。开始位置为第 2 字节位置,接下来写入的 2 个字节被存入到暂存器的第 2,3 字节位置。

6. 片内暂存器分配和数据处理

DS18B20 的高速暂存器由 9 个字节组成,其分配如图 9-20 所示。

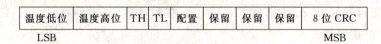

图 9-20 高速暂存器分配

12 位温度数据以二进制补码形式存在高速暂存器的第 0 个和第 1 个字节。符号位再补上 4 位同符号位,正好凑满 2 个字节。其中,低 4 位为温度值的小数位,位 5 到位 11 为温度值的整数位,位 12 为符号位,如表 9-2 所示。

表 9-2 DS18B20 温度数据示例表

温度/℃	二进制表示												十六进制表示
	符号位(5 位)	数据位(11 位)											
+125	00000	1	1	1	1	0	1	0	0	0	0	0	07D0H
+25.0625	00000	0	0	1	1	0	0	1	0	0	0	1	0191H
+10.125	00000	0	0	0	1	0	1	0	0	1	0	0	00A2H
+0.5	00000	0	0	0	0	0	0	0	1	0	0	0	0008H
0	00000	0	0	0	0	0	0	0	0	0	0	0	0000H

续表

温度/℃	二进制表示												十六进制表示
	符号位(5位)	数据位(11位)											
−0.5	11111	1	1	1	1	1	1	1	1	0	0	0	FFF8H
−10.125	11111	1	1	1	0	1	0	1	1	1	1	0	FF5EH
−25.625	11111	1	1	0	0	1	1	0	1	1	1	1	FE6FH
−55	11111	1	0	0	1	0	0	1	0	0	0	0	FC90H

为了简化数据处理,可将小数部分去掉,只取整数,方法是将数据右移 4 位。

单元 10 单片机的 A/D、D/A 转换接口

1. A/D 和 D/A 转换的原理;
2. 并行和串行 A/D,D/A 转换器与 AT89C51 单片机的接口电路设计方法;
3. 用软件模拟串行和并行输出的编程方法。

1. 掌握利用串行 A/D,D/A 转换器的接口硬件电路设计及程序编写技巧;
2. 掌握并行 A/D,D/A 转换器的接口硬件电路设计及程序编写技巧。

本单元通过 ADC0808 组成电压表、TLC2543 组成简易模拟温度报警系统、DAC0832 和 TLC5615 构成简易波形发生器 4 个任务来学习 A/D 和 D/A 转换的原理,以及几种典型的 A/D 和 D/A 转换芯片,进一步提高接口电路设计能力和按照时序图编写程序的技巧。

任务 1 用 ADC0808 组成简易电压表

10.1.1 任务目标

本任务是利用外部扩展的 8 位并行 ADC0808 转换芯片实现电压的转换,并将转换的结果以电压量的形式在液晶显示器上显示。通过本任务的学习,掌握 ADC0808 转换芯片的内部结构和工作原理;掌握 ADC0808 转换芯片与 AT89C51 的接口电路设计;掌握将 A/D 转换结果转换为电压工程量的程序设计方法。

10.1.2 任务描述

将被测电压接在 ADC0808 转换芯片的 0 输入通道上,单片机与 ADC0808 转换芯片通过总线连接,将 A/D 转换结果通过软件转换为电压工程量并在液晶显示器 1602 上显示。其硬件仿真电路如图 10-1 所示。

10.1.3 任务程序分析

根据 ADC0808 完成一次转换的时序图来编写启动 A/D 转换、读取转换结果的程序,将读取的数字量根据 A/D 转换的工作原理转换为电压工程量,并在液晶显示器上显示。

10.1.4 源程序

```
#include <absacc.h>
#include <at89x51.h>
#define uchar unsigned char
#define uint unsigned int
#define IN0 XBYTE[0x7ff8]              /* 设置 AD0809 的通道 0 地址 */
/* 函数声明区 */
```

```c
uchar busy_lcd(void);
void cmd_wr(void);
void show_lcd(uchar i);
void init_lcd(void);
void dispwelcom(void);
void disp_volt(uint j);
sbit RS=P3^0;                                          //液晶 RS
sbit RW=P3^1;                                          //液晶 RW
sbit E=P3^5;                                           //液晶 E
char code welcode[]={"--DC VOLTMETER--"};              //欢迎屏显
char code testcode[]={"<<<ON MEASURE>>>"};
uchar dispbuf0='0';
uchar dispbuf1='0';
uchar dispbuf2='0';
uchar ad_data;
uchar j;
uint volt100;
//外部中断 0 函数
void int0(void) interrupt 0 using 1
{
   ad_data=IN0;
   IN0=0x7f;
}
    void main(void)
{
      init_lcd();
      dispwelcom();
      IT0=1;
      EX0=1;
      EA=1;
      IN0=0x7f;
      while(1)
      {
         volt100=ad_data*100;                          //电压值乘 100 倍
         volt100=volt100/51;                           //再乘以 5 除以 255,即除以 51,51=255/5
         j=volt100/100;
         dispbuf0=j+48;                                //将数字转换为字符
         j=volt100%100/10;
         dispbuf1=j+48;
         j=volt100%10;
         dispbuf2=j+48;
         P1=0xC0;
         cmd_wr();
         busy_lcd();
         show_lcd(dispbuf0);
         busy_lcd();
         show_lcd('.');
         busy_lcd();
         show_lcd(dispbuf1);
```

```c
        busy_lcd();
        show_lcd(dispbuf2);
        busy_lcd();
        show_lcd('V');
    }
}
///////////液晶显示子函数 /////////////////////
/* 判断LCD是否忙 */
uchar busy_lcd(void)
{
    uchar a;
start:
    RS=0;
    RW=1;
    E=0;
    for(a=0;a<2;a++);
    E=1;
    P1=0xff;
    if(P1_7==0)
        return 0;
    else
        goto start;
}
/* 写控制字 */
void cmd_wr(void)
{
    RS=0;
    RW=0;
    E=0;
    E=1;
}
/* 设置LCD方式 */
void init_lcd(void)
{
    P1=0x38;
    cmd_wr();
    busy_lcd();
    P1=0x01;                                           //清除
    cmd_wr();
    busy_lcd();
    P1=0x0f;
    cmd_wr();
    busy_lcd();
    P1=0x06;
    cmd_wr();
    busy_lcd();
    P1=0x0c;
    cmd_wr();
    busy_lcd();
```

单元10 单片机的A/D、D/A转换接口

}

/*LCD显示一个字符子程序*/
void show_lcd(uchar i)
{
　　P1=i;
　　RS=1;
　　RW=0;
　　E=0;
　　E=1;
}
/*开场欢迎屏*/
void dispwelcom(void)
{
　　uchar i;
　　init_lcd();
　　busy_lcd();
　　P1=0x80;
　　cmd_wr();
　　i=0;
　　while(welcode[i]!='\0')   //显示--DC VOLTMETER--
　　{
　　　　busy_lcd();
　　　　show_lcd(welcode[i]);
　　　　i++;
　　}
}

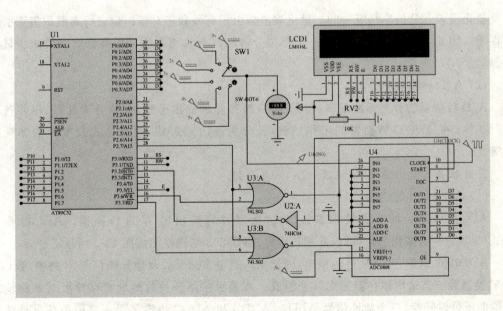

图10-1　ADC0808与单片机的接口仿真电路

10.1.5 任务实施

1. 利用 Proteus 仿真软件绘制电路原理图

利用 Proteus 仿真软件绘制电路原理图(见图 10-1)。绘制原理图时添加的器件有 AT 89C51, ADC0808,74LS02,74LS04,SW-ROT-6,LM016L 等。注意电源器件的放置与连线等。

2. C51 程序的编译

按照 Keil C51 编译软件的操作步骤对源程序进行编译和调试。

3. 执行程序观察效果

将编译成功后的.HEX 文件加载到 CPU,执行程序,并观察效果。

10.1.6 相关知识

1. A/D 转换器概述

A/D 转换器的品种繁多,不同厂商以不同原理实现的单片集成 A/D 转换器的性能也不尽相同。在使用和选取 A/D 转换器时,主要考虑 A/D 转换器的分辨率和输出特性。A/D 转换器的分辨率主要决定了测试系统的精度,而 A/D 转换器的输出特性决定了它与单片机的接口形式。

(1) 量化误差与分辨率

A/D 转换器的分辨率习惯上以输出的二进制数的位数或 BCD 码的位数来表示。如一个 8 位二进制的 A/D 转换器的分辨率为

$$1/2^8 \times 100\% = 1/256 \times 100\% = 0.39\%$$

一个 4 位半 BCD 码 A/D 转换器的分辨率为

$$1/19999 \times 100\% = 0.005\%$$

量化误差和分辨率是统一的。量化误差是由于有限数字对模拟量进行离散取值而引起的误差。因此,量化误差理论上为一个单位分辨率,即 $\pm 1/2$ LSB。提高分辨率可减少量化误差。

(2) A/D 转换器的分类

A/D 转换器的分类标准很多,根据 A/D 转换器的输出形式,大致分为并行、串并行和串行 3 种;根据 A/D 转换器的工作原理,又分为逐次逼近式、双积分式及电压频率转换式等。

2. 8 位并行输出 A/D 转换器 ADC0808 介绍

(1) ADC0808 的结构

ADC0808 是一种 8 路模拟输入、8 位数字并行输出的 A/D 转换器。ADC0808 和 ADC0809 是一对姊妹芯片,可以互相代换。ADC0808 结构框图如图 10-2 所示。

ADC0808 由单一+5V 电源供电,内部由八通道多路开关及地址锁存器、8 路模/数(A/D)转换器和三态输出锁存器三大部分组成。八通道多路开关及地址锁存器可对 8 路输入模拟电压分时转换,三个地址信号 ADDA,ADDB 和 ADDC 决定是哪一路模拟信号被选中并送到内部 A/D 转换器中进行转换,完成一次转换约需 $100\mu s$ 时间,每个通道均能转换出 8 位数字量。输出具有一个 8 位三态输出锁存器,可直接接到单片机数据总线上。

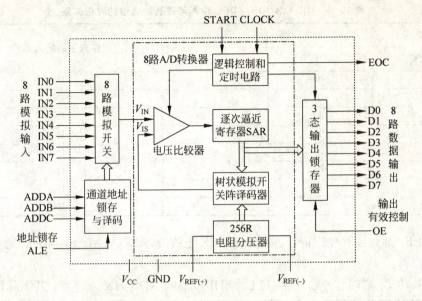

图 10-2 ADC0808 结构框图

(2) ADC0808 的引脚

ADC0808 是 28 脚双列直插式封装,引脚图如图 10-3 所示。

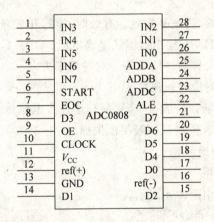

图 10-3 ADC0808 引脚图

各引脚功能如下:

① IN0～IN7:模拟量输入通道。ADC0808 对输入模拟量的要求主要有:信号单极性,电压范围 0～5V。若信号过小,还需放大。另外,在 A/D 转换过程中,模拟量输入的值不应变化太快。因此,对于变化速度快的模拟量,在输入前应增加采样保持电路。

② D7～D0:转换结果为 8 位数据输出线。其为三态缓冲输出形式,可以和单片机的数据线直接相连。

③ ADDA～ADDC:多路开关地址选择输入端。用于选择 8 路模拟量输入信号之一和内部 A/D 转换器接通并转换。ADDA,ADDB,ADDC 的输入与被选通的通道的关系如表 10-1 所示。

表 10-1 ADDA,ADDB,ADDC 输入与被选通通道的对应关系

多路开关地址线			被选中的输入通道
ADDC	ADDB	ADDA	
0	0	0	IN0
0	0	1	IN1
0	1	0	IN2
0	1	1	IN3
1	0	0	IN4
1	0	1	IN5
1	1	0	IN6
1	1	1	IN7

④ ALE：地址锁存允许信号。在对应 ALE 上跳沿，ADDA，ADDB，ADDC 地址状态送入地址锁存器。

⑤ START：启动脉冲输入端，其上升沿用以清除 ADC 内部寄存器；其下降沿用以启动内部控制逻辑，使 A/D 转换器工作；在 A/D 转换期间，START 应保持低电平。

⑥ EOC：A/D 转换结束状态信号，其上跳沿表示 A/D 转换器内部已转换完毕。EOC=0，正在进行转换；EOC=1，转换结束。该状态信号既可作为查询的状态标志，又可以作为中断请求信号使用。

⑦ OE：允许输出控制端，高电平有效。有效时，能打开三态门，将 8 位转换后的数据送到单片机的数据总线上。OE=0，输出数据线呈高电阻；OE=1，输出转换得到的数据。

⑧ CLOCK：转换定时时钟脉冲输入端。它的频率决定了 A/D 转换器的转换速度。在此，其典型值为 640kHz，其对应转换速度为 100μs。

⑨ $V_{ref(+)}$：参考电压正端。一般接+5V 高精度参考电源。

⑩ $V_{ref(-)}$：参考电压输入负端。一般接模拟地。

⑪ V_{CC} 为+5V，GND 为地。

3. ADC0808 的工作时序

ADC0808 的工作时序如图 10-4 所示。

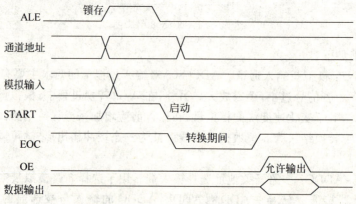

图 10-4 ADC0808 的工作时序图

4. ADC0808与单片机的接口电路设计

ADC0808与单片机的接口电路设计方法有以下两种：

第一种就是如图10-1所示的总线结构方式。在电路设计时,一般分别将ADDC,ADDB,ADDA引脚接低位地址线(A0～A7地址线)中的任意3根,START,ALE,OE引脚控制信号由单片机的读写控制信号($\overline{RD},\overline{WR}$)、高位地址线(图中用的A15)通过或非门来实现。这种设计电路相对复杂,但编写A/D转换程序简单。任务中ADC0808的ADDC,ADDB,ADDA引脚直接接地,这是考虑输入的模拟信号固定接在IN0通道上。根据表10-1所示可知,启动IN0通道A/D转换时,ADDC,ADDB,ADDA引脚必须为低电平,所以直接接地是可行的。注意,如果多路模拟信号分别接在不同的通道上,ADDC,ADDB,ADDA引脚就要接到低位地址线(A0～A7地址线)中的任意3根线上。CLOCK引脚接满足频率(一般取500kHz左右)要求的脉冲信号,一般用单片机的ALE引脚信号经过2分频或4分频来实现。

第二种电路设计方法是将ADC0808的数据引脚(D0～D7)、通道地址引脚(ADDC,ADDB和ADDA)、控制引脚(START,ALE和OE)分别接单片机的I/O口引脚,通过编写软件模拟ADC0808的工作时序来实现启动转换、读取转换结果等操作。

5. 按照任务硬件电路,编写软件启动ADC0808转换

在程序中启动ADC0808转换,用

IN0=0x7f;

一条语句就能实现。这是为什么呢？因为源程序开头用

#define IN0 XBYTE[0x7ff8]

定义IN0代表外部RAM的7ff8H地址单元。在"IN0=0x7f;"语句执行时,P2.7引脚输出低电平,P3.6引脚输出下降沿脉冲,使ADC0808的引脚ALE,START产生如图10-4所示的波形信号。在ALE的高电平期间,ADDC,ADDB,ADDA引脚低电平锁存到ADC0808的内部地址锁存与译码电路,使多路开关与IN0通道接通；在START信号的下降沿到来时,启动开始ADC0808转换。

6. 采用中断、查询控制方式读取A/D转换结果

任务程序中采用中断控制方式读取A/D转换结果,在硬件上将ADC0808的转换结束信号引脚(即EOC引脚)通过非门接到单片机的外部中断0输入引脚(即P3.2引脚)。根据图10-4所示的EOC波形,在一次转换结束时,EOC通过非门发出一个下降沿脉冲,向单片机申请外部中断0中断。单片机响应外部中断0请求,在中断程序里发出控制信号,使OE引脚为高电平,读取转换结果。具体读取数据的语句如中断函数中的语句

ad_data=IN0;

执行该语句时,P2.7引脚输出低电平、P3.7引脚输出下降沿脉冲,因而OE引脚为高电平,ADC0808的数据引脚输出转换后的8位数据,并通过数据总线到达单片机。

启动转换后,单片机也可通过查询EOC引脚是否为高电平来判断一次转换是否结束。如果转换结束,读取转换数据；如果未结束,单片机等待。

变一变：

将单片机的 I/O 口与 ADC0808 直接连接，即按第二种设计方法设计转换接口电路，并根据图 10-4 所示转换工作时序图编写 A/D 转化程序和整个应用程序。

任务 2 用 TLC2543 组成简易模拟温度报警系统

10.2.1 任务目标

本任务是利用外部扩展的 12 位串行 TLC2543 转换芯片对用 10kΩ 电位器滑动臂输入 0～5V 电压实现转换，并根据转换的结果决定 LED 是否发光并产生报警。通过本任务的学习，掌握 TLC2543 转换芯片与 AT89C51 的接口电路设计；掌握读取串行数据的程序设计方法；进一步掌握根据时序图编写程序的技巧。

10.2.2 任务描述

用 10kΩ 电位器滑动臂输入 0～5V 电压，模拟温度输入信号 0～500℃。当温度超过指定值 200℃时，LED 发光报警。其硬件仿真电路如图 10-5 所示。

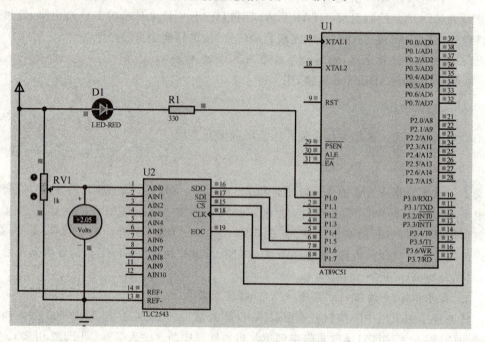

图 10-5 TLC2543 与单片机的仿真接线图

10.2.3 任务程序分析

根据 TLC2543 完成一次转换的时序图来编写读取转换结果程序，并将读取的数字量与温度为 200℃的数字量相比较，决定 D1 灯是否点亮。

10.2.4 源程序

```
#include <reg51.h>
#include <intrins.h>
#include <head.h>
void delay(uchar n)
```

```c
{
    unchar i;
    for(i=0;i<n;i++)
    {
        _nop_();
    }
}
/**** 读取转换结果函数 ******/
unint read2543(uchar port)
{
    unint ad=0,i;
    CLOCK=0;
    _CS=1;                      //片选信号初始状态为"1"
    _CS=0;                      //时钟输入前,片选信号清"0"
        for(i=0;i<12;i++)
        {
            if(D_OUT) ad|=0x01;     //开始读前次转换的结果,如果输出数据高位为"0",ad 最低位置"1"
            D_IN=(bit)(port&0x80);  //逐位输入控制字的各位,先高后低
            CLOCK=1;                //时钟上升沿输入、输出有效
            delay(3);               //延时产生高电平时间
            CLOCK=0;
            delay(3);               //延时产生低电平时间
            port<<=1;               //输入的控制字左移,要输入的位总在最高位
            ad<<=1;                 //原来存放的输出数据左移1位,为接收输出位做准备
        }
    _CS=1;                      //数据接收结束保持高电平
    ad>>=1;                     //结果多移1位,右移还原
    return(ad);                 //向主调函数返回转换值
}
void main()
{
    unint ad;
    while(1)
    {   while(!D_EOC) {;}
        ad=read2543(0);
        if(ad>1637)P10=0;
        else P10=1;
    }
}
/* ******** head.h ************ */
sbit CLOCK= P1^7; /* 2543 时钟输入 */
sbit D_IN= P1^5; /* 2543 数据输入 */
sbit D_OUT=P1^4; /* 2543 数据输出 */
sbit _CS=P1^6; /* 2543 片选 */
sbit D_EOC=P3^4;
sbit P10=P1^0;
#define uint unsigned int
#define uchar unsigned char
```

10.2.5 任务实施

1. 利用 Proteus 仿真软件绘制电路原理图

利用 Proteus 仿真软件绘制电路原理图(见图 10-5)。绘制原理图时添加的器件有 AT89C51、TLC2543 等。注意电源器件的放置与连线等。

2. C51 程序的编译

按照 Keil C51 编译软件的操作步骤对源程序进行编译和调试。

3. 执行程序观察效果

将编译成功后的.HEX 文件加载到 CPU 并执行程序。操作电位器 RV1,注意电压表的指示值,并观察 D1 显示情况,如图 10-6 所示。

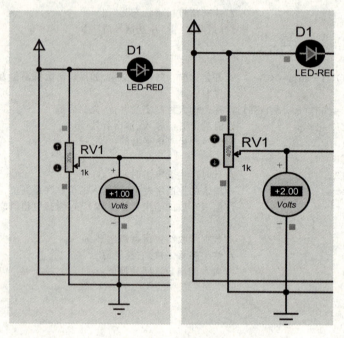

图 10-6 仿真结果图

10.2.6 相关知识

1. TLC2543 芯片介绍

(1) TLC2543 的引脚功能

如图 10-7 所示,各引脚名称及功能如下所述:

① AIN0~AIN 10:模拟输入端。11 路模拟量由内部多路器选通。

② $\overline{CS}$:片选端。在 $\overline{CS}$ 信号由高变低时,内部计数器复位。由低变高时,在设定的时间内 DIN、CLK 禁止输入。

③ DIN:串行数据输入端。串行输入的 8 位数据中,高 4 位 (D7~D4)用来选择模拟量输入通道,低 4 位(D3~D0)决定输出数据长度及格式。

图 10-7 TLC2543 引脚

④ DOUT：A/D 转换结果的三态数据输出端。在$\overline{CS}$为高时，呈高阻状态；$\overline{CS}$为低时，呈激活状态。

⑤ EOC：转换结束端。在 CLK 最后一个时钟的下降沿后，EOC 由高变低，并保持到转换完成和数据准备传输为止。

⑥ CLK：I/O 时钟。

⑦ V_{REF+}：正基准电压端。最大的输入电压范围等于 $V_{REF+}-V_{REF-}$。

⑧ V_{REF-}：负基准电压端。

⑨ V_{CC}：电源。

⑩ GND：地。

(2) TLC2543 工作原理

① 控制字的格式

控制字为从 DATE INPUT 端串行输入的 8 位数据，它规定了 TLC2543 要转换的模拟量通道、转换后的输出数据长度以及输出数据的格式。

- 高 4 位（D7～D4）：决定模拟输入通道号。对于 0 通道至 10 通道，该 4 位为 0000～1010。当为 1011～1101 时，用于对 TLC2543 的自检，分别测试（$V_{ref+}-V_{ref-}$）/2、V_{ref+}，V_{ref-} 的值；当为 1110 时，TLC2543 进入休眠状态。

- 低 4 位（D3～D0）：决定输出数据长度及格式。其中，D3，D2 决定输出数据长度，"01"表示输出数据长度为 8 位，"11"表示输出数据长度为 16 位，其他为 12 位。D1 决定输出数据是高位先送出，还是低位先送出，为"0"表示高位先送出；D0 决定输出数据是单极性（二进制）还是双极性（2 的补码），若为单极性，该位为"0"，反之为"1"。

② 转换过程

上电后，片选$\overline{CS}$必须从高到低，才能开始一次工作周期，此时 EOC 为高，输入数据寄存器被置为"0"，输出数据寄存器的内容是随机的。开始时，片选$\overline{CS}$为高，I/O CLOCK，DATA INPUT 被禁止，DATA OUT 呈高阻状态，EOC 为高。使$\overline{CS}$变低，I/O CLOCK，DATA INPUT 使能，DATA OUT 脱离高阻状态。12 个时钟信号从 I/O CLOCK 端依次加入。随着时钟信号的加入，控制字从 DATA INPUT 一位一位地在时钟信号的上升沿时被送入 TLC2543（高位先送入），同时上一周期转换的 A/D 数据，即输出数据寄存器中的数据从 DATA OUT 一位一位地移出。TLC2543 收到第 4 个时钟信号后，通道号也已收到，此时 TLC2543 开始对选定通道的模拟量进行采样，并保持到第 12 个时钟的下降沿。在第 12 个时钟下降沿，EOC 变低，开始对本次采样的模拟量进行 A/D 转换，转换时间约 10μs。转换完成后，EOC 变高，转换的数据在输出数据寄存器中，等待下一个工作周期输出。此后，可以进行新的工作周期。对 TLC2543 的操作，关键是理清接口时序图和寄存器的使用方式。TLC2543 的接口时序图如图 10-8 所示。

2. 数字量与工程量转换

电路中 $V_{ref+}-V_{ref-}=5V$。当输入电压为+5V，即测试温度为 500℃时，12 位 A/D 转

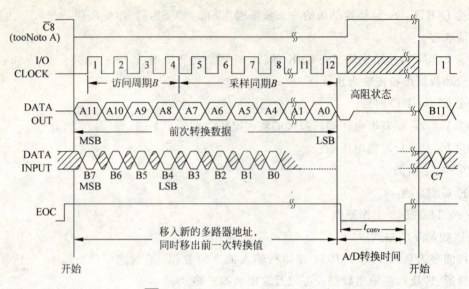

图 10-8 在 $\overline{CS}$ 使能的前提下,使用 12 位模式的接口时序图

换器输出的数字量为 4095(满度值),所以在测试温度值为 200℃,即输入电压为+2V 时,输出的数字量为

$$D = \frac{200}{500} \times 4095 = 1638$$

主函数中根据测试值是否大于 1637 来判断被测温度值是否大于 200℃。当温度高于 200℃ 时,报警灯点亮。

任务 3 用并行数/模转换芯片 DAC0832 构成简易波形发生器

10.3.1 任务目标

本任务是利用外部扩展的 8 位并行 DAC0832 转换芯片实现数字量转模拟量,构成简易波形发生器。通过按键选择产生波形类型,并通过示波器观察波形。通过本任务的学习,掌握 DAC0832 转换芯片的内部结构和工作原理;掌握 DAC0832 转换芯片与 AT89C51 的接口电路设计;掌握 DAC0832 各种工作方式的程序编写方法。

10.3.2 任务描述

用按键选择产生的波形类型,CPU 根据要产生的波形类型将对应的数字量输出到 DAC0832,然后启动 D/A 转换。因为 DAC0832 是电流输出型器件,所以电路中外接了一个运算放大器,将电流转化为电压。输出波形通过虚拟示波器观察。其硬件仿真电路如图 10-9 所示。

10.3.3 任务程序分析

首先判断 P10 引脚状态。如果 P10=1,调用输出锯齿波的函数;如果 P10=0,调用输出方波的函数。从图 10-9 所示电路可知,DAC0832 与单片机之间采用一般 I/O 口连接,编写 D/A 转换程序时,对应 $\overline{CS}$、$\overline{XFER}$ 控制引脚状态要根据 DAC0832 的转换时序用程序来模拟。

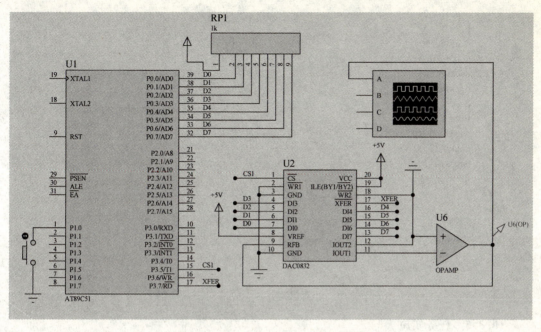

图 10-9 单片机与 DAC0832 连接仿真电路

10.3.4 源程序

```c
#include<at89x51.h>
#define uchar unsigned char
sbit daccs1=P3^5;        //定义片选信号输出引脚
sbit dacxfer=P3^7;       //定义启动转换控制引脚
sbit P10=P1^0;
bit sine_fg=0;
void delay(uchar i)
    {while(i--)
        {;}
    }
/**** 定义输出锯齿波函数 ****/
void diapsawt(void)
    {uchar i=0;
        while(i<255)
        {
            daccs1=0;
            P0=i;
            dacxfer=0;
            delay(5);
            i++;
            daccs1=1;
            dacxfer=1;
        }
    }
/***** 定义输出方波函数 ****/
void diapsqua(void)
    {
```

```
            daccs1=0;
            P0=0;
            dacxfer=0;
            delay(200);
            daccs1=1;
            dacxfer=1;
            daccs1=0;
            P0=127;
            dacxfer=0;
            delay(200);
            daccs1=1;
            dacxfer=1;
       }
   main()
   {
            while(1)
            { if(P10) diapsawt();
               else    diapsqua();
            }
   }
```

10.3.5 任务实施

1. 利用 Proteus 仿真软件绘制电路原理图

利用 Proteus 仿真软件绘制电路原理图(见图 10-9)。绘制原理图时添加的器件有 AT89C51、DAC0832、OPAMP 等。注意电源器件的放置与连线、电压探针的放置、示波器放置等。

(1) 电压探针的放置

用鼠标单击选择电压探针模式,如图 10-10 所示。

图 10-10　选择电压探针模式和虚拟仪器模式

(2) 示波器的放置

用鼠标单击选择虚拟仪器模式,如图 10-10 所示。在仪器选择窗口选择示波器,如图 10-11 所示。

2. C51 程序的编译

按照 Keil C51 编译软件的操作步骤对源程序进行编译和调试。

3. 执行程序观察效果

将编译成功后的 .HEX 文件加载到 CPU 并执行程序。操作按键,注意电压探针的指示值,并观察示波器输出的波形。仿真运行时,分别松开按键和按下按键,观察方波和锯齿波,如图 10-12 和图 10-13 所示。

在图 10-12 中,标出了锯齿波周期 T。根据扫描频率旋钮可知,每一格表示 2ms 时间,所以 $T=7$ 格 $\times 2\text{ms}/$格 $=14\text{ms}$;根据 A 通道幅值旋钮可知,每一格表示 0.5V,所以 $U=10$ 格 $\times 0.5\text{V}/$格 $=5\text{V}$。

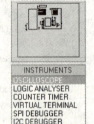

图 10-11　示波器选择图

单元10 单片机的 A/D、D/A 转换接口

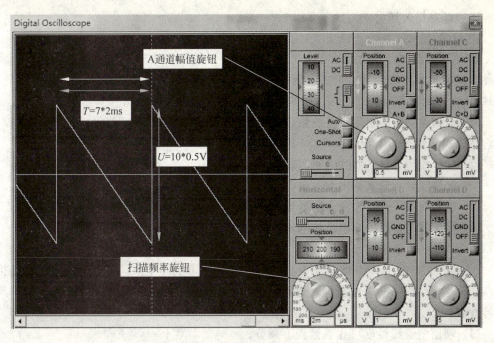

图 10-12 输出的锯齿波形

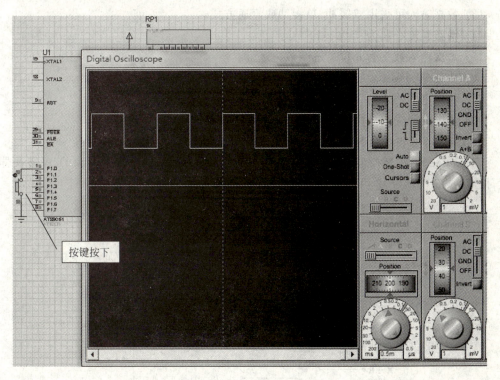

图 10-13 输出的方波

10.3.6 相关知识

1. D/A 转换器概述

D/A 转换器的基本功能是将一个用二进制表示的数字量转换成相应的模拟量。实现这种转换的基本方法是对应于二进制数的每一位产生一个相应的电压(电流)，这个电压(电流)的大小正比于相应的二进制位的权。它的主要技术指标有：

(1) 分辨率：通常用数字量的数位表示，一般为 8 位、12 位、16 位等。分辨率 10 位，表示它可能对满量程的 $1/2^{10}=1/1024$ 的增量作出反应。

(2) 输入编码形式：如二进制码、BCD 码等。

(3) 转换线性：通常给出在一定温度下的最大非线性度，一般为 0.01%～0.03%。

(4) 转换时间：通常为几十纳秒到几微秒。

(5) 输出量：有电压输出量或电流输出量。

2. DAC0832 主要特性

DAC0832 是采用 CMOS 工艺制成的双列直插式单片 8 位 D/A 转换器。它可直接与 AT89C51 单片机相连，以电流形式输出；当转换为电压输出时，可外接运算放大器。其主要特性有：

(1) 输出电流线性度可在满量程下调节。

(2) 转换时间为 $1\mu s$。

(3) 数据输入可采用双缓冲、单缓冲或直通方式。

(4) 增益温度补偿为 0.02%FS/℃。

(5) 每次输入数字为 8 位二进制数。

(6) 功耗 20mW。

(7) 逻辑电平输入与 TTL 兼容。

(8) 供电电源为单一电源，可在 5～15V 范围内。

3. DAC0832 内部结构及外部引脚

DAC0832 D/A 转换器，其内部结构由一个数据寄存器、DAC 寄存器和 D/A 转换器三大部分组成。DAC0832 内部结构图如图 10-14 所示。

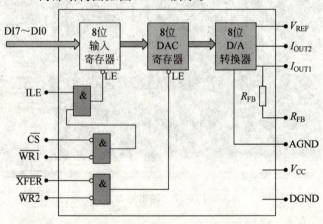

图 10-14　DAC0832 内部结构图

输入数据寄存器和 DAC 寄存器用于实现两次缓冲,在 ILE 引脚为高电平时,这两个寄存器分别受 $\overline{CS}$,$\overline{WR1}$ 和 $\overline{WR2}$、$\overline{XFER}$ 控制。当多芯片同时工作时,可用同步信号实现各模拟量同时输出。DAC0832 的外部引脚如图 10-15 所示。

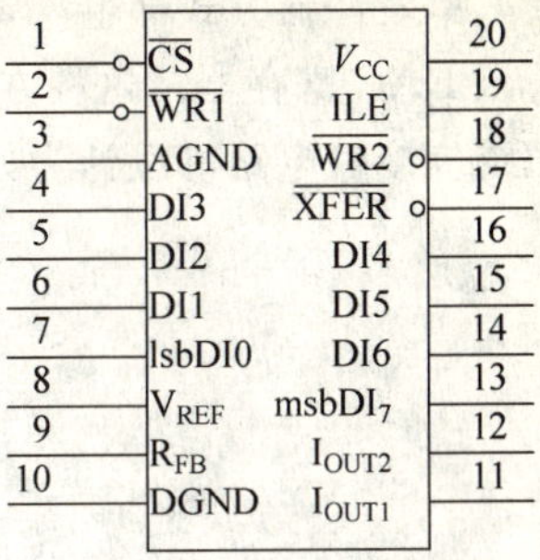

各引脚功能简介如下:

(1) $\overline{CS}$:片选信号,低电平有效。与 ILE 相配合,可对写信号 $\overline{WR1}$ 是否有效起到控制作用。

(2) ILE:允许输入锁存信号,高电平有效,输入寄存器的锁存信号由 ILE,$\overline{CS}$ 和 $\overline{WR1}$ 的逻辑组合产生。当 ILE 为高电平,$\overline{CS}$ 为低电平,$\overline{WR1}$ 输入负脉冲时,输入寄存器的锁存信号产生正脉冲。当输入寄存器的锁存信号为高电平时,输入线上的信息打入输入锁存器;当输入寄存器的锁存信号为低电平时,输入锁存器的输出不变。

图 10-15 DAC0832 引脚图

(3) $\overline{WR1}$:输入寄存器写信号,低电平有效。当 $\overline{WR1}$,$\overline{CS}$ 和 ILE 均有效时,可将数据写入 8 位输入寄存器。

(4) $\overline{WR2}$:DAC 寄存器写信号,低电平有效。当 $\overline{WR2}$ 有效时,在 $\overline{XFER}$ 传送控制信号作用下,可将锁存在输入寄存器的 8 位数据送到 DAC 寄存器。

(5) $\overline{XFER}$:数据传送信号,低电平有效。当 $\overline{WR2}$、$\overline{XFER}$ 均有效时,在 DAC 寄存器的锁存信号产生正脉冲;当 DAC 寄存器的锁存信号为高电平时,DAC 寄存器的输出和输入寄存器的状态一致。DAC 寄存器锁存信号的负跳变,输入寄存器的内容打入 DAC 寄存器。

(6) V_{REF}:基准电源输入端,极限电压为 $\pm25V$。

(7) DI0~DI7:8 位数字量输入端,DI7 为最高位,DI0 为最低位。

(8) I_{OUT1}:DAC 的电流输出 1。当 DAC 寄存器各位为"1"时,输出电流为最大。当 DAC 寄存器各位为"0"时,输出电流为"0"。

(9) I_{OUT2}:DAC 的电流输出 2。它使 $I_{OUT1}+I_{OUT2}$ 恒为一个常数。一般在单极性输出时,I_{OUT2} 接地;在双极性输出时,接运放。

(10) R_{FB}:反馈电阻。在 DAC0832 芯片内有一个反馈电阻,可用作外部运放的分路反馈电阻。

(11) V_{CC}:供电电源。

(12) DGND:数字地。

(13) AGND:模拟信号地。两种不同的地最后总接在一起,以便提高干扰能力。

DAC0832 与 DAC0830,DAC0831 这两种芯片引脚和逻辑性能完全兼容,只是精度指标不同。

4. DAC0832 与 AT89C51 的接口设计

在 DAC0832 内部有两个寄存器,可以实现直通、单缓冲和双缓冲三种工作方式。

直通方式是指两个寄存器都处于开通状态,即所有有关的控制信号都处于有效状态,输入寄存器和 DAC 寄存器中的数据随 DI0~DI7 的变化而变化。也就是说,输入的数据会被直接转换成模拟信号输出。这种方式在微机控制系统中很少采用。

单缓冲器方式即输入寄存器的信号和 DAC 寄存器的信号同时控制,使一个数据直接写入 DAC 寄存器。这种方式适用于只有一路模拟量输出或几路模拟量不需要同步输出的系统。接口电路可设计为如图 10-16 所示。

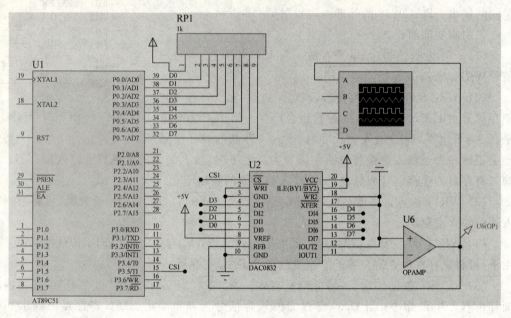

图 10-16　DAC0832 的单缓冲电路仿真图

图中,仅由 $\overline{CS}$ 来控制数据是否允许送入到 DAC0832 内部。数据进入到 DAC0832 后,直接启动转换。

双缓冲器方式即输入寄存器的信号和 DAC 寄存器信号分开控制,这种方式适用于几个模拟量需同时输出的系统。图 10-9 所示是双缓冲工作方式电路,在 $\overline{WR1}$,$\overline{WR2}$ 接地时(即恒为有效状态),输入寄存器仅由 $\overline{CS}$ 引脚信号控制,DAC 寄存器仅由 $\overline{XFER}$ 引脚信号控制。

任务 4　用串行数/模转换芯片 TLC5615 构成简易波形发生器

10.4.1　任务目标

本任务是利用外部扩展的 10 位串行数/模转换芯片 TLC5615 实现数字量转模拟量,构成简易波形发生器。通过按键选择产生波形类型,并通过示波器观察波形。通过本任务的学习,掌握 TLC5615 转换芯片与 AT89C51 的接口电路设计;掌握根据 TLC5615 工作时序图编写程序的方法。

10.4.2　任务描述

用按键选择产生的波形类型,CPU 根据要产生的波形类型调用产生锯齿波或方波的函数。在这两个函数里面都有调用对 TLC5615 写数据的函数。因为 TLC5615 输出端输出的是电压,可直接接示波器。输出波形通过虚拟示波器观察。其硬件仿真电路如图 10-17 所示。

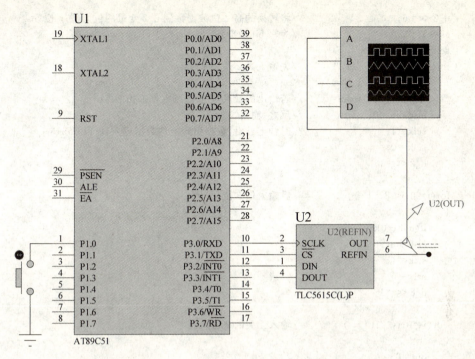

图 10-17　TLC5615 与单片机仿真接线图

10.4.3　任务程序分析

首先判断 P10 引脚状态。如果 P10＝1，调用输出锯齿波的函数；如果 P10＝0，调用输出方波的函数。从图 10-17 所示硬件电路可知，P3.0 引脚用于模拟时钟输出，P3.1 作为片选信号输出，P3.2 用于串行数据输出。编写 D/A 转换程序时，对应 $\overline{CS}$，SCLK 引脚状态，要根据 TLC5615 的转换时序用程序来模拟。

10.4.4　源程序

```
#include<at89x51.h>
#define uint unsigned int
#define uchar unsigned char
sbit sclk=P3^0;
sbit cs=P3^1;
sbit din=P3^2;
sbit P10=P1^0;
void delay(uchar i)         //延时几微秒时间
    {while(i--)
        {;}
    }
/********模拟时序对 TLC5615 进行写数据并转换*********/
void write(uint d)
{ uchar i;
    uchar d_2,d_8;
    d_2=d/256;
    d_8=d%256;
```

```
        d_2<<=6;              //将转换的高2位数据移到d_2变量的位7、位6位置
        cs=0;                 //为写bit做准备
        sclk=0;
        for(i=0;i<2;i++)      //先输入高2位
        {
            if(d_2&0x80) din=1;   //若输出的最高位为1,则数据输出"1"
            else din=0;           //反之,输出"0"
            sclk=1;               //时钟上升沿,数据引脚上的数据进入到TLC5615
            sclk=0;
            d_2<<=1;
        }
        for(i=0;i<8;i++)      //后输入低8位
        {
            if(d_8&0x80) din=1;
            else din=0;
            sclk=1;
            sclk=0;
            d_8<<=1;
        }
         for(i=0;i<2;i++)     //输入无关的2位
        {
            din=0;
            sclk=1;
            sclk=0;
        }
        cs=1;
        sclk=0;
}
/********产生锯齿波*********/
void diapsawt(void)
  {uint i=0;
    while(i<1024)             //输出0~4V电压
      {
        write(i);
        //delay(5);
        i++;
      }
  }
/********产生方波********/
void diapsqua(void)
   {
     write(0);                //输出0V
     delay(200);
     write(512);              //输出2V
     delay(200);
   }
main()
{
   while(1)
```

· 192 ·

```
{ if(P10) diapsawt();
    else diapsqua();
}
}
```

10.4.5 任务实施

1. 利用 Proteus 仿真软件绘制电路原理图

利用 Proteus 仿真软件绘制电路原理图(见图 10-17)。绘制原理图时添加的器件有 AT89C51、TLC5615 等。注意电源器件的放置与连线、电压探针的放置、示波器放置等。

2. C51 程序的编译

按照 Keil C51 编译软件的操作步骤对源程序进行编译和调试。

3. 执行程序观察效果

将编译成功后的.HEX 文件加载到 CPU 并执行程序。操作按键,注意电压探针的指示值,并观察示波器输出的波形。仿真运行时,分别松开按键和按下按键,观察方波和锯齿波。

10.4.6 相关知识

1. TLC5615 引脚及功能

TLC5615 引脚如图 10-18 所示。TLC5615 引脚功能如表 10-2 所示。

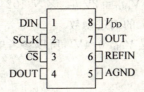

图 10-18　8 脚 PDIP 封装引脚图

表 10-2　TLC5615 引脚功能表

引脚名称	序号	I/O	说　　明
DIN	1	I	串行数据输入
SCLK	2	I	串行时钟输入
$\overline{CS}$	3	I	芯片选择,低有效
DOUT	4	O	用于菊花链(daisy chaining)的串行数据输出
AGND	5		模拟地
REFIN	6	I	基准输入
OUT	7	O	DAC 模拟电压输出
V_{DD}	8		正电源

2. TLC5615 的工作原理

串行数/模转换器 TLC5615 的使用方式有两种,即级联方式和非级联方式。本任务采用非级联方式,输入数据序列如图 10-19 所示。DIN 只需输入 12 位数据,前 10 位为输入 TLC5615 的 D/A 转换数据,输入时高位在前,低位在后,后两位写入数值"0"。

第二种方式为级联方式,即 16 位数据序列,输入数据序列如图 10-20 所示。可以将本片的 DOUT 接到下一片的 DIN。DIN 需要先后输入高 4 位虚拟位、10 位有效位和低 2 位填充位。由于增加了高 4 位虚拟位。所以需要 16 个时钟脉冲。

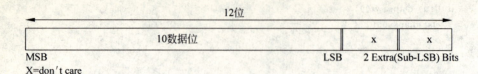

图 10-19　12 位输入数据序列图

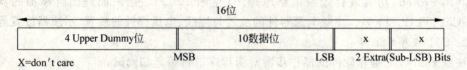

图 10-20　16 位输入数据序列

3. 输出电压计算公式

TLC5615 使用通过固定增益为 2 的运放缓冲的电阻串网络,把 10 位数字数据转换为模拟电压电平,TLC5615 的输出具有与基准输入相同的极性。无论工作在哪一种方式,输出电压为

$$V_{OUT} = 2V_{REFIN} \times N/1024$$

其中,V_{REFIN} 是参考电压,N 为输入的二进制数。

注意,输出电压最大值只能是 $V_{DD} - 0.4V$,所以参考电压 V_{REFIN} 必须在 $0 \sim 2.3V$ 之间,仿真电路中取 2V。

4. TLC5615 工作时序

TLC5615 工作时序如图 10-21 所示。D/A 转换时间为 12.5μs,故一次写入数据(CS 引脚从低电平到高电平跳跃)后,必须延时 15μs 左右才能第二次输入数据,启动 D/A 转换。

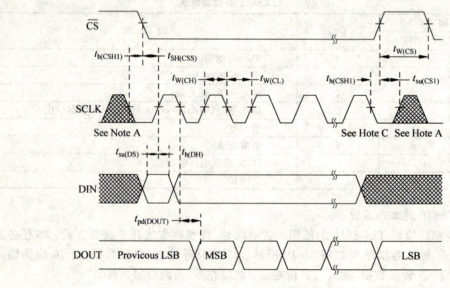

图 10-21　TLC5615 工作时序图

项目篇

篇目页

项目 1　智能数字钟的设计与制作

1.1　项目说明

本项目要求设计具有如下功能的数字钟：
(1) 自动计时，由 6 位 LED 显示器显示时、分、秒。
(2) 具备校准功能，可以直接由 0～9 数字键设置当前时间。
(3) 具备定时启闹功能。
(4) 一天时差不超过 1 秒钟。

1.2　设计思路分析

1. 计时方案

利用 MCS-51 内部的定时器/计数器进行中断定时，配合软件延时实现时、分、秒的计时。该方案节省硬件成本，且能够使读者在定时器/计数器的使用、中断及程序设计方面得到锻炼与提高，因此本系统将采用软件方法实现计时。

2. 键盘/显示方案

利用 8255 扩展并行 I/O 口，作为键盘和显示的接口芯片；LED 数码管显示方式采用动态显示。

该方案硬件连接简单，但动态扫描的显示方式需占用 CPU 较多的时间，在单片机没有太多实时测控任务的情况下可以采用。

1.3　硬件电路设计

1. 电路原理图

电路原理图如项目图 1-1 所示。数字钟电路的核心是 AT89C51 单片机，系统配备 6 位 LED 显示和 4×3 键盘，采用 8255 作为键盘/显示接口电路。利用 8255 的 A 口作为 6 位 LED 显示的位选口。其中，PA0～PA5 分别对应位 LED0～LED5；B 口作为段选口；C 口的低 3 位为键盘输入口，对应 0～2 行；A 口同时用作键盘的列扫描口。由于采用共阴极数码管，因此 A 口输出低电平选中相应的位，而 B 口输出高电平点亮相应的段。P1.0 接蜂鸣器，低电平驱动蜂鸣器鸣叫启闹。

由图 1-1 可见，8255 的地址分配如下：控制寄存器为 0x7fff，定义为 PORT；A 口为 0x7ffc，定义为 PORTA；B 口为 0x7ffd，定义为 PORTB；C 口为 0x7ffe，定义为 PORTC。

2. 系统工作流程

(1) 时间显示

上电后，系统自动进入时钟显示，从 00：00：00 开始计时，此时可以设定当前时间。

(2) 时间调整

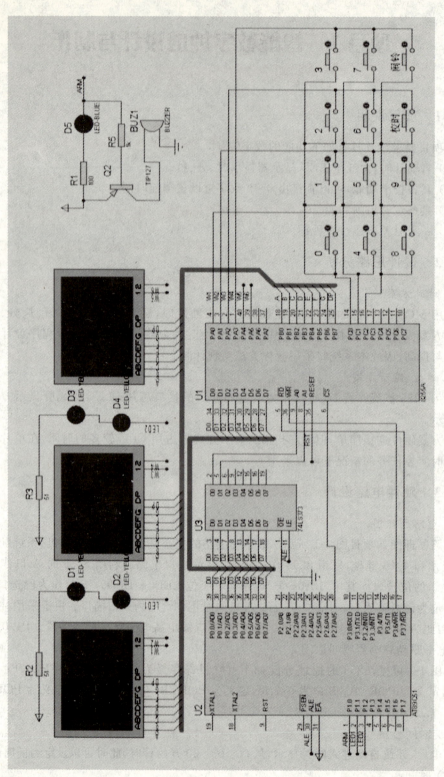

项目图 1-1 参考电路图

按下校时键,系统停止计时,进入时间设定状态,系统保持原有显示并停止计时,同时在时十位闪烁显示,等待输入当前时间。按下 0~9 数字键,可以顺序设置时、分、秒,并在相应 LED 管上显示设置值,直至 6 位设置完毕。在任何位置再次按下校时键,则退出设置。若时间设置符合规范,系统将自动由设定后的时间开始计时显示;否则以原时间继续走时。

(3) 闹钟设置/启闹/停闹

按下闹铃键,系统继续走时,初始显示"12:00:--"(下一次再设置时,显示原设置闹铃时间),进入闹钟设置状态,同时在时十位闪烁显示,等待输入启闹时间。按下数字键 0~9,可以顺序设置相应的时间,并在相应 LED 管上显示设置值,直至 4 位设置完毕。在任何位置再次按下闹铃键,退出设置。这将启动定时启闹功能,并恢复时间显示。闹铃时间到,蜂鸣器鸣叫,直至重新按下闹铃键停闹。

1.4 软件设计

1.4.1 软件流程

根据上述工作流程,软件设计分为以下几个功能模块。

① 主程序:初始化与键盘监控。

② 计时:为定时器 0 中断服务子程序,完成刷新计时缓冲区的功能。

③ 时间设置与闹钟设置:由键盘输入设置当前时间与定时启闹时间。

④ 显示:完成 6 位动态显示。

⑤ 键盘扫描:判断是否有键按下,并求取键号。

⑥ 定时比较:判断启闹时间到否?如时间到,则启动蜂鸣器鸣叫。

⑦ 其他辅助功能子程序,如键盘设置、拆字、合字、时间合法性检测等。

1. 主程序

初始化与键盘监控,流程图如项目图 1-2 所示。

2. 计时

为定时器 0 中断服务子程序,完成刷新计时缓冲区的功能,流程图如项目图 1-3 所示。

如前所述,系统定时采用定时器与软件循环相结合的方法。定时器 0 每隔 100ms 溢出中断一次,则循环中断 10 次延时时间为 1s,上述过程重复 60 次为 1min,分计时 60 次为 1h,小时计时 24 次则时间重新回到 00:00:00。设系统使用 6MHz 的晶振,定时器 0 工作在方式 1,则 100ms 定时对应的定时器初值由下式

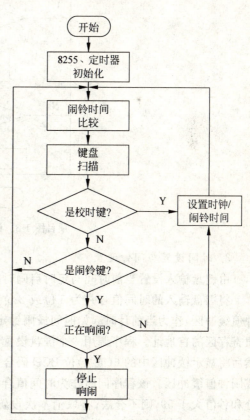

项目图 1-2 主程序流程图

计算得到：定时时间＝$(2^{16}-$定时器0初值$)\times(12/f_{osc})$。因此，定时器0初值＝0x3cb0，即TH_0＝0x3c，TL_0＝0xb0。

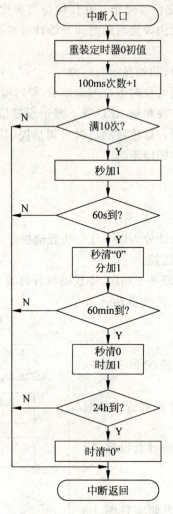

项目图1-3　计时程序流程图

3．时间设置与闹钟设置

由键盘输入设置当前时间与定时启闹时间，流程图如项目图1-4所示。

将键盘输入的时间值合并为3位或2位压缩BCD码（时、分、秒）送入计时缓冲区和闹钟值缓冲区，作为当前计时起始时间或闹钟定时时间。该模块的入口为计时缓冲区或闹钟值寄存区的首地址。程序调用一个键盘设置子程序将输入的6位时间值送入显示缓冲区，然后将显示缓冲区中的6（或4）位BCD码合并为3（或2）位压缩BCD码，送入计时缓冲区或闹钟值缓冲区。该程序同时作为时间值合法性检测程序。若键盘输入的小时值大于23，分和秒值大于59，则不合法，将取消本次设置。另外，为了设置时能明确当前设置位置，在等待键盘输入时，采用当前位闪烁显示提醒。具体采用定时器1形成50ms中断，然后循环500ms显示另500ms不显示来完成。

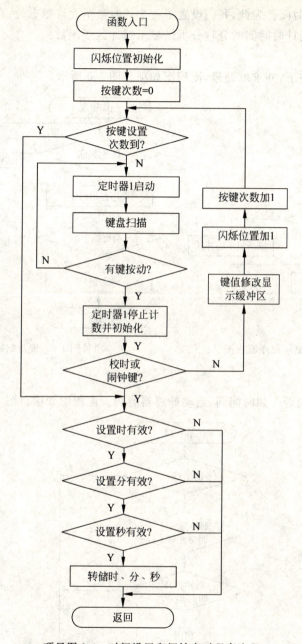

项目图 1-4　时间设置和闹钟定时程序流程

4. 显示

完成 6 位动态显示,流程图如项目图 1-5 所示。

将显示缓冲区中的 6 位 BCD 码用动态扫描方式显示。为此,必须首先将 3 字节计时缓冲区中的时、分、秒压缩 BCD 码拆分为 6 字节(百位、十位分别占有 1 字节)BCD 码,这一功能由计时时间时分秒分拆送显示缓冲区子函数来实现。

需要注意的是,当按下时间或闹钟设置键后,在 6(或 4)位设置完成之前,应显示输入的数据,而不显示当前时间。为此,我们设置了一个计时显示允许标志位,在时间/闹钟设置期间标志为"1",不调用计时时间时分秒分拆送显示缓冲区子函数。

5. 键盘扫描

判断是否有键按下,并求取键号,流程图如项目图 1-6 所示。

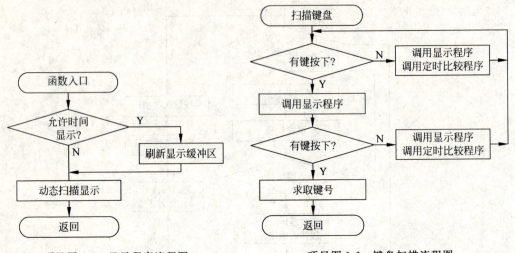

项目图 1-5　显示程序流程图　　　　项目图 1-6　键盘扫描流程图

6. 定时比较

判断启闹时间到否。如时间到,启动蜂鸣器鸣叫。流程图如项目图 1-7 所示。

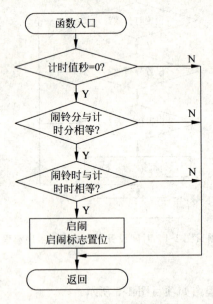

项目图 1-7　定时比较流程图

将当前时间(计时缓冲区的值)与预设的启闹时间(闹钟设置寄存区的值)比较,二者完全相同时,启动蜂鸣器鸣叫,并置位闹钟标志位。返回后,待重新按下闹铃键停闹,并清零闹钟标志。

1.4.2 源程序

```c
#include<at89x51.h>
#include <absacc.h>
#define uchar unsigned char
#define uint unsigned int
#define PORT XBYTE[0x7fff]              /* 8255 控制口地址 */
#define PORTA XBYTE[0x7ffc]             /* 8255 的 A 口地址 */
#define PORTB XBYTE[0x7ffd]             /* 8255 的 B 口地址 */
#define PORTC XBYTE[0x7ffe]             /* 8255 的 C 口地址 */
sbit alarm_beep=P1^0;                   //闹铃驱动
sbit led1=P1^1;
sbit led2=P1^2;
uchar msecond=0;                        //时钟时间:毫秒
uchar location;                         //标记调整时间时位置
uchar buffer;                           //缓冲存储
uchar times=0;                          //内部计数
uchar timebuf[3]={0,0,0};               //时钟时间:时、分、秒
uchar alarmbuf[2]={12,00};              //闹铃时间:时、分
uchar dispbuf[6]={0,0,0,0,0,0};         //显示缓冲区
bit alarm_fg=0;                         //清零闹钟标志位
bit timeset_fg=0;                       //允许计时显示
/* 共阴极字型码表 */
uchar code table[]={0x3f,0x06,0x5b,0x4f,0x66,0x6d,0x7d,0x07,
                    0x7f,0x6f,0x77,0x7c,0x39,0x5e,0x79,0x71,
                    0x40,0x00};
//0 1 2 3 4 5 6 7
//8 9 a b c d e f
//- 暗
/* 定时器 0 中断服务子程序 */
/* 6MHz 晶振,定时 100ms */
void clock(void) interrupt 1
{
    TL0=0xb7;
    TH0=0x3c;
    msecond++;
    if(msecond==5) {led1=~led1; led2=~led2;}   //LED 闪烁控制 500ms
    if(msecond==10)                             //1s 时间到
    {
        led1=~led1;
        led2=~led2;
        msecond=0;
        timebuf[2]++;
        if(timebuf[2]==60)                      //1min 时间到
        {
            timebuf[2]=0;
            timebuf[1]++;
            if(timebuf[1]==60)                  //1h 时间到
            {
```

```c
            timebuf[1]=0;
            timebuf[0]++;
            if(timebuf[0]==24) timebuf[0]=0;    //1 天时间到
        }
    }
}
/*定时器1中断服务子程序*/
void flash(void) interrupt 3
{
    TL1=0x58;                                   //重置初值
    TH1=0x9e;
    times++;
    if(times==10)                               //500ms 时间到
    {
        buffer=dispbuf[location];
        dispbuf[location]=17;
    }
    else if(times==20)
    {
        times=0;
        dispbuf[location]=buffer;
    }
}
/*子函数*/
/*延时1ms*/
void delay()
{
    uchar i;
    for (i=248;i>0;i--){;}
}
/*闹铃时间比较子程序*/
void alarm(void)
{
    if(timebuf[2]==0)                           //整分
    {
        if(timebuf[1]==alarmbuf[1])             //分相同
        {
            if(timebuf[0]==alarmbuf[0])         //时相同
            {
                alarm_beep=0;                   //启动闹钟鸣叫
                alarm_fg=1;                     //置位闹钟标志
            }
        }
    }
}
/*计时时间时分秒分拆送显示缓冲区*/
void time_to_disp(void)
```

```c
{
    uchar i;
    uchar j=0;
    for(i=0;i<3;i++)
    {
        dispbuf[j]=timebuf[i]/10;          //取时分秒高4位
        j++;
        dispbuf[j]=timebuf[i]%10;          //取时分秒低4位
        j++;
    }
}
/* 闹铃时间时分分拆送显示缓冲区 */
void alarm_to_disp(void)
{
    uchar i;
    uchar j=0;
    for(i=0;i<2;i++)
    {
        dispbuf[j]=alarmbuf[i]/10;         //取时分秒高4位
        j++;
        dispbuf[j]=alarmbuf[i]%10;         //取时分秒低4位
        j++;
    }
}
/* 显示子程序 DISPLAY */
void display(void)
{
    uchar i,selcode;
    if(timeset_fg==0) time_to_disp();      //允许计时,则刷新显示缓冲区
    selcode=0xfe;                          //首扫描码
    for(i=0;i<6;i++)
    {
        PORTB=0x00;                        //段码送00关显示
        PORTA=selcode;                     //先送位选通信号
        PORTB=table[dispbuf[i]];           //查表取段码
        delay();                           //延时1ms
        selcode=(selcode<<1)|0x01;         //扫描显示下一数码管
    }
}
/* 键扫描函数 */
uchar keyscan(void)
{
    uchar scancode,tmpcode;

    PORTB=0x00;                            //关显示,消阴影
    PORTA=0x00;                            //发全"0"行扫描码
    if ((PORTC&0x07)!=0x07)                //若有键按下
    {
        display();                         //延时去抖动,以显示扫描时间作为延时
```

```c
        alarm();                                  //闹铃时间比较
        PORTB=0x00;                               //关显示,消阴影
        PORTA=0x00;
        if((PORTC&0x07)!=0x07)                    //延时后再判断一次,去除抖动影响
        {                                         //有键按下逐行扫描
            scancode=0xfe;                        //首列扫描字
            while((scancode&0x10)!=0)
            {
                PORTA=scancode;                   //输出行扫描码
                if((PORTC&0x07)!=0x07)            //本行有键按下
                {
                    tmpcode=PORTC|0xf8;           //保留行信息,只有该行数据位为"0"
                    tmpcode=(tmpcode<<4)|0x0f;    //行信息转换到高4位存储
                    /* 返回特征字节码,为"1"的位即对应于行和列 */
                    do{
                        display();                //延时去抖动,以显示扫描时间作为延时
                        alarm();                  //闹铃时间比较
                        PORTA=scancode;
                    }while((PORTC&0x07)!=0x07);   //等键抬起
                    return((~scancode)+(~tmpcode));
                }
                else scancode=(scancode<<1)|0x01; //行扫描码左移1位
            }
        }
    }
    return(0);                                    //无键按下,返回值为"0"
}

/* 键值获取函数 */
uchar getkeynum(void)
{
    uchar key,keynum=0;
    if((key=keyscan())!=0)                        //调用键盘扫描函数
    {
        switch(key)
        {
            case 0x11:                            //第1行第1列
                keynum=10;                        //数字键0
                break;
            case 0x21:                            //第2行第1列
                keynum=4;                         //数字键4
                break;
            case 0x41:                            //第3行第1列
                keynum=8;                         //数字键8
                break;
            case 0X12:
                keynum=1;                         //数字键1
                break;
            case 0X22:
```

```
                keynum=5;                       //数字键5
                break;
            case 0X42:
                keynum=9;                       //数字键9
                break;
            case 0X14:
                keynum=2;                       //数字键2
                break;
            case 0X24:
                keynum=6;                       //数字键6
                break;
            case 0X44:
                keynum=11;                      //校时键
                break;
            case 0X18:
                keynum=3;                       //数字键3
                break;
            case 0X28:
                keynum=7;                       //数字键7
                break;
            case 0X48:
                keynum=12;                      //闹钟时间
                break;
            default:break;
        }
    }
    return(keynum);
}
/*键盘修改计时初值或闹铃时间子程序*/
void modify(uchar data *p,uchar num)
{
    uchar i,buf;
    uchar key=0;
    location=0;
    for(i=0;i<num;i++)                          //6位时间输入完否
    {
        do {TR1=1;key=getkeynum();display();} while(key==0);
        /*扫描键盘,并对输入数合法性检测,只有1~10*/
        TR1=0;times=0;TL1=0x58;TH1=0x9e;        //初始化,重要!!
        if (key==10) key=0;                     //转换数字0
        else if(key>10) break;
        dispbuf[i]=key;                         //键值送显示缓冲区
        key=0;                                  //下次按键前,必须清零
        location++;
    }
    buf=dispbuf[0]*10+dispbuf[1];               //时
    if(buf>23) return;
    else *p=buf;                                //送数据到时缓冲(计时或闹铃)
    p++;                                        //地址调整
```

```c
        buf=dispbuf[2]*10+dispbuf[3];
        if(buf>59) return;
        else *p=buf;                        //送数据到分缓冲(计时或闹铃)
        if(num>4)
        {
            p++;                            //地址调整
            buf=dispbuf[4]*10+dispbuf[5];
            if(buf>59) return;
            else *p=buf;                    //送数据到秒缓冲(计时)
        }
}
/* 主程序 */
void main(void)
{
    uchar keyin;

    SP=0x50;                                //设置堆栈区
    PORT=0x89;                              //8255初始化
    alarm_beep=1;                           //闹铃禁声
    TMOD=0x11;                              //定时器0工作在方式1,定时器1工作在方式1
    TL0=0xb0;                               //定时器0初始化,6MHz晶振定时时间100ms
    TH0=0x3c;
    TL1=0x58;                               //定时器1初始化,6MHz晶振定时时间50ms
    TH1=0x9e;
    ET0=1;                                  //定时器0允许中断
    ET1=1;                                  //定时器1允许中断
    EA=1;
    TR0=1;                                  //启动定时器0
    while(1)
    {
        display();                          //扫描显示
        alarm();                            //闹铃时间比较
        keyin=getkeynum();                  //调用键盘扫描
        if(keyin>10)                        //是校时键或清闹键
        {
            if((keyin==12)&&(alarm_fg==1))
            {
                alarm_beep=1;               //闹钟正在闹响,停闹
                alarm_fg=0;                 //清零闹钟标志
            }
            else
            {
                led1=0;                     //停止LED灯闪
                led2=0;
                timeset_fg=1;               //置位时间设置标志,禁止显示计时时间
                if(keyin==11)
                {
                    TR0=0;                  //是,则暂时停止计时
                    led1=0;                 //停止LED灯闪
```

```
                    led2=0;
                    modify(timebuf,6);
                }
                else
                {
                    alarm_to_disp();                //闹铃时分送显示缓冲前 4 位
                    dispbuf[4]=16;dispbuf[5]=16;
                    modify(alarmbuf,4);             //调用时间设置/闹钟定时程序
                }
                TR0=1;                              //重新开始计时
                timeset_fg=0;                       //清零时间设置标志,恢复显示计时时间
            }
        } //end of if(keyin>10)
    } //end of while(1)
}
```

1.5 系统调试与脱机运行

完成了硬件的设计、制作和软件编程之后,要使系统能够按设计意图正常运行,必须进行系统调试。系统调试包括硬件调试和软件调试两个部分。不过,作为一个计算机系统,其运行是软、硬件相结合的。因此,软、硬件的调试是不可能绝对分开的。硬件的调试常常需要利用调试软件,软件的调试也可能需要通过对硬件的测试和控制来进行。

1. 硬件调试

在实际的应用系统设计中,硬件调试的主要任务是排除硬件故障,其中包括设计错误和工艺性故障。

(1) 脱机检查

用万用表逐步按照电路原理图检查印制电路板中所有器件的各引脚,尤其是电源的连接是否正确;检查数据总线、地址总线和控制总线是否有短路等故障,顺序是否正确;检查各开关按键是否能正常开关,是否连接正确;各限流电阻是否短路等。为了保护芯片,应先对各 IC 座(尤其是电源端)电位进行检查,确定其无误后再插入芯片检查。

(2) 联机调试

可以通过一些简单的测试软件来查看接口工作是否正常。例如,可以设计一个软件,使 8255 的 A、B 口输出 55H 或 AAH,同时读 C 口。运行后,用万用表检查相应的端口电平是否一高一低,在仿真器中检查读入的 C 口低 3 位是否为"1"。如果正常,说明 8255 工作正常。还可设计一个使所有 LED 全显示"8."的静态显示程序来检验 LED 的好坏。如果运行测试结果与预期不符,很容易根据故障现象判断故障原因,并采取针对性措施排除故障。

2. Keil C51 与 Proteus 联合调试设置

(1) Keil C51 的设置

在 Keil C51 中建立好项目文件以及编译成功后,选择"Project"菜单的"Options for Target"选项,或者单击工具栏中的"option for target"按钮,将弹出窗口;然后单击"Debug"标签,出现如项目图 1-8 所示对话框。

在对话框里,在右栏上部的下拉菜单里选中"Proteus VSM Simulator"选项,并且单击

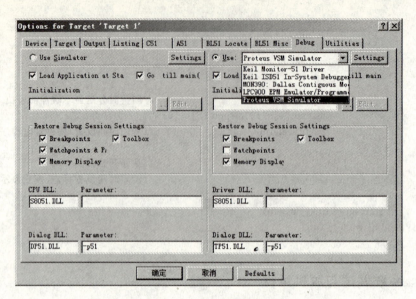

项目图 1-8　Debug 设置对话框

一下"Use"前面表明选中的小圆点。

再单击"Setting"按钮,弹出如项目图 1-9 所示的对话框,设置通信接口。在"Host"文本框中输入"127.0.0.1"。如果使用的不是同一台电脑,需要在这里输入另一台电脑的 IP 地址(另一台电脑也应安装 Proteus)。在"Port"文本框中输入"8000"。设置好的情形如图 1-9 所示,然后单击"OK"按钮。最后将工程编译,进入调试状态并运行。

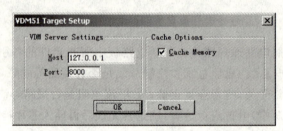

项目图 1-9　远程调试通信接口设置

(2) Proteus 的设置

进入 Proteus 的 ISIS,选择菜单"调试"选项卡,然后选中"使用远程调试设备"复选框,如项目图 1-10 所示。打开与 Keil C51 的工程文件所对应的图形文件,便可实现 Keil C 与 Proteus 连接调试。

(3) Keil C 与 Proteus 连接仿真调试

最后,将 Keil C 中的工程编译,进入调试状态;再看看 Proteus,已经发生变化了。这时,执行 Keil C 中的程序(单步、全速都可以,也可以设置断点等),Proteus 已经在进行仿真了。

3. 软件调试

软件调试的任务是利用开发工具进行在线仿真调试,发现和纠正程序错误,同时能发现

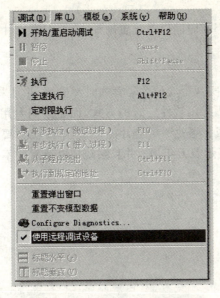

项目图 1-10　使用远程调试选择

硬件故障。

程序的调试应一个模块一个模块地进行。首先,单独调试各功能函数模块,检验程序是否能够实现预期的功能,接口电路的控制是否正常等;然后逐步将各函数模块连接起来总调。联调需要注意的是,各程序模块间能否正确传递参数。

调试的基本步骤如下。

(1) 修改显示缓冲区内容,屏蔽拆字程序,调试动态扫描显示

例如,将显示缓冲区 dispbuf[0]~dispbuf[5]单元置为"012345",应能在 LED 上从左到右显示"012345"。若显示不正确,可在 display()函数相应的位置设置断点调试检查。然后,通过修改 timebuf[0]~timebuf[2]计时缓冲区内容、调用拆字函数 time_to_disp()和调试显示模块 display(),看显示是否正确。若显示不正确,应在 time_to_disp()函数里相应的位置设置断点,调试检查。

(2) 运行主程序调试计时模块,不按下任何键,检查是否能从 00:00:00 开始正确计时

若不能正确计时,应在定时器中断服务函数中设置断点,检查时、分、秒是否随断点运行而变化。然后,重新设置缓冲区内容为 23:58:48,运行主程序(不按下任何键),检验能否正确进位。

(3) 调试键盘扫描模块 keyscan()和 getkeynum()

先用延时 10ms 函数代替显示函数延时消抖,在求取键号后设置断点。中断后,观察键号是否正确。然后,恢复用显示子程序延时消抖,检验与 display()模块能否正确连接。

(4) 调试时间设置/闹钟定时模块 modify()

设置断点调试 modify()模块,观察显示缓冲区 dispbuf[0]~dispbuf[5]单元的内容是否随输入的键号改变;改变断点位置,观察时钟时间和闹钟时间缓冲区内容是否随输入的键号改变。

(5) 运行主程序联调

检查能否用键盘修改当前时间以及设置闹钟,能否正确计时、启闹、停闹。

1.6 项目总结

本项目采用 8155 芯片实现了 6 位数码管的时钟显示,并且采用软件定时的方式实现。

实际产品应用时一般不采用软件定时的方式,而是采用专用时钟芯片,如 DS1302。时钟走时由时钟芯片自动完成。通过时钟芯片的接口,单片机只要定期从时钟芯片读出时间信息即可;可以实现日期显示及万年历;并且系统掉电后时钟不丢失,使用起来非常方便。

项目 2　单片机的自动剪板机顺序控制

在板材加工系统中,板料长度检测、板料进料、压紧、走刀、落料、长度调整等过程必须按一定的节拍控制精确度动作。而且,对于不同长度、不同厚度、不同材料的板材,各动作行程、先后顺序、刀具位置等要求都不一样。对于这样的控制要求,传统控制柜很难实现,采用PLC控制器价格又高,综合考虑设备的性能/价格比、显示直观性、外表美观性、灵活性等诸方面因素,采用单片机完成控制系统是首选。

2.1　项目说明

剪板机系统的工作原理如项目图 2-1 所示。剪板机可以将大块的板材按设计要求剪切成一定尺寸的小型板块,并通过输出皮带轮输出至出料小车。当裁切好的板材数量达到一定值时,剪切机暂时停止工作,出料小车将裁好的板材送到目的地,完成一个生产周期。

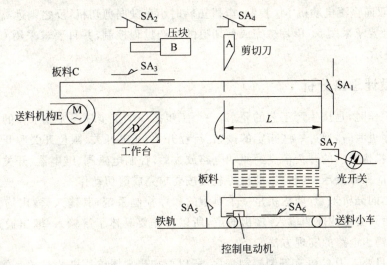

项目图 2-1　剪切机机械原理图

根据剪板机的加工工序,提出控制要求如下。

在初始状态下,进料板料行程开关 SA_1、送料皮带限位开关 SA_5、压块下限位开关 SA_3、剪切刀上限位开关 SA_4、送料小车限位开关 SA_6 都处于断开状态。

① 开机后,输入板料数量,然后单击启动键,系统自动运行。

② 系统首先检查小车到位开关 SA_5。若送料车未到位,SA_5 未闭合,就启动送料小车,使之左行到位。小车到位后,开关 SA_5,SA_6 闭合,小车停机,同时启动进料工序。若 SA_5 闭合,表示小车已到位,此时根据 SA_7 光电开关计数个数是否达到预输入数量。若达到,启动送料小车右行。SA_6 断开后 5s,继续检查 SA_5。

③ 小车停机的同时,检查进料板料行程开关 SA_1。若进料板料 C 未到位(SA_1 未闭

合），启动交流电动机运转进料机构，带动板料 C 向右移动。

④ 当板料碰到板料行程开关 SA_1 时，送料停止，送料皮带停止送料，系统接通电磁阀 B，使液压缸作相应的运动，从而带动板料压块下行。压住板料和常开触头 SA_3 后，启动剪切头下行，同时剪切头上限开关 SA_4 闭合，启动剪切工序。

⑤ 剪切时，剪切刀下落，剪切板料 2s 后自动上升到 SA_4 位置时停止。当板料剪断后下落通过光电开关 SA_7 时，光电开关会因板材挡住了光线而产生一个计数脉冲。记下此脉冲个数并显示出来。若剪切刀未剪断板料，则剪切刀重复剪切。

⑥ 当板料剪断后，剪切刀上升至初始位置。当检测到有板料落下（通过 SA_7）时，系统再次启动送料机构进入下一个剪切工序。

⑦ 当计数个数与小车所装材料设定值相等时，停止循环工作过程，系统进入初始状态，启动送料小车送成品，并累计显示加工过的板料数。

在整个加工过程中，机械传动机构的执行由以下电气设备控制。

剪切刀由交流 220V 电机 M_1 带动，经凸轮机构转化为上、下剪切运动；压块运动由液压缸 M_2 带动，当 24V 电磁阀 B 通电时，液压缸 M_2 的活塞伸出，带动压块压紧板料；送料动作由 220V 交流电动机 M_3 执行，M_3 转动时通过带轮带动输送带输送板料；小车的运动方向由 24V 双向直流电动机 M_4 控制，电机正转时小车驶向剪切机，反之则远离剪切机。

项目设计要求采用 51 单片机完成剪切机的生产过程控制，并且要求采用 C 语言编程，4 位数码管显示。

2.2　设计思路分析

剪板机工作时，是按生产工艺的要求，一个工步接一个工步顺序完成工作的。在前一工序向后一工序过渡时，通过一些指定的按钮、行程开关、光电开关、限位开关等开关输入量的改变，将控制机构输出的开关信息经驱动电路放大后，控制电磁阀、继电器、开关电路等执行电路动作，从而操作液压、气压、电动机等装置按要求完成剪切动作。

通过以上的分析来看，剪板机是一个典型的顺序控制系统，其输入、输出均是开关量信号。由于是由开关量构成的输入/输出通道，所以首要要具体了解输入/输出通道的结构以及数据输入/输出电路的实现方法。

此外，项目要求用 C 语言编制控制程序，所以要初步掌握单片机的 C 语言使用方法。

2.2.1　数字量输入通道的结构与信号转换

计算机控制系统用于生产过程的自动控制，需要处理一类最基本的输入信号，即数字量（开关量）信号。这些信号包括生产现场的两态开关、电平的高低、数字传感器和控制器通信输入的数据、各类物理量转换的脉冲及中断输入等数字信号，也包括人机接口的数码盘、键盘等，其信号电平只有高、低两态，共同特征是以二进制的逻辑"1"和"0"出现，对应的二进制数码的每一位都可以代表生产过程的一个状态，这些状态作为控制的依据。数字量信号经过调理、防抖、隔离、整形及电平转换等相应处理后，与微机直接相连，即为数字量输入通道，简称 DI，其结构形式如项目图 2-2 所示。

数字量（开关量）输入通道的基本功能就是接收外部装置或生产过程的状态信号，其各部分功能如下所述：

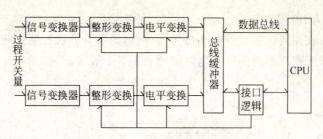

项目图 2-2 开关量通道结构

(1) 信号变换器

将过程的非电量开关量转换为电压或电流的双值逻辑值。

(2) 整形电路

将混有毛刺之类干扰的双值逻辑信号,或其信号前、后沿不会要求的输入信号整形为接近理想状态的方波或矩形波,再根据系统要求变换为相应形状的脉冲信号。

(3) 电平变换电路

将输入的双值逻辑电平转换为与 CPU 兼容的逻辑电平。

(4) 总线缓冲区

暂存数字量信息,并实现与 CPU 数据总线的连接。

(5) 接口电路

协调通道的同步工作,向 CPU 传递状态信息,并控制开关量到 CPU 的输入。

1. 开关量(数字量)形式及变换

机械有触点开关量是工程中遇到的最典型的开关量,它由机械式开关(例如继电器、接触器、开关、行程开关、阀门、按钮等)产生,有常开和常闭两种方式。机械有触点开关量的显著特点是无源、开闭时产生抖动。同时,这类开关通常安装在生产现场,在信号变换时应采取隔离措施。

机械有触点开关的变换方法一般分控制系统供电与不供电两种。

(1) 控制系统供电方式

一般用于开关安装位置离计算机控制装置较近的场合,供电电源为直流 24V 以下,常用电路有串联和并联两种(见项目图 2-3)。对于并联电路,触点闭合时,输出 V_o 为高电平;触点打开时,V_o 为低电平。串联电路正好与之相反。

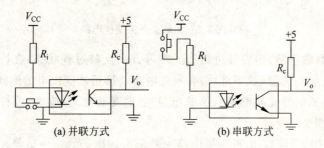

项目图 2-3 自带电源的开关量变换电路

(2) 控制系统不供电方式

适用于开关安装在离控制设备较远位置的场合,需要计算机控制系统外接电源,可采用交直流的形式。采用直流形式的变换电路如项目图 2-4 所示。

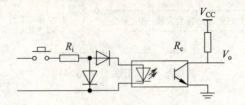

项目图 2-4　外接直流电源开关量变换电路

外接电源采用交流时,一般采用变压器,将高压交流(220V 或 110V)变为低压交流,电路如项目图 2-5 所示。这种电路的响应速度较慢,因而使用较少。

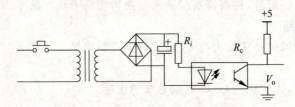

项目图 2-5　外接交流电源开关量变换电路

无触点开关量指电子开关(例如固态继电器、功率电子器件、模拟开关等)产生的开关量。由于无触点开关通常没有辅助机构,其开关状态与主电路没有隔离,因而隔离电路是它的信号变换电路的重要部分。

无触点开关量的采集一般与有触点开关处理方法相同,即把无触点开关当作有触点开关,按项目图 2-6 所示方式连接电路即可。要注意的是,连接极性不能随意更换。

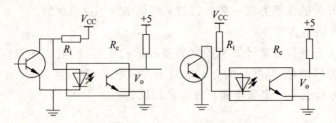

项目图 2-6　无触点开关变换电路

非电量开关量(数字量)主要通过磁、光、声等方式反映过程状态,在许多控制领域中应用广泛。这种非电量开关量(数字量)需要通过电量转换后才能以电的形式输出。实现非电量开关量(数字量)的信号变换电路包括非电量-电量变换电路、放大(或检波)电路、光电隔离电路等,如项目图 2-7 所示。

在项目图 2-7 中,非电量-电量变换电路一般采用磁敏、光敏、声敏等元件将磁、光、声的变化以电压或电流形式输出。由于敏感元件输出信号较弱,输出电信号不一定是逻辑量(例如,可能是交流电压),因此对信号要进行放大和检波后才能变成具有一定驱动能力的逻辑电信号。隔离电路根据控制系统工作环境及信号拾取方式决定是否采用。

项目图 2-7 非电量开关量的检测电路

2. 输入信号调理及电平转换电路

状态信号的形式可能是电压、电流、开关的触点,这些信号可能引入干扰、过电压、过电流、电压瞬态尖峰和反极性等。为了将外部开关量信号输入到计算机,必须将现场输入的状态信号经转换、保护、滤波等措施转换成计算机能够接收的逻辑信号,这些功能称为信号调理。

(1) 典型输入信号调理电路

如项目图 2-8 所示,用稳压管 D_2(可用压敏电阻代替)把过压和瞬态尖峰电压箝位在安全电平上。串联二极管 D_1 防止反向电压输入。由电阻 R_1、电容 C_1 构成抗干扰的 RC 滤波器。电阻 R_1 也是输入限流电阻。R_2 为过流熔断保护电阻丝。

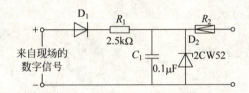

项目图 2-8 典型输入信号调理电路

(2) 防抖动输入电路

开关和继电器触点等在闭合和断开时,常存在抖动问题,即由于机械触点的弹性作用,闭合后不会马上稳定地接通,在断开后也不能一下子断开,通断瞬间产生一连串颤动。为了解决这个问题,常在此类输入电路中设置防抖动输入电路。典型防抖动电路如项目图 2-9 所示。

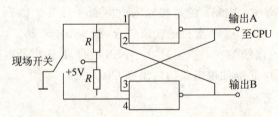

项目图 2-9 典型应用电路双稳态消抖器

该电路由两个与非门组成的 RS 触发器构成。当开关触头处于常闭位置时,1 端为低电平,则输出 A 端为高电平;3,4 端均为高电平,则 B 端为低电平,2 端被锁定。当开关触头打开或在常闭端产生震颤时,只要未和常开端接上,B 端(2 端)电位不变,则输出 A 始终处于高电平。

(3) 隔离输入电路

现场开关与计算机输入接口之间,传输线路较长,易引入强电和干扰。为提高系统可靠性,输入端多用具有安全保护和抗干扰双重作用的隔离技术。常用的隔离方法有光电隔离和继电器触点隔离输入电路。通常,隔离双方无直接电路联系,各用独立电源、公共地。

① 光电隔离输入电路：常用隔离器件为光电耦合器，其发光部分（输入端）和受光部分（输出端）密封在一起，通过电-光-电实现耦合；输入端加电流信号，发光源发光，受光器光照后由于光电效应产生电流，输出端产生电信号。由于耦合过程以光为介质传输，光电耦合器的输入与输出实现电气隔离。如项目图 2-10 所示，当开关 SA 断开时，发光二极管所在支路断开，二极管中无电流经过，不发光，使光敏三极管截止，F 输出高电平；当开关 SA 闭合时，发光二极管 D 所在支路接通，二极管 D 中有电流通过，使发光二极管发光，光线照在受光三极管 T 的 PN 结上，三极管 T 导通，F 输出低电平。通过光电耦合，F 的高、低电平对应了 SA 的断与合。

当外接检测电路电平与系统的工作电压不符时，应采用电平转换电路，将外电压按一定的比例转换成系统正常的工作电压。如项目图 2-11 所示，开关 SA 断开时，输入回路断开，发光二极管 D_1 中无电流通过，从而不发光，三极管 T 也处于截止状态。该电平转换电路向系统输入高电平。当 SA 被压下后，输入回路闭合，发光二极管 D_1 通电发光，促使光敏三极管导通，向后续系统输入低电平。另一个发光二极管 D_2 指示检测电路的状态。

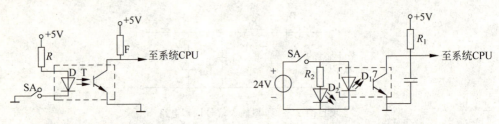

项目图 2-10　光电隔离电路　　　　　项目图 2-11　光电隔离的电平转换

光电隔离器内部发光器件通常采用发光二极管。受光器件一般采用普通光敏三极管、达林顿管、晶闸管。由于发光二极管正常发光电流为毫安级，常采用有限流电阻的开关、OC门、晶体管等控制输入。输出分为集电极输出和发射极输出两种形式，如项目图 2-12 所示。

② 继电器触点隔离输入电路：继电器输入电路如项目图 2-13 所示。SA 未被压下时，继电器 J 控制回路是断开的，继电器的磁铁未吸合，触头 SB 未吸合，CPU 输入端处于高电平。SA 被压连通，继电器线圈有电流流过，触头 SB 吸合，F 输出低电平。同理，若要 SA 接通对应高电平输出，可在 F 端加逻辑非门输出到 CPU。

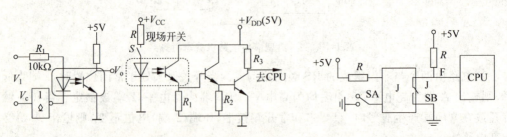

项目图 2-12　防干扰光电隔离输入电路的输入/输出形式　　　项目图 2-13　继电器隔离输入电路

2.2.2　开关量输入逻辑接口方法

计算机在适当时刻将外部开关量的状态读入，称为开关状态检测。计算机对开关状态的检测通常采用定时查询方式或中断方式。在定时查询方式里，CPU 周期性地在规定时刻将开关量状态读入。这种方法对开关量状态变化时刻不能正确反映,其误差大小与读取周期相关。采用定时查询方式的接口非常简单,如果从数据总线读入,只需加入总线缓冲器即可。总线缓冲器通常为三态逻辑门电路,项目图 2-14 所示为采用 74LS244 的接口电路。对于单片机而言,开关量输入信号也可直接与 I/O 口相连,无须添加接口元件。

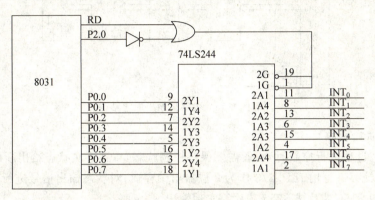

项目图 2-14　定时查询方式接口电路

中断方式指开关量输入状态发生变化时,向 CPU 申请中断。在 CPU 响应中断时,读入相应的开关量状态。中断方式能够及时反映开关状态量的变化,使控制系统及时地对其状态进行处理。中断方式的接口电路包括总线缓冲电路及中断请求信号形成电路。在开关量输入较少时,比较容易设计中断请求信号形成电路,甚至可以直接用开关量输入作为中断请求信号。由于 CPU 的中断资源有限,若开关量输入较多,应将其所有开关量输入综合后产生统一的中断请求信号,因此电路相当复杂。为简化系统,通常只对某几个重要的开关输入(如故障状态等),需要及时处理时才采用中断方式。

2.2.3　数字量输出通道的结构及输出驱动

输入通道与接口的作用在于将被控对象的各种信息转换成计算机可以接收的信息,以供给计算机运算或处理。计算机运算或处理后产生的相应的控制命令或控制量必须转换成相应的物理量,才能对被控对象实施控制。将计算机的控制命令或控制量进行转换并传给执行机构的信号路径与器件,称为过程输出通道与接口。根据被控对象不同,输出通道分为数字量输出通道和模拟量输出通道。

数字量输出通道的任务是把计算机输出的微弱数字信号转换成能对生产过程进行控制的数字驱动信号。根据现场负荷的不同,如指示灯、继电器、接触器、电机、阀门等,可以选用不同的功率放大器件构成不同的开关量驱动输出通道,如项目图 2-15 所示。

项目图 2-15　不同的负载设备

数字量输出通道主要由输出锁存器、数字光电隔离器电路、输出地址译码电路、输出驱动电路等组成,如项目图 2-16 所示。

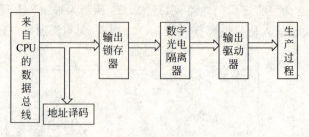

项目图 2-16　数字量输出通道结构

1. 计算机输出接口

当对生产过程进行控制时,一般需要保持控制状态,直到下次状态给出新的值为止。这时,输出需要锁存。可用 74LS273 作为 8 位输出锁存口,对状态输出信号进行锁存;也可用通用 I/O 接口 8155 芯片或 8255 芯片等实现输出。

2. 数字光电隔离电路

采用隔离电路的目的在于将计算机与被控制对象隔离开,以防止来自现场的干扰或强电侵入。数字信号比模拟信号的隔离易于实现,所以输出通道中大部分采用数字隔离。并且通常用光电耦合器实现,如项目图 2-17 所示。

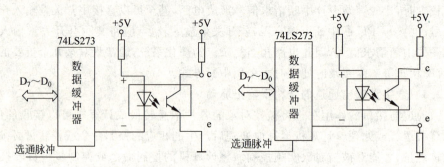

项目图 2-17　光电隔离输出电路

3. 输出驱动电路

常用的有三极管输出驱动电路、继电器输出驱动电路、晶闸管输出驱动电路、固态继电器输出驱动电路等。

(1) 三极管输出驱动电路

① 普通三极管驱动电路:对于低压情况下的小电流开关量,用功率三极管作为开关驱动组件,其输出电流就是输入电流与三极管增益的乘积。外接驱动电路的输出通道如项目图 2-18 所示。在系统与执行机构之间加入了由两个三极管 T_1、T_2 构成的驱动电路。系统无输出时,其输出信号为低电平,T_1 管截止,T_2 管导通,F 点输出低电平,接口不向执行机构供电,因此执行机构不动作。当系统有输出时,其输出信号为高电平,T_1 管导通,T_2 管截止,下端向执行机构输出高电平并提供能源,使执行机构工作。当驱动电流只有十几或几十毫安时,也可以只采用一个普通的功率三极管构成驱动电路。

项目 2 单片机的自动剪板机顺序控制

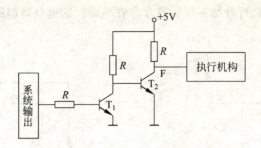

项目图 2-18 三极管输出驱动电路

② 达林顿阵列输出驱动电路:当驱动电流需要达到几百毫安时,如驱动中功率继电器、电磁开关等装置,输出电路必须采取多级放大或提高三极管增益的办法。达林顿阵列驱动器由多对两个三极管组成的达林顿复合管构成,它具有高输入阻抗、高增益、输出功率大及保护措施完善的特点。同时,多对复合管非常适用于计算机控制系统中的多路负荷。

项目图 2-19 给出了达林顿阵列驱动器 MC1416 的结构图与每对复合管的内部结构。MC1416 内含 7 对达林顿复合管,每个复合管的集电极电流可达 500mA,截止时能承受 100V 电压,其输入/输出端均有箝位二极管。输出箝位二极管 D_2 抑制高电位上发生的正向过冲,D_1、D_3 可抑制低电平上的负向过冲。

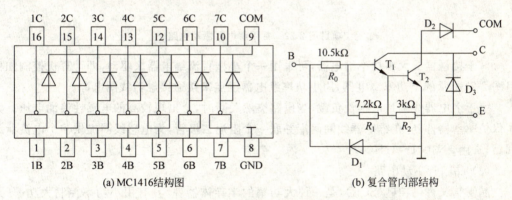

(a) MC1416结构图　　　　　　　(b) 复合管内部结构

项目图 2-19 达林顿阵列输出驱动电路 MC1416 结构图

项目图 2-20 所示为达林顿阵列驱动中的一路驱动电路。当 CPU 数据线 D_i 输出数字"0",即低电平时,经 7406 反相锁存器变为高电平,使达林顿复合管导通,产生的几百毫安集电极电流足以驱动负载线圈,而且利用复合管内的保护二极管构成了负荷线圈断电时产生的反向电动势的泄流回路。

(2) 继电器驱动电路

继电器主要由线圈、铁心、衔铁和触点等部件组成,如项目图 2-21 所示。继电器方式的开关量输出是一种最常用的输出方式,通过弱电控制外界交流或直流的高电压、大电流设备。

继电器驱动电路的设计要根据所用继电器线圈的吸合电压和电流而定。一定要大于继电器的吸合电流,才能使继电器可靠地工作。常用继电器驱动电路如项目图 2-22 所示。

当 CPU 数据线 D_i 输出数字"1",即高电平时,经反相驱动器变为低电平,光耦隔离器的发光二极管导通,使光敏三极管导通,继电器线圈 KA 加电,动触点闭合,从而驱动大型负荷设备。若驱动电流不够,可外加三极管及复合管驱动。这也是典型的隔离驱动。

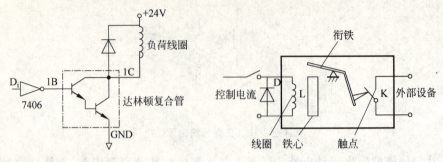

项目图 2-20　达林顿阵列输出驱动电路　　项目图 2-21　继电器的内部结构

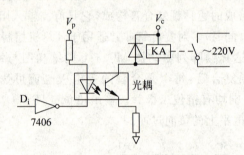

项目图 2-22　常用继电器驱动电路

对于接触器或大中功率继电器,可采用一个小型直流继电器来驱动,即计算机控制如项目图 2-21 所示的小功率继电器,用小功率继电器触点来接通接触器线圈电源。

由于继电器线圈是电感性负载,当电路突然关断时,会出现较高的电感性浪涌电压。为了保护驱动器件,应在继电器线圈两端并联一个阻尼二极管,为电感线圈提供一个电流泄放回路,常用 1N4001~1N4007。

(3) 晶闸管驱动电路

晶闸管又称可控硅(SCR),是一种大功率的半导体器件,具有用小功率控制大功率、开关无触点等特点,在交直流电机调速系统、调功系统中应用广泛。

晶闸管是一个三端器件,分为单向晶闸管和双向晶闸管。单向晶闸管符号表示如项目图 2-23 所示,有阳极 A、阴极 K、控制极(门极)G 三个极。当阳极与阴极之间加正电压时,控制极与阴极两端也施加正电压,使控制极电流增大到触发电流值,晶闸管由截止转为导通;只有在阳极与阴极间施加反向电压,或阳极电流减小到维持电流以下,晶闸管才由导通变为截止。单向晶闸管具有单向导电功能,在控制系统中多用于直流大电流场合,也可在交流系统中用于大功率整流回路。

双向晶闸管也叫三端双向可控硅,在结构上相当于两个单向晶闸管的反向并联,但共享一个控制极,其结构如项目图 2-24 所示。当两个电极 T_1、T_2 之间的电压大于 1.5V 时,不论极性如何,可利用控制极 G 触发电流控制其导通。双向晶闸管具有双向导通功能,因此特别适用于交流大电流场合。

晶闸管常用于高电压大电流的负载,不适宜与 CPU 直接相连,在实际使用时要采用隔离措施,如项目图 2-25 所示。当 CPU 数据线 D_i 输出数字"1"时,经反相变为低电平,使光敏晶闸管导通,导通电流再触发双向晶闸管导通,从而驱动大型交流负荷设备 R_L。

项目图 2-23　单向晶闸管　　　　项目图 2-24　双向晶闸管

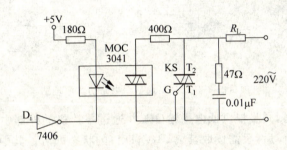

项目图 2-25　晶闸管驱动电路

2.3　硬件电路设计

根据系统的控制要求,需要完成 $SA_1 \sim SA_7$ 共 7 路开关量的检测,并且需要控制两个 220V 单相交流电机的启停、一个 24V 直流电磁铁的吸合、一个 24V 直流电机的正反转等。由于需要键盘输入参数并显示,系统中采用了 AT89C52 作为主控 CPU,显示部分采用了 LED 动态显示。系统主要由控制及显示、键盘输入、普通开关量采集、脉冲量采集、交流电机控制、电磁阀控制、直流电机控制等电路构成。

1. 控制及显示电路

控制及显示电路仿真原理图如项目图 2-26 所示。单片机 AT89C52 作为系统核心完成控制及检测,显示部分采用了 4 个共阴极数码管的动态显示。其中,4 个数码管的段选线通过单片机的 P0 口提供,位选线由 P2.0~P2.3 提供。由于 P0 口内部没有上拉电阻,所以 P0 外部加了排电阻上拉。

项目中设置 4 位数码管仅为了显示累计量。正常每次加工最大数量限定为 99 块,用 2 位数码管显示。

2. 键盘输入电路

键盘还是人机对话的窗口,具有处理信息的能力。项目中为了快速采集键盘状态,采用专用键盘译码器 MM74C922,并且采用 CPU 中断方式,如项目图 2-27 所示。MM74C922 采用 4×4 键盘挂接到其行线 X1~X4、列线 Y1~Y4 上。KBM 为其键颤屏蔽端,外部接一个电容,即可消除键盘抖动;外部使用一个电容,提供其扫描时钟输入。$\overline{OE}$ 为数据输出允许端,低电平有效。DA 为数据输出有效端,高电平有效,它通过一个非门接到 $\overline{OE}$ 上。这

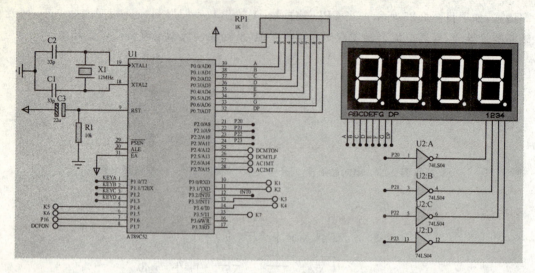

项目图 2-26　控制及显示电路仿真原理图

样,当数据输出有效时,同步提供低电平给 $\overline{OE}$,并通过单片机的外部中断采集此变化,以决定是否中断。中断响应后,只需读取其 A,B,C,D 口的状态即可。其中,DCBA 的电平状态对应着键 0~9,即 DCBA=0000 时对应键盘"0",DCBA=1111 时对应"急停"键。

如项目图 2-27 所示,MM74C922 与单片机的接口非常简单,通过单片机的 P2.4~P2.7 接到其 ABCD 口,DA 端反相输出接到单片机的 INT0 上。

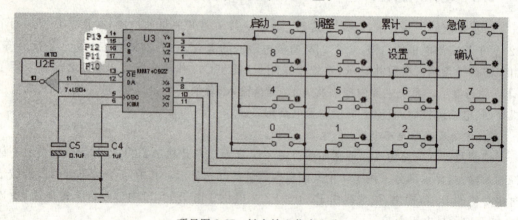

项目图 2-27　键盘输入仿真电路

3. 开关量采集电路

行程开关 SA_1~SA_6 的状态采集采用光电隔离后输出到单片机的对应口线上,如项目图 2-28 所示。光电开关 SA_7 输出也是采用光电隔离后接到单片机的外部计数器 1 输入端,如项目图 2-29 所示。

对于 SA_1~SA_6 开关的状态,只需检测对应口线的电平状态即可。开关闭合状态,相应 I/O 口为低电平。光电开关 SA_7 开关一次,在单片机的 T1 引脚上出现一个脉冲信号,CPU 只需计数即可。

项目2 单片机的自动剪板机顺序控制

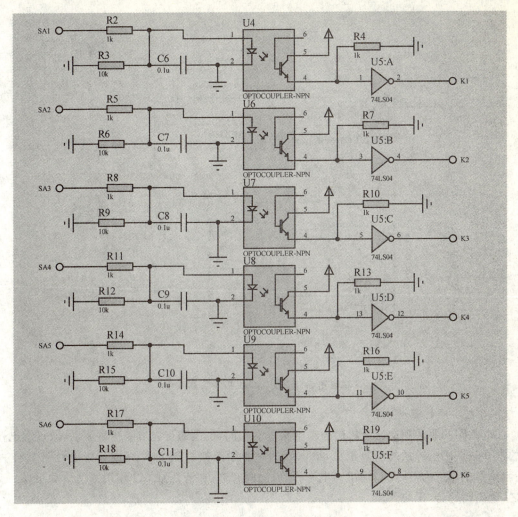

项目图 2-28 开关量采集仿真电路

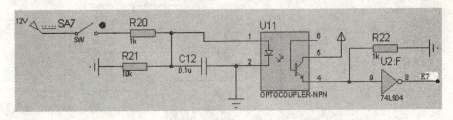

项目图 2-29 脉冲量采集仿真电路

4. 交流电机驱动电路

两个 220V 交流电机 M1 和 M3 的启停控制是通过单片机的 P2.6 和 P2.7 口,经光电隔离后驱动 12V 继电器的吸合实现。如项目图 2-30 所示,电机一端接继电器的常开触点,另一端接 220V 交流电源的零线端。220V 交流电源的火线端接继电器的中心触点。这样,P2.6 或 P2.7 输出高电平,则启动电机运转;反之,则停机。

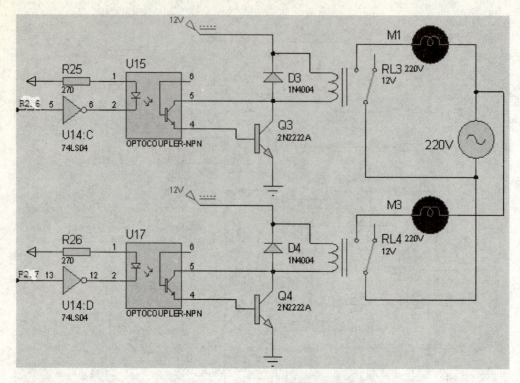

项目图 2-30 交流电机控制仿真电路

5. 电磁阀的驱动

电磁阀的驱动和交流电机的驱动电路基本相同，也是通过光电隔离后驱动，通过继电器的常开触点接电磁铁的电源正极，继电器的中心触点接直流 24V 完成。如项目图 2-31 所示，只要单片机的 P1.7 口输出高电平，则电磁阀开通，在液压缸 M2 作用下使压块下压；反之，电磁阀闭合，压块弹起。

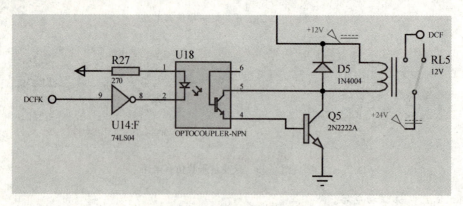

项目图 2-31 电磁阀的驱动

6. 直流电机的驱动

由于送料小车需要来回运动，所以需要控制 24V 直流电机的正、反转。如项目图 2-32

所示,通过继电器的中心触点接直流电机的两端,RL2 常开触点和 RL1 常闭触点接+24V,RL2 常闭触点和 RL1 常开触点接地来实现。这样,通过光电隔离驱动控制继电器,由单片机的 P2.4,P2.5 完成电机停止、正反转控制。在 P2.4 为高,P2.5 为高时,由于 RL2 的常开触点吸合,使 DCMOTO2 接+24V,RL1 的常开触点吸合使 DCMOTO1 接地,即 DCMOTO2 电机正转;同理,在 P2.4 为低、P2.5 为低时,电机反转;在 P2.4 为高、P2.5 为低时,电机停转。

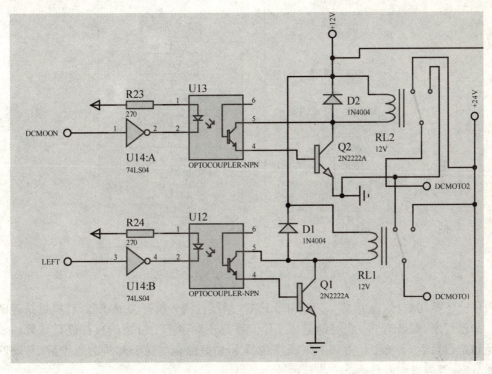

项目图 2-32　直流电机的驱动

2.4　软件设计说明

项目中,软件设计的重点是剪切机的控制程序,它分为一个个独立功能模块,每个模块具体负责一个工序的控制,前一工序向后一工序转换的条件由对应的输入开关量状态决定。在本项目中,系统开关量输入器件主要为限位开关或行程开关,信号为低电平有效。当行程开关或限位开关被压下时,输入线路接地,即向后级电路输入低电平信号。系统检测到该触发信号后,转向执行下一工序控制模块的程序,从而进入下一工序的操作。其流程图如项目图 2-33 所示。

在程序开始时,系统首先进行初始化工作。初始化后,单片机便对 SA_6 的状态进行检测。当发现 SA_6 已按下时(SA_6 为低电平),便通过 AT89C52 的端口控制小车的双向驱动电机正转,送料小车驶向剪切机;接下来,程序检测 SA_5 的状态,当 SA_5 为低电平时,证明小车已到了指定的位置,系统断开小车驱动电机的电源,小车静止下来;同时,系统启动送料机构送料,当板材到位压下限位开关 SA_1 时,停止送料。这时,液压装置带动压块开始向下移动,压住板材。当压块到位时碰动限位开关 SA_3 后,液压装置停止运动,压住板材。剪

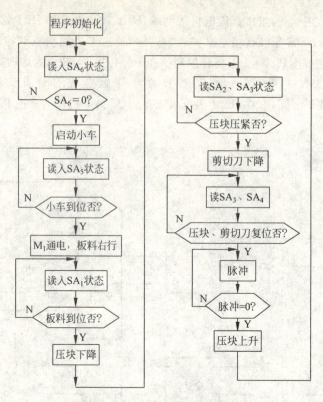

项目图 2-33 剪板机控制软件流程图

切刀便向下剪切板材,2s 后剪切刀上升。这时,系统检测光电开关的状态,看板材是否已切断。如已切断,则启动下一板材的剪切工作。系统还对小车上所装的板材进行计数。如果到达指定数目后,系统停止剪切工作,送料小车将切好的板材送到卸料的地点后,系统返回初始状态,等候操作人员的下一步指示。

参考程序及说明如下所示:

```
#include <stdio.h>
#include <absacc.h>
#include <intrins.h>                    //延时函数用
#include <AT89x52.h>
#define uchar unsigned char
#define uint unsigned int
#define Disdata   P0                    //显示数据段码输出口
#define Disbit    P2                    //显示数据位码输出口
#define Keydata   P1                    //键码输入端口
sbit P16=P1^6;
sbit dcf_on=P1^7;                       //电磁阀控制端
sbit DCmotor_on=P2^4;                   //直流电机 M4 供电
sbit DCmotor_lf=P2^5;                   //直流电机 M4 正反转控制
sbit M1motor_on=P2^6;                   //电机 M1 控制端
sbit M2motor_on=P2^7;                   //电机 M3 控制端
sbit SA1=P3^0;
```

```c
sbit SA2=P3^1;
sbit SA3=P3^3;
sbit SA4=P3^4;
sbit SA5=P1^4;
sbit SA6=P1^5;
uchar data dis[4]={0x00,0x00,0x00,0x00};        //定义4个显示数据单元
uchar ledcol=0x00;                              //显示位,从左到右0,1,2,3
uchar keycode=0x00;                             //键码
uchar plus=0x00;                                //脉冲个数
uchar set_value=0x00;                           //设置值
uchar MOTO_stat=0x10;                           //存储电机运行状态
/*   D7    D6    D5    D4    D3    D2    D1    D0 //
//       AC1   AC2   DCLF  DCPW  NC   NCNC   DCF */
uint   sum_value=0x0000;                        //累计值
bit    keypress;                                //有键按下标记
bit    setkey_fg;                               //设置键按下标记
bit    nextkey_fg;                              //调整键按下标记=0,设置十位
bit    runjob_fg;                               //工序加工标记
bit    sumon_fg;                                //累计显示标记
bit    stop_fg;                                 //停止工作设置过标记
uchar code
dis_7[12]={0x3f,0x06,0x5b,0x4f,0x66,0x6d,0x7d,0x07,0x7f,0x6f,0x00,0x5c};
/*共阴七段LED段码表0.1.2.3.4.5.6.7.8.9.不亮.0*/
uchar code scan_con[4]={0x01,0x02,0x04,0x08};   //4位列扫描控制字
//00000001
//00000010
//00000100
//00001000
/******************中断0:键盘识别程序*********/
void ini_int0(void) interrupt 0 using 1
{   keycode=Keydata;
    keycode&=0x0f;                              //读键盘
    /*********************************/
    keypress=1;
}
/***********子函数声明********************/
void LED_scan(void);
void delaylms(uint t);
void plus_on_dis(void);
void keyscan(void);
/**********1ms延时子函数***********/
void delayms(uchar t)                           //t=1
    {
        uint i,j;
        for(i=0;i<t;i++)
            for(j=0;j<120;j++);
        
    }
```

```c
/ *********** 计数转换显示 ****************** /
void plus_on_dis(void)
{
    dis[2]=plus/10;                           //取计数脉冲十位
    dis[3]=plus-plus/10*10;                   //取计数脉冲个位
}


void LED_scan(void)
{
    uchar k;
    for(k=0;k<4;k++)
    {
        Disbit=MOTO_stat&0xf0;                //保持高4位状态不变,//关显示
        Disdata=dis_7[dis[k]];
        Disbit=scan_con[k]|(MOTO_stat&0xf0);  //P2.0-P2.3控制四个数码管的输出
        delayms(1);
    }
}
/ ****************** 键盘识别程序 ********** /
void keyscan(void)
{
    if (keypress)
    {
        if(keycode<0x0a)
            {if(setkey_fg)                    //数字键必须在设置键按过才能采集
                {if(nextkey_fg) dis[3]=keycode;
                else dis[2]=keycode;
                }
            }
        else if(keycode==0x0a)                //设置键
                {setkey_fg=~setkey_fg;        //置设置键按过标志
                if(setkey_fg)
                    {if(nextkey_fg) dis[0]=2; //根据设置位置高2位显示10或20
                    else dis[0]=1;
                    dis[1]=11;
                    dis[2]=set_value/10;      //取原设置值送显示
                    dis[3]=set_value-dis[2]*10;
                    }
                }
        else if(keycode==0x0b)                //确认键
                { if(setkey_fg)
                    { set_value=dis[2]*10;
                    set_value+=dis[3];
                    dis[0]=10;
                    dis[1]=10;
                    }  //恢复高两位显示
                setkey_fg=0;nextkey_fg=0;     //清标志
                }
                else if(keycode==0x0c)        //启动键
```

项目2 单片机的自动剪板机顺序控制

```c
        {
            if(set_value!=0x00)              //设置值不为"0"启动
                runjob_fg=1;                 //置位启动了标志
        }
        else if(keycode==0x0d)               //调整设置位置键
        {   if(setkey_fg)
            {nextkey_fg=~nextkey_fg;
             if(nextkey_fg) dis[0]=2;        //根据设置位置高2位显示10或20
             else dis[0]=1;
            }
        }
        else if(keycode==0x0e)               //累计剪裁数量显示
        {
            sumon_fg=~sumon_fg;
            if(runjob_fg|setkey_fg) sumon_fg=0;
        }
        else if(keycode==0x0f)               //停止键
            {runjob_fg=0; stop_fg=1;}
        keypress=0;
        }
    }

/ ********** 主程序 ************ /
void main(void)
    {
        P0=0x00;                             //初始化
        P1=0x7f;                             //P1.7=0 电磁阀关
        P2=0x00;                             //P2 低 4 位为"0",关显示,高 4 位电机控制全关
        P3=0xff;                             //检测口
        SP=0x60;
        TMOD=0x60;                           //定时器 1 为计数方式,方式 2
        TH1=0x00;                            //定时器 1 初值 00H;
        TL1=0x00;
        TR1=0;                               //允许计数
        IT0=1;                               //脉冲方式
        EX0=1;                               //开外部中断 0
        ET0=1;
        EA=1;                                //开总中断
        dis[0]=0x0a;
        dis[1]=0x0a;
        dis[2]=0x00;
        dis[3]=0x00;
        keypress=0;
        setkey_fg=0;                         //设置键按下标记
        nextkey_fg=0;                        //调整键按下标记=0,设置十位
        runjob_fg=0;                         //工序加工标记
        sumon_fg=0;                          //累计显示标记
        stop_fg=0;                           //停止工作设置过标记
```

```c
        MOTO_stat=0x10;
        while(1)
            {
            while(!runjob_fg)
            {keyscan();
             LED_scan();
             }
            plus=TL1;
            plus_on_dis();
            do {LED_scan();} while(SA6==0);        //SA6=1 表示行程开关未按
            do {MOTO_stat|=0x30;LED_scan();} while (SA5==1);    //直流电机正转,送料小
                                                                //车接料
            do {MOTO_stat&=0x1f;                   //送料小车电机停转
                MOTO_stat|=0x80;                   //M1 电机运转
                LED_scan();
                } while(SA1==1);                   //板料未到位,压块未压下
            dcf_on=1;                              //M1 电机运转
            do {MOTO_stat&=0x7f;                   //板料电机停转
                LED_scan();
                } while((SA3==1)||(SA2==1));
            dcf_on=0;
            TR1=1;
            do {MOTO_stat|=0x40;                   //剪切电机运转
                LED_scan();
                } while(TL1==plus);
            plus=TL1;
            plus_on_dis();
            LED_scan();
            if(plus==set_value){MOTO_stat|=0x00;
                plus=0;
                TL1=0;
                plus_on_dis();
                LED_scan();
                };
            }
        }
```

2.5 项目总结

本项目通过剪切机自动控制的实现,简要分析了顺序控制中的输入/输出通道的单片机接口方法。对于顺序控制的多种接口方式,在实际的设计中必须根据具体要求和配套的生产设备状况,按照最佳性价比及效益比选择电路结构和设计方案。

项目中,硬件设计方面仅仅采用了一种简单的继电器隔离输出控制以及开关量隔离输入。软件设计方面,对控制部分仅给出了流程图,设计时可自行编写。

另外,本项目引入了 C 语言单片机编程的一些方法。对于单片机使用 C 语言作为控制软件,要注意与通用 C 语言编程的区别,要结合单片机的内部资源情况来具体设计。

项目 3 基于单片机的数字电压表的设计

3.1 项目说明

数字电压表(Digital Voltmeter)简称 DVM,它是诸多数字化仪表的核心与基础。电压表的数字化是将连续的模拟量,如直流输入电压转换成不连续、离散的数字形式并加以显示的仪表,这有别于传统的指针式电压表以指针加刻度盘进行读数的方法,避免了读数的视差和视觉疲劳。采用单片机的数字电压表,其精度高,抗干扰能力强,可扩展性强,集成方便,还可与 PC 进行实时通信。目前,由各种单片 A/D 转换器构成的数字电压表被广泛用于电子及电工测量、工业自动化仪表、自动测试系统等智能化测量领域,显示出强大的生命力。与此同时,由 DVM 扩展而成的各种通用及专用数字仪器仪表,也把电量及非电量测量技术提高到崭新水平。本项目将介绍单片 A/D 转换器以及由它们构成的基于单片机的数字电压表的具体实现。

3.2 设计思路分析

在现实生活中,我们接触到的电信号大部分是模拟信号,如电压、电流、温度、压力、流量、液位、重量等,而计算机处理器处理的信号基本上都是数字信号。如果采用处理器来对这些信号进行采集、编辑等,需要把模拟信号转化为数字信号,这就是 A/D 转换。要想完成模拟信号到数字信号的转换,首先需要了解 A/D 转换原理及信号处理过程。

3.2.1 信号处理通道结构

整个转换过程由于系统自身特点、实际应用要求的不同,有不同的形式。比如,对于高速系统,特别是需要同时得到系统数据的系统,可采用如项目图 3-1 所示的结构。

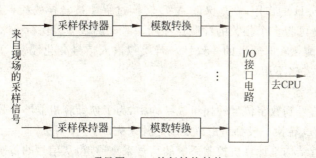

项目图 3-1 并行转换结构

这种转换结构的特点是速度快,工作可靠,实时性强。即使某一通路有故障,也不会影响其他通路正常工作。但通道越多,成本越高,系统体积越庞大,系统校准难。

若要对几百路信号巡检采集数据,采用这种结构很难实现。因此,通常采用的机构是多路信号共享采样、保持(S/H)和模/数转换(A/D)电路,如项目图 3-2 所示。

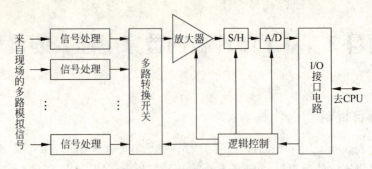

项目图 3-2　多路共享转换结构

由项目图 3-2 可见,多路共享转换结构由信号处理、多路开关、放大器、采样保持器和模/数转换器组成。

(1) 信号处理器

信号处理器的功能是对来自现场的多路模拟信号进行滤波、隔离、电平转换、非线性补偿、电流/电压变换等。

(2) 多路开关

由于计算机的工作速度远远快于被测参数的变化,因此一台计算机系统可供几十个检测回路使用,但计算机在某一时刻只能接收一个回路的信号。所以,必须通过多路模拟开关实现多选 1 的操作,将多路输入信号依次地切换到后级。

(3) 放大器

放大器除了要对模拟传感器输出的弱信号加以放大外,还要把信号中的干扰噪声抑制在最低限度,所以必须用低噪声、低漂移、高增益、高输入阻抗以及具有很高共模抑制比的直流放大器。

(4) 采样保持器(S/H)

当对其中一路模拟信号进行 A/D 转换时,由于 A/D 转换需要一定的时间,如果输入信号变化较快,就会引起较大的转换误差。为了保证 A/D 转换的精度,需要应用采样保持器。

采样保持器 S/H 的作用,一是保证 A/D 转换过程中被转换的模拟量保持不变,以提高转换精度;二是可将多个相关的检测点在同一时刻的状态量保持下来,以供分时转换和处理,确保每个检测量在时间上的一致性。若模拟输入信号变化缓慢,A/D 转换精度能够满足要求,S/H 可省略不用。

(5) 模/数转换器

在整个模拟信号到数字信号转换组成结构中,为了使计算机能够接收,起主要作用的还是 A/D 转换。A/D 转换一般都是由特定的芯片来完成。

由于整个通道结构是计算机控制系统的信号采集通道,从信号的传感、变换到计算机输入,都必须考虑信号拾取、信号调节、A/D 转换、电源配置和防止干扰等问题。

1. 信号的拾取方式

在模拟输入通道中,首先要将外界非电参量,如温度、压力、速度、位移等物理量转换为电量。这个环节可采用敏感元件、传感器或测量仪器来实现。

(1) 通过敏感元件拾取被测信号

一般来说,敏感元件可以随用户要求和使用环境特点做成各种探头。敏感元件将测得的物理量变换为电流、电压或 R.L.C 参量的变化。对 R.L.C 参量型敏感元件,要设计相应的电路,使其变换为电压或电流信号。

(2) 通过传感器拾取被测信号

用敏感元件及相应的测量电路、信号传递机构配以适当外形,可以制成各类传感器。尽管传感器测量的物理量及测量原理不同,但一般输出为模拟信号或频率量。模拟信号可以是电压或电流,大信号电压输出可直接与 A/D 电路相连,小信号电压输出经放大后与 A/D 电路相连,而电流输出信号需转化为电压信号后与 A/D 电路相连。输出频率量传感器精度高、抗干扰能力强,便于远距离传送,它需采用特殊的转换方法才能变为二进制数字量。

(3) 通过测量仪表拾取被测信号

目前应用在现场的调节测量仪表已经系列化,它一般采用标准化输出信号,如电压信号为 0~5V,±5V,0~10V,±2.5V 等范围,电流信号则为 4~20mA,0~10mA 等范围。它们经适当处理(如 I/V 变换、滤波)后,可直接与 A/D 电路相连。

2. 信号放大与处理

在模拟量输入通道中,信号放大与处理的任务是将传感器信号转换成满足 A/D 电路要求的电平信号。在一般测量系统中,信号放大与处理的任务比较复杂,除小信号放大、滤波外,还应有零点校正、线性化处理、温度补偿、压力补偿、误差修正、量程切换等信号处理电路。目前,部分信号处理工作可由计算机软件完成,使信号处理电路得以简化。

3. 模/数转换方式的选择

模拟量输入通道的模/数转换方式有 A/D 转换电路和 V/F 变换方式。V/F 变换方式将信号电压变换为频率量,由计算机或计数电路计数来实现模拟量转化为数字量。A/D 转换电路一般采用专用的转换芯片或 CPU 内部的 A/D 转换接口。选择时,应从转换精度、转换速度及系统成本等方面综合考虑。

4. 电源配置

信号拾取时,要考虑对传感器的供电。对于不同的信号,调节电路中的芯片,一般会提出对电源的要求,必须很好地解决电源问题。

模拟输入通道与生产现场联系较紧,而且传感器输出信号较弱,电源配置时要充分考虑干扰的隔离与抑制。

5. 抗干扰措施

由于传感器拾取的信号来自生产现场,受干扰的因素很多,在设计过程中应采用可靠的抗干扰措施,如隔离、滤波等。

3.2.2 模拟信号的放大与处理

信号放大电路将传感器的微弱电信号放大到 A/D 转换电路需要的信号范围。信号放大电路主要由放大器构成,采用的放大器主要有四种类型。

1. 测量放大器

对经传感器变换后得到的微弱模拟信号,应经过放大处理后才能输入到后继电路。在实际工程中,来自生产现场的传感器信号往往带有较大的共模干扰,而单个运放电路的差动输入端难以起到很好的抑制作用。因此,模拟输入通道中的放大器常采用由一组运放构成的测量放大器,也称仪表放大器。

测量放大器具有高输入阻抗、低失调电压、低温度漂移系数、稳定的放大倍数和低输出阻抗等特点。经典的测量放大器由三个运算放大器组成,如项目图 3-3 所示。

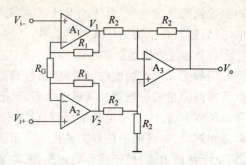

图中,测量放大器是由三个运放组成的对称结构。测量放大器的差动输入端 V_{i+} 和 V_{i-} 分别是两个运放 A_1、A_2 的同相输入端,输入阻抗很高,而且完全对称地直接与被测信号相连,因而有着极强的抑制共模干扰能力。A_3 为单位增益差动放大器,它将 A_1、A_2 的差动输入双端输出信号转换为单端输出信号。

项目图 3-3　测量放大器基本电路

图中,R_G 是外接电阻,专门用来调整放大器增益。由于采用对称结构,假定共地端在电阻 R_G 正中间,根据叠加原理分析得到:

$$V_2 = \left(1 + \frac{2R_1}{R_G}\right)V_{i+}, \quad V_1 = \left(1 + \frac{2R_1}{R_G}\right)V_{i-}$$

测量放大器输出电压为

$$V_o = V_2 - V_1 = \left(1 + \frac{2R_1}{R_G}\right)(V_{i+} - V_{i-})$$

其增益为

$$G = 1 + \frac{2R_1}{R_G}$$

目前,测量放大器的集成电路芯片有多种,如 AD521/522、INA101 等。

AD521/AD522 是 AD 公司推出的单片测量放大器,采用标准 14 脚双列直插式封装,其放大倍数由用户在外部加接精密电阻获得。

AD521 的引脚功能及连接方法如项目图 3-4 所示。引脚 4,6 用来调节放大器零点。

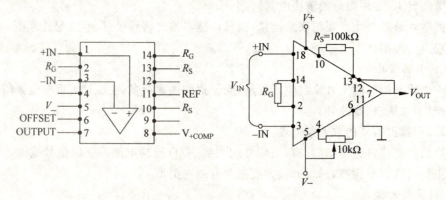

项目图 3-4　AD521 引脚与基本接法

放大倍数在 0.1～1000 范围内调整,选用 $R_S = 100\text{k}\Omega \pm 15\%$ 时,可以获得较稳定的放大倍数,放大倍数按式 $K = R_S/R_G$ 求得。

AD522 是单片集成精密测量放大器,与 AD521 不同的是该芯片引出了电源地(9)和数据屏蔽端(13),该端用于连接输入信号引线的屏蔽网,以减少外电场对输入信号的干扰。项目图 3-5 所示为 AD522 与测量电桥的连接方法。

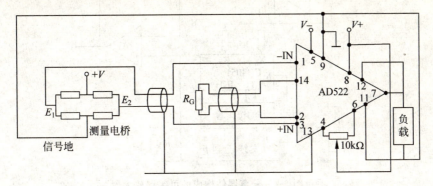

项目图 3-5　AD522 与测量电桥的连接

项目图 3-6 所示是测量放大器 INA101 的简单接法。

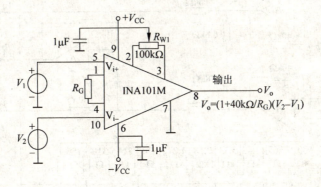

项目图 3-6　INA101 电路原理图

2. 可编程放大器

当多个模拟信号需要转换时,多路被测信号常常共用一个测量放大器。各路的输入信号大小往往不同,但都要放大到 A/D 转换器的同一量程范围。因此,对应于各路不同大小的输入信号,测量放大器的增益也应不同。具有这种性能的放大器称为可变增益放大器或可编程放大器。

项目图 3-7 所示是由分离器件构成的可编程放大器,用 RG1~RG8 取代原先的 R_G。选择其中哪一个电阻,由多路开关 CD4051 来确定。CD4051 的状态可由计算机通过程序来控制。

可编程放大器的常用芯片有 AD612/614、PGA200/201、PGA100 等。AD612/614 为典型的三运放结构,片内有精确的电阻网络使其增益可控。图 3-8 所示为其结构原理图。

当 3~10 端分别与 1 端相连时,增益范围为 $2~2^8$;当要求增益为 2^9 时,10,11 短接,并与 1 端相连,当要求增益为 2^{10} 时,10,11,12 短接,并与 1 端相连;当要求增益为 1 时,电阻网络引出端 3~12 端均不与 1 相连。在 1,2 端之间连接电阻 R_G,也可直接改变任意增益。

3. 隔离放大器

由于输入通道存在干扰和噪声,造成来自生产现场的测量信号不准确、不稳定。特别是

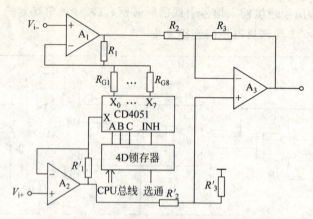

项目图 3-7　分离器件构成的可编程放大器

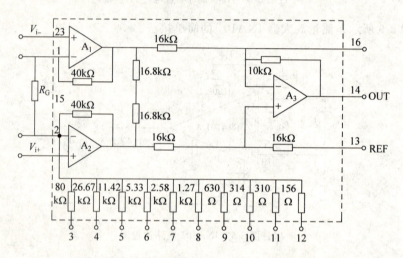

项目图 3-8　可编程放大器 AD612/614 内部结构

当存在强电干扰时,会直接影响系统的安全。为此,在输入通道中,常常采用信号隔离措施。放大器一般采用隔离放大器。隔离放大器适用于:①消除由于信号源接地网络的干扰所引起的测量误差;②测量处于高共模电压下的低电平信号;③不需要对偏置电流提供返回通路;④保护应用系统电路不致因输入端或输出端大的共模电压造成损坏。

根据耦合的不同,隔离放大器分为变压器耦合隔离放大器和光耦合隔离放大器两种类型。

变压器耦合隔离放大器的典型器件有 Mode1277、AD204。项目图 3-9 所示为 AD204 内部结构,放大器分为输入 A 和输出 B 两个独立供电的回路。它包含四个基本部件,即高性能的输入放大器 A_1、调制和解调、信号耦合变压器以及输出运算器 A_2。输入信号经 A_1 放大后由调制器变为交流,通过耦合变压器送给输出电路。输出电路的解调器把该信号转换成直流信号后,经滤波器送到输出运算放大器 A_2 放大后输出。工作电压由 V_S 端输入,而输入电路的电源由逆变器提供。

光耦合隔离放大器具有隔离效果好,频带宽等优点。目前常用的型号有 ISO100。ISO100 内部利用发光二极管 LED 和两个光敏二极管耦合,使输入与输出隔离。将发光二

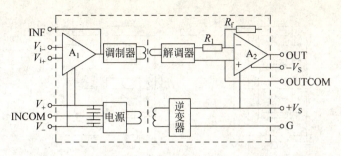

项目图 3-9　变压器耦合隔离放大器 AD204 内部结构示意图

极管 LED 的光反向送回输入端(负反馈)、正向送至输出端,从而提高了放大器的精度、线性度和温度稳定性。其输入为电流信号,若进行电压输入,需外接电阻实现。项目图 3-10 所示为其简化电路图和引脚图。

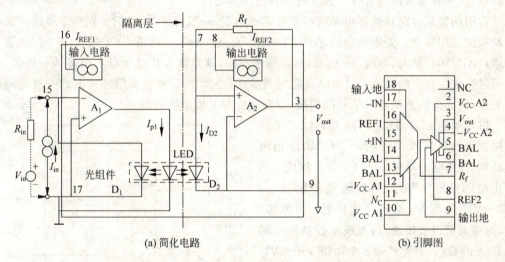

项目图 3-10　光耦合隔离放大器 ISO100 的简化电路及引脚图

3.2.3　模拟多路转换电路

模拟多路转换电路主要由多路开关组成。在分时检测时,利用多路开关,可将各个输入信号依次地或随机地连接到公用放大器或 A/D 转换器上。为了提高过程参数的监测精度,对多路开关提出了较高的要求,例如接通电阻要很小,开路电阻很大,切换速度要快,寿命长,工作可靠等。

多路开关主要有两类:一类是机械触点式,如干簧继电路、水银继电器和机械振子式继电器;另一类是电子式开关,如晶体管、场效应管及集成电路开关等。

多路信号共用放大器或 A/D 转换器的多路开关连接方式通常有单端接法和差动接法两种。

(1) 单端接法

将所有输入信号源的一端接至同一个信号地,然后将信号地与模拟地相连。项目图 3-11(a)所示为单端接法示意图。这种接法抑制共模干扰能力较弱,适合于高电平信号场合。

(2) 差动接法

差动接法指模拟量双端输入、双端输出接到放大器上(见项目图 3-11(b))。这种接法

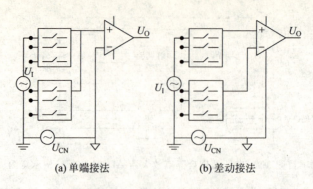

(a) 单端接法　　　　　　(b) 差动接法

项目图 3-11　多路开关的连接方式

的共模干扰抑制能力强，一般用于低电平输入、现场干扰较严重、信号源和多路开关距离较远的场合，或者输入信号有各自独立的参考电压的场合。

常用的集成多路转换器由单端和差分两种类型，一般情况下，它们分别用于单端接法和差动接法应用场合。如集成电路芯片 CD4051（双向、单端、8 通道）、CD4052（单向、双端、4 通道）、AD7506（单向、单端、16 通道）等。所谓双向，就是该芯片既可以实现多到一的切换，也可以完成一到多的切换；而单向只能完成多到一的切换。双端是指芯片内的一对开关同时动作，从而完成差动输入信号的切换，以满足抑制共模干扰的需要。

以常用的 CD4051 为例，8 路模拟开关的结构原理如项目图 3-12 所示。CD4051 由电平转换、译码驱动及开关电路三部分组成。当禁止端 $\overline{INH}$ 为"1"时，前、后级通道断开，即 VI0～VI7 端与 V0 端不可能接通；当为"0"时，则通道可以被接通，通过改变控制输入端 C，B，A 的数值，就可选通 8 个通道 VI0～VI7 中的一路。比如，当 CBA＝000 时，通道 VI0 选通；通道选择表如项目表 3-1 所示。当采样通道多至 16 路时，可直接选用 16 路模拟开关的芯片，也可以将 2 个 8 路 4051 并联起来，组成 1 个单端的 16 路开关，如图 3-13 所示。

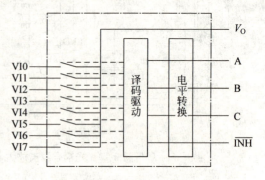

项目图 3-12　CD4051 内部结构

项目表 3-1　CD4051 通道选择表

$\overline{INH}$	C	B	A	所选通道
0	0	0	0	VI0
0	0	0	1	VI1
0	0	1	0	VI2
0	0	1	1	VI3
0	1	0	0	VI4
0	1	0	1	VI5
0	1	1	0	VI6
0	1	1	1	VI7

续表

$\overline{INH}$	C	B	A	所选通道
1	x	x	x	VI0～VI7 均未选通

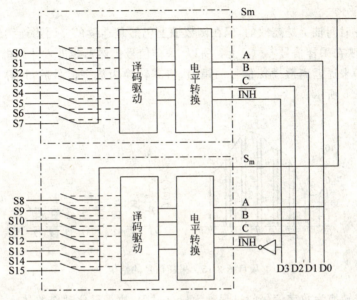

项目图 3-13　16 路多选一开关电路原理

3.2.4　信号的采样与量化

模拟信号到数字信号的转换包括信号采样和量化两个过程。

1. 信号的采样

信号的采样过程如项目图 3-14 所示。执行采样动作的是采样器,采样器每隔一段时间 T 闭合一段时间 τ。T 称为采样周期,τ 称为采样时间或采样宽度。在实际系统中,$\tau \ll T$,也就是说,可以近似地认为采样信号 $y^*(t)$ 是 $y(t)$ 在采样开关闭合时的瞬时值。这样,时间和幅值上均连续的模拟信号 $y(t)$ 通过采样器后,被转换成时间上离散的采样信号 $y^*(t)$。模拟信号到采样信号的转换过程称为采样过程或离散过程。

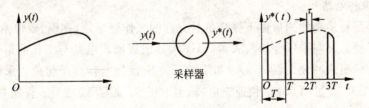

项目图 3-14　信号的采样过程

由经验可知,采样频率越高,采样信号 $y^*(t)$ 越接近原信号 $y(t)$。但若采样频率过高,在实时控制系统中会把许多宝贵的时间用在采样上,失去了实时控制的机会。为了使采样信号 $y^*(t)$ 既不失真,又不会因频率太高而浪费时间,可依据香农采样定理。

香农定理指出:为了使采样信号 $y^*(t)$ 能完全复现原信号 $y(t)$,采样频率 f 至少要为原信号最高有效频率 f_{max} 的 2 倍,即 $f \geqslant 2f_{max}$。

采样定理给出了 $y^*(t)$ 唯一地复现 $y(t)$ 所必需的最低采样频率。实际应用中,常取 $f \geqslant (5 \sim 10) f_{max}$。

2. 信号的量化

采样信号在时间轴上是离散的,但在函数轴上仍然是连续的。因为连续信号 $y(t)$ 幅值上的变化,也反映在采样信号 $y^*(t)$ 上。所以,采样信号仍然不能进入计算机。采用一组数码(如二进制码)来逼近离散模拟信号的幅值,将其转换为数字信号后,计算机就可以接收了,如项目图 3-15 所示。

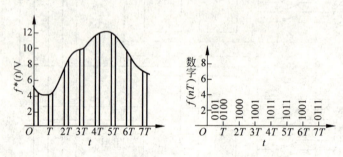

项目图 3-15　采样信号的量化

将采样信号转换为数字信号的过程称为量化过程,执行量化动作的是 A/D 转换器。字长为 n 的 A/D 转换器把 $Y_{max} \sim Y_{min}$ 范围内变化的采样信号变换为数字 $2^n - 1 \sim 0$,其数码的最低有效位(LSB)所对应的模拟量 q 称为量化单位。

$$q = \frac{Y_{max} - Y_{min}}{2^n - 1}$$

量化过程实际上是一个用 q 去度量采样值幅值高低的小数归整过程,如同人们用单位长度(毫米或其他)去度量人的身高一样。由于量化过程是一个小数归整过程,因而存在量化误差,量化误差为 $(\pm 1/2)q$。例如,$q = 20\text{mV}$ 时,量化误差为 $\pm 10\text{mV}$。$0.990 \sim 1.010\text{V}$ 范围内的采样值,其量化结果是相同的,都是数字 50。在 A/D 转换器的字长 n 足够长时,量化误差足够小,可以认为数字信号近似于采样信号。

3. 采样保持电路

为了在满足转换精度的条件下提高信号允许的工作频率,可在模/数转换前加入采样保持器。采样保持器又叫采样保持放大器(SHE),其组成原理电路与工作波形如项目图 3-16 所示,由输入/输出缓冲放大器 A_1、A_2 和采样开关 S、保持电容 C 等组成。采样期间,开关 S 闭合,输入电压 V_i 通过 A_1 对 C 快速充电,输出电压 V_O 跟随 V_i 变化;保持期间,开关 S 断开,由于 A_2 的输入阻抗很高,理想情况下,电容 C 将保持电压 V_C 不变,因而输出电压 $V_O = V_C$ 也保持恒定。

采样保持器的主要参数如下所述。

(1) 孔径时间

电路接到保持信号后,模拟开关由导通变为断开所需时间为孔径时间。

项目 3 基于单片机的数字电压表的设计

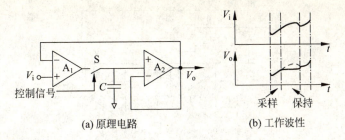

项目图 3-16 采样保持器的原理与波形特性

（2）捕捉时间

电路接到采样信号后，输出电压 V_O 达到指定跟踪误差范围内所需的时间为捕捉时间。A/D 转换器的采样周期应大于捕捉时间。

（3）保持时间

保持时间是模拟开关 S 断开的时间。

（4）输出电压变化率 dV_O/dt

实际上，保持期间的电容保持电压 V_C 在缓慢下降，这是由于保持电容的漏电流所致。输出电压变化率为

$$\frac{dV_O}{dt} = \frac{dV_C}{dt} = \frac{I_D}{C}$$

式中，I_D 为保持期间电容的总泄漏电流，它包括放大器的输入电流、开关截止时的漏电流与电容内部的漏电流等。

增大电容 C 值可以减小电压变化率，但同时会增加充电即采样时间。因此，保持电容的容量大小与采样精度成正比而与采样频率成反比。一般情况下，保持电容是外接的，所以要选用聚四氟乙烯、聚苯乙烯等高质量电容器，容量为 510～1000pF。

常用的集成采样保持器有 AD582，LF198/298/398 等。LF198 内部结构和引脚如项目图 3-17 所示。LF198 具有采样速度高、保持电压下降速度慢及精度高的特点。采用的电源电压为 ±5～±18V，输入模拟电压最大等于电源电压。LF198 的模拟开关采用脉冲控制，逻辑控制输入端用于控制采样或保持，可与各种类型的控制信号和逻辑电平兼容。选择保持电容 C_H 时要折中考虑保持步长、采样时间、输出电压下降率等参数，当 $C_H = 0.01\mu F$ 时，信号达到 0.01% 的采样时间为 $6\mu s$，保持电压下降为 3mV/s。

选择采样保持器时主要考虑的因素是：输入信号范围、输入信号变化率、多路转换器的切换速度、采集时间等。若输入模拟信号变化缓慢、模/数转换速度相对很快，可以不用采样保持器。

在 A/D 通道中，采样保持器的采样和保持电平应与后级 A/D 转换相配合。该电平信号既可以由其他控制电路产生，也可以由 A/D 转换器直接提供。保持器在采样期间不启动 A/D 转换器，而一旦进入保持期间，立即启动 A/D 转换器，从而保证 A/D 转换时的模拟输入电压恒定，以确保 A/D 转换精度。

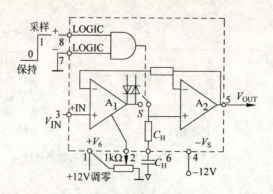

项目图 3-17 集成采样保持器的内部结构及引脚图

3.2.5 A/D 转换器的工作原理与性能指标

A/D 单转换器按转换原理可分为 4 种,即计数式、双积分式、逐次逼近式和并行式。最常用的是逐次逼近式和双积分式。

1. 逐次逼近式 A/D 转换器

逐次逼近式 A/D 转换器是一种速度较快,精度较高的转换器,其转换时间大约在几微秒到几百微秒之间。

一个 n 位逐次逼近式 A/D 转换器是由 n 位寄存器、n 位 D/A 转换器、运算比较器、控制逻辑电路、输出锁存器等五部分组成。项目图 3-18 所示为 4 位逐次逼近式 A/D 转换器内部结构。

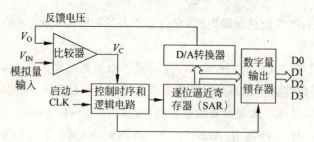

项目图 3-18 4 位逐次逼近式 A/D 转换器内部结构图

现以把模拟量 9 转换为二进制数 1001 为例,说明逐次逼近式 A/D 转换器的工作原理。首先使寄存器的最高位 D3=1,其余为"0"。此数字量 1000 经 D/A 转换器转换成模拟电压,即 $V_O=8$,送到比较器输入端与被转换的模拟量 $V_{IN}=9$ 进行比较,控制逻辑根据比较器的输出进行判断。当 $V_{IN} \geqslant V_O$ 时,保留 D3=1。

再对下一位 D2 进行比较。同样,先使 D2=1,与上一位 D3 位一起,即 1100 进入 D/A 转换器,转换为 $V_O=12$ 再进入比较器,与 $V_{IN}=9$ 比较,因 $V_{IN}<V_O$,则使 D2=0。

再下一位 D1 位也是如此。D1=1 即 1010,经 D/A 转换为 $V_O=10$,再与 $V_{IN}=9$ 比较。因 $V_{IN}<V_O$,则使 D1=0。

最后一位 D0=1,即 1001 经 D/A 转换为 $V_O=9$,再与 $V_{IN}=9$ 比较。因 $V_{IN} \geqslant V_O$,保留 D0=1。

比较完毕,寄存器中的数字量 1001 即为模拟量 9 的转换结果,存在输出锁存器中等待输出。

一个 n 位 A/D 转换器的模/数转换表达式是：

$$B = \frac{V_{IN} - V_{R-}}{V_{R+} - V_{R-}} \times (2^n - 1)$$

其中，n 为 n 位 A/D 转换器；V_{R+}，V_{R-} 为基准电压源的正、负输入；V_{IN} 为要转换的输入模拟量；B 为转换后的输出数字量。

即当基准电压源确定之后，n 位 A/D 转换器的输出数字量 B 与要转换的输入模拟量 V_{IN} 成正比。

例如，一个 8 位 A/D 转换器，设 $V_{R+}=5V$，$V_{R-}=0V$，则有

$$B = \frac{V_{IN} - V_{R-}}{V_{R+} - V_{R-}} \times (2^n - 1) = \frac{V_{IN} - 0}{5 - 0} \times (2^8 - 1)$$

当 V_{IN} 分别为 0V，2.5V，5V 时，所对应的转换数字量分别为 00H，7FH，FFH。

这种 A/D 转换器的常用品种有普通型 8 位单路 ADC0801～ADC0805、8 位 8 路 ADC0808/0809、8 位 16 路 ADC0816/0817 等，混合集成高速型 12 位单路 AD574A，ADC803 等。

逐次逼近式 A/D 转换器的优点是精度高、转换速度较快，而且转换时间是固定的，因而特别适合数据采集系统和控制系统的模拟量输入通道。它的缺点是抗干扰能力不够强，而且当信号变化率较高时会产生较大的线性误差。这是因为在转换加权过程中，信号的变化使得转换结果只是信号初值和结束值之间的某个不确定的值。加入采样保持器，可以改善这种情况。

2. 积分式 A/D 转换器

双斜率积分式 A/D 转换器的转换基础是测量两个时间：第一个时间是模拟电压向电容充电的固定时间，第二个时间是在已知参考电压放电所需要的时间。模拟输入电压与参考电压的比值就是两个时间值之比。项目图 3-19 所示是这种 A/D 转换器的原理图，它的转换过程如项目图 3-20 所示。

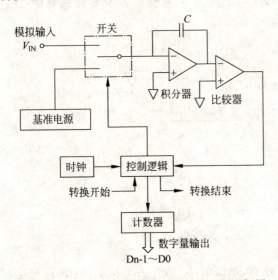

项目图 3-19 双斜率积分式 A/D 转换器原理框图

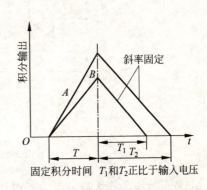

项目图 3-20 双斜率积分式 A/D 转换器转换过程

积分式 A/D 转换器的工作过程说明如下：

在转换开始信号控制下，开关接通模拟输入端，输入的模拟电压 V_{IN} 在固定时间 T 内对积分器上的电容 C 充电（正向积分）。时间一到，控制逻辑将开关切换到与 V_{IN} 极性相反的基准电源上。此时，电容 C 开始放电（反向积分），同时计数器开始计数。当比较器判定电容 C 放电完毕时就输出信号，由控制逻辑停止计数器的计数，并发出转换结束信号。这时，计数器所记的脉冲个数正比于放电时间。

放电时间 T_1 或 T_2 正比于输入电压 V_{IN}，即输入电压大，则放电时间长，计数器的计数值越大。因此，计数器计数值的大小反映了输入电压 V_{IN} 在固定积分时间 T 内的平均值。

这种 A/D 转换器的常用品种有输出为 3 位半 BCD 码（二进制编码的十进制数）的 ICL7107，MC14433，输出为 4 位半 BCD 码的 ICL7135 等。

双斜式积分式 A/D 转换器有单积分、双积分式和四重积分等类型。单积分结构简单，它只有一个固定时间积分过程，因而精度低。双重积分即为前述的双斜率积分。四重积分由两个双斜率积分过程组成，即首先在断开模拟输入电压（内部 $V_X=0$）的情况下进行双斜率积分，将积分器、比较器的失调电压转化为数字量；然后对模拟输入电压进行第二次双斜率积分。第二次的转换结果扣除失调量，便为实际转换结果。因此，可克服失调对转换精度的影响。

双斜率积分式 A/D 转换器的优点是消除干扰和电源噪声的能力强、精度高，缺点是转换速度较慢。因此，在信号变化缓慢、模拟量输入速率要求较低、转换精度要求高，且现场干扰较严重的情况下，可以采用这种 A/D 转换器。

3. 电压/频率变换器（VFC）作为 A/D 转换器

VFC 是把电压变换为频率的装置，其输出为脉冲形式，如锯齿波、方波、尖脉冲等，它具有应用电路简单、精度较好、线性度较好且频率动态变化范围宽、抗干扰能力强、价格较低等优点。它在一些高精度、远距离数据传输而速度要求不高的场合取代 A/D 转换器，可以获得较好的性能价格比。

实现 V/F 转换的方法很多，现以常见的电荷平衡 V/F 转换法说明其转换原理，项目图 3-21 所示为其电原理框图。

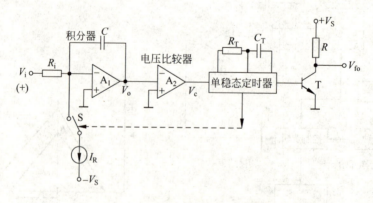

项目图 3-21 VFC 的基本原理框图

A_1 是积分输入放大器，A_2 为零电压比较器，恒流源 I_R 和开关 S 构成 A_1 的反充电回路，开关 S 由单稳态定时器触发控制。

当积分放大器 A_1 的输出电压 V_o 下降到 0V 时,零电压比较器 A_2 输出跳变,则触发单稳态定时器,即产生暂态时间为 T_1 的定时脉冲,并使开关 S 闭合;同时,使晶体管 T 截止,频率输出端 V_{fo} 输出高电平。

在开关 S 闭合期间,恒流源 I_R 被接入积分器的一输入端。由于电路是按 $I_R > V_{imax}/R_i$ 设计的,故此时电容 C 被反向充电。充电电流为 $I_R - (V_i/R_i)$,则积分器 A_1 的输出电压 V_o 从 0V 起线性上升。当定时 T_1 时间结束时,定时器恢复稳态,使开关 S 断开,反向充电停止,同时使晶体管 T 导通,V_{fo} 端输出低电平。

开关 S 断开后,正输入电压 V_i 开始对电容 C 正向充电,其充电电流为 V_i/R_i,则积分器 A_1 的输出电压 V_o 开始线性下降。当 $V_o=0$ 时,比较器 A_2 的输出再次跳变,又使单稳态定时器产生 T_1 时间的定时脉冲而控制开关 S 再次闭合,A_1 再次反向充电,同时 V_{fo} 端又输出高电平。

通过开关 S 断开、闭合如此反复下去,就会在积器 A_1 的输出端 V_o、单稳态定时器脉冲输出端和频率输出端 V_{fo} 端产生如项目图 3-22 所示的波形,其波形的周期为 T。

根据反向充电电荷量和正向充电电荷量相等的电荷平衡原理,可得

$$\left(I_R - \frac{V_i}{R_i}\right)T_1 = \frac{V_i}{R_i} \times (T - T_1)$$

整理得

$$T = \frac{I_R \times R_i \times T_1}{V_i}$$

则 V_{fo} 输出电压频率为

$$V_{fo} = \frac{1}{T} = \frac{V_i}{I_R \times R_i \times T_1}$$

即输出频率与输出电压成正比。

VFC 有不少用途,当用作 A/D 转换器时,其原理如项目图 3-23 所示。

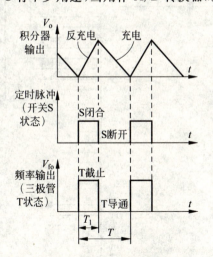
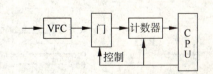

项目图 3-22 V/F 工作波形　　项目图 3-23 用 VFC 构成 A/D 转换器

输入电压加到 VFC 上产生频率与 V_{in} 成正比的脉冲序列。该脉冲序列通过门电路由计数器测定规定时间内的脉冲数,即可计算出频率,再通过频率换算出电压值。

采用 VFC 容易实现信号隔离,抗干扰能力较强,占用计算机 I/O 口较少,因而在测控系统中有一定的应用。

V/F 转换器件的种类很多,常用品种有 VFC32,LM131/LM231/LM331,AD650,AD651 等。

3.3 硬件电路设计

本项目主要实现基于单片机的数字电压表的实现。由于要测量模拟信号,所以项目中的关键是 A/D 转换器的选择。根据前面对 A/D 转换器的分析,项目中选用了串行 A/D 转换器 TLC1543 来完成。由于其与单片机接口比较简单,所以构成系统的电路所需元件较少,成本低。

系统采用液晶显示,所检测的多路电压值轮流在液晶上显示。项目图 3-24 所示为单片机及显示电路原理图。显示部分通过单片机的 P0 口提供数据给液晶显示屏,并通过单片机的 P3.0,P3.1,P3.2 形成控制逻辑,完成整个显示的控制。

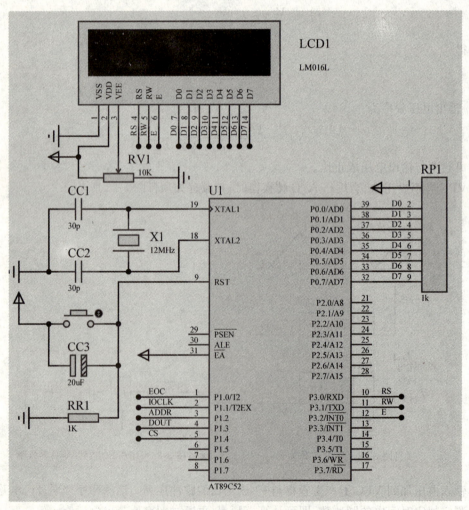

项目图 3-24 单片机及显示仿真电路

项目 3　基于单片机的数字电压表的设计

项目中的液晶显示采用长沙太阳人电子有限公司的 1602 字符型液晶显示器，它采用标准的 14 脚（无背光）或 16 脚（带背光）接口，可显示 16×2 个字符。

此外，在数字电压表的设计中，首先要将不同量程被测电压规范到 A/D 转换器所要求的电压值。可设置衰减输入电路，并由开关来选择不同的衰减率，从而切换挡位。由于本项目所选 A/D 具有 11 路模拟通道，所以项目中未设开关进行选择，而是将不同的电压接到不同的分压电路衰减后送到 A/D 转换器进行 A/D 转换，然后送到单片机中进行数据处理。处理后的数据送到 LCD 中显示。项目中主要分 5V，−5V，9V，15V，−15V，24V，−24V，48V，−48V 等多个常规直流电压挡位，如项目图 3-25 所示。

在电路设计中，还需要一个参考电压。这里采用 LM236 稳压二极管，把电压稳定在 5V，这就是其参考电压，是比较准确的。因为参考电压为 5V，那么每个模拟输入电压必须小于 5V，同时大于 0V。当要测量的电压大于 5V 或小于 0V 时，要用适当的电阻对其分压，使其接到 TLC1543 的模拟输入电压在 0～5V 之间。假设 TLC1543 某个特定的输入模拟电压输出的数值为 X，那么每个模拟口输入的 $V_{ax}=(X/1024)\times 5(V)$。

对于 A/D 转换芯片的串行接口时序，主要采用 51 单片机的端口来模拟实现，这具体体现在程序设计部分。

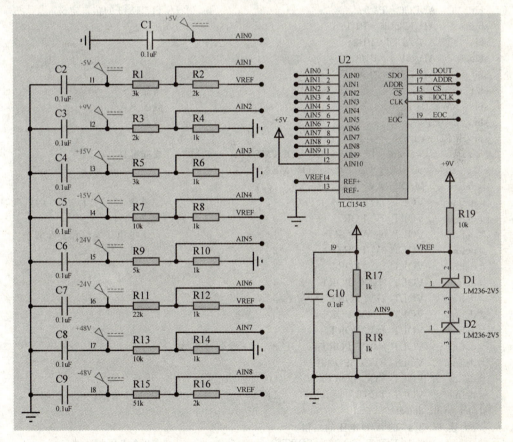

项目图 3-25　TLC1543 电压采集电路

3.4 软件设计

软件设计主要集中在 A/D 转换的读取以及转换结果的计算与显示。程序及说明如下：

```c
#include     <stdio.h>
#include     <absacc.h>
#include     <intrins.h>
#include     <at89x52.h>
#define      uchar unsigned char
#define      uint  unsigned int
#define      ulong unsigned long
#define      TIMERH       0xd8              //采用定时器0,超时时间为10ms
#define      TIMERL       0xf0
#define      TIMER_NUM    2                 //软定时器的个数为2个
#define      VOLT_TIMER   0                 //定义 TLC1543 定时器为软定时器 0
#define      DISP_TIMER   1                 //定义显示定时器为软定时器 1
#define      VOLT_TIMER_LEN  100            //TLC1543 定时器时长为 1s
#define      DISP_TIMER_LEN  500            //显示定时器的时长为 5s
/*** 读 TLC1543 电压的一些常量 ***/
sbit    ADEOC=P1^0;                         //TLC1543 的接口定义
sbit    AD_IOCLK=P1^1;
sbit    AD_ADDI=P1^2;
sbit    AD_OUT=P1^3;
sbit    AD_CSN=P1^4;
sbit    RS=P3^0;                            //液晶 RS
sbit    RW=P3^1;                            //液晶 RW
sbit    E=P3^2;                             //液晶 E
sbit    LED=P1^5;
char code welcode[]={"--DC VOLTMETER--"};   //欢迎屏显
char code testcode[]={"<<<ON MEASURE>>>"};
#define   MAX_RAW_VALUE       1024
#define   VOLT_TOTAL_PORTS    12            //总共读 12 个 TLC1543 的电压端口
#define   VOLT_5V_PORT        0             //定义 5V 电压的端口，
#define   VOLT_N5V_PORT       1             //以下的电压端口和实际的电
#define   VOLT_9V_PORT        2             //路图连接相关
#define   VOLT_15V_PORT       3
#define   VOLT_N15V_PORT      4
#define   VOLT_24V_PORT       5
#define   VOLT_N24V_PORT      6
#define   VOLT_48V_PORT       7
#define   VOLT_N48V_PORT      8
#define   VOLT_BVCC_PORT      9
#define   VOLT_VCC_PORT       10
#define   VOLT_TEST           11            //端口 11 为测试电压的端口
struct volt_detect
{//为读 TLC1543 的 A/D 电压的结构
    uint    volt[VOLT_TOTAL_PORTS];         //12 个电压测试端口
    uchar   preport;                        //表明上次读的电压端口
    uchar   port;                           //当前的端口
```

```c
};
struct MY_TIMER{                                    //软定时器结构
    uchar   enable;
    uint    count;
    uchar   flag;
};
struct   MY_TIMER    TT[TIMER_NUM];                 //定义2个软定时器结构
struct   volt_detect    volt_group;
uchar    dispbuf1;
uchar    dispbuf2;
uchar    dispbuf3;
uchar    dispbuf4;
uchar    disp_on_num=0;
//函数声明
uchar    busy_lcd();
void     cmd_wr();
void     init_lcd();
void     show_lcd(uchar i);
void     dispwelcom(void);
void     start_timer(void);
void     reset_timer(uchar i);
void     set_timer(uchar i,uint count);
void     DELAY(void);
uint     tlc_volt_read(uchar addr);
void     Tlc_Ad_Cvt(void);
void     dispconv(uint onevolt);
void     dispvolt(uchar channel_num);
void     replvolt(uchar replnum);
//定时器0的中断
void time0(void) interrupt 1
{
    uchar i;
    for(i=0;i<TIMER_NUM;i++)                        //查询一遍软定时器
    {
        if(TT[i].enable==1)                         //如果软定时器i已经开启
        {
            if(TT[i].count==0)                      //表明软定时器i超时
            {
                TT[i].enable=0;
                TT[i].flag=1;
            }
            else{
                TT[i].count--;                      //软定时器i没有超时,把时间计数减1
            }
        }
    }
    LED=~LED;
    TH0=TIMERH;
    TL0=TIMERL;
```

```c
    }

void set_timer(uchar i, uint count)
//启动软定时器i,count是对10ms的计数,所以其超时长度为(10乘以计数值)ms
{
    TT[i].count=count;
    TT[i].enable=1;
    TT[i].flag=0;
}
void start_timer(void)                              //启动定时器0
{
    TMOD=0x01;                                      //定时器0定时方式1
    TH0=TIMERH;
    TL0=TIMERL;
    IT0=1;
    TR0=1;                                          //开始定时器
}
void main(void)                                     //主函数
{
    LED=0;
    start_timer();
    IE=0x02;
    EA=1;
    dispwelcom();
    volt_group.port=0;                              //初始化读电压端口
    volt_group.preport=0;
    tlc_volt_read(volt_group.port);                 //先进行一次A/D转换,保证读上次端口
                                                    //电压的正确性
    volt_group.port=1;
    set_timer(VOLT_TIMER,VOLT_TIMER_LEN);           //开启软定时器VOLT_TIMER
    set_timer(DISP_TIMER,DISP_TIMER_LEN);           //开启软定时器DISP_TIMER
    while(1){
        if(TT[VOLT_TIMER].flag==1){                 //TLC读电压定时器到达
            set_timer(VOLT_TIMER,VOLT_TIMER_LEN);           //重新启动软定时器
            Tlc_Ad_Cvt();                           //进行A/D转换,同时存储模拟电压的值
            dispconv(volt_group.volt[volt_group.preport]);  //电压转换显示码
            replvolt(volt_group.preport);           //更新显示当前测量通道
        }
        if(TT[DISP_TIMER].flag==1){                 //软定时5s到显示一个通道原电压值
            set_timer(DISP_TIMER,DISP_TIMER_LEN);           //重新启动软定时器
            dispconv(volt_group.volt[disp_on_num]); //电压转换显示码
            dispvolt(disp_on_num);
            disp_on_num++;
            disp_on_num%=VOLT_TOTAL_PORTS;
        }
    }
}
```

///////////液晶显示子函数/////////////////////

项目 3　基于单片机的数字电压表的设计

```c
/*判断 LCD 是否忙*/
uchar busy_lcd()
{
    uchar a;
start:

    RS=0;
    RW=1;
    E=0;
    for(a=0;a<2;a++);
    E=1;
    P0=0xff;
    if(P0_7==0)
        return 0;
    else
        goto start;
}
/*写控制字*/
void cmd_wr()
{
    RS=0;
    RW=0;
    E=0;
    E=1;
}
/*设置 LCD 方式*/
void init_lcd()
{

    P0=0x38;
    cmd_wr();
    busy_lcd();
    P0=0x01;                        //清除
    cmd_wr();
    busy_lcd();
    P0=0x0f;
    cmd_wr();
    busy_lcd();
    P0=0x06;
    cmd_wr();
    busy_lcd();
    P0=0x0c;
    cmd_wr();
    busy_lcd();
}

/*LCD 显示一个字符子程序*/
void show_lcd(uchar i)
{
```

```c
    P0=i;
    RS=1;
    RW=0;
    E=0;
    E=1;
}
/*开场欢迎屏*/
void dispwelcom(void)
{
    uchar i;
    init_lcd();
    busy_lcd();
    P0=0x80;
    cmd_wr();
    i=0;
    while(welcode[i]!='\0')              //显示--DC VOLTMETER--
    {
        busy_lcd();
        show_lcd(welcode[i]);
        i++;
    }

    busy_lcd();
    P0=0xC0;
    cmd_wr();
    i=0;
    while(testcode[i]!='\0')             //显示<<<ON MEASURE>>>
    {
        busy_lcd();
        show_lcd(testcode[i]);
        i++;
    }
}
void DELAY(void)
{
_nop_();_nop_();_nop_();_nop_(); _nop_();    //定义指令延时
}
uint tlc_volt_read(uchar addr)               //为 TLC 的读电压函数
{
    uchar  i=10;
    uchar  tlc_add=addr;                     //设置 TLC 读哪个端口的电压
    uint   dat=0;
    AD_IOCLK=0;
    AD_CSN=0; _nop_(); _nop_();              //建立读时间
    while(i--)
    {
        AD_IOCLK=0; DELAY();
        if(tlc_add&0x08)
            AD_ADDI=1;
```

项目 3 基于单片机的数字电压表的设计

```c
        else
            AD_ADDI=0;
        tlc_add<<=1;
        AD_IOCLK=1;
        dat<<=1;
        dat |=AD_OUT;
        DELAY();
    }
    AD_CSN=1;
//要注意的是,返回的电压值是上次设置的端口电压,不是当前端口的电压
    DELAY();
    return dat;
}
void Tlc_Ad_Cvt(void)                       //把 TLC 的 AD 值和实际的电压值对应起来
{
    uint temp_volt;
    temp_volt=tlc_volt_read(volt_group.port); //读出模拟电压数值
    temp_volt=temp_volt>>1;                   //用不到 10 位精度,只需要 9 位精度就可以了
    temp_volt=temp_volt%0x200; //所有的值都应小于 512,所以除以 512
    temp_volt=temp_volt*125;
    temp_volt>>=7;
//经过这几步计算后,temp_volt 的值是实际的电压值乘以 100 的值*/
    switch(volt_group.preport)
      {
        case    VOLT_5V_PORT:
        case    VOLT_VCC_PORT:
        case    VOLT_TEST:
        //从电路图上看,这几组电压是没有经过电阻分压的,
        //所以是实际的值乘以 100 的值
            break;
        case VOLT_N5V_PORT:                  //是经过电阻分压的值,要对其电压进行反推
            temp_volt=300-temp_volt;
            temp_volt=temp_volt*5;
            temp_volt=temp_volt/2;
            break;
        case VOLT_9V_PORT:                   //经过电阻分压的值
            temp_volt=temp_volt*3;
            break;
        case VOLT_15V_PORT:                  //经过电阻分压的值
        case VOLT_24V_PORT:
            temp_volt=temp_volt*6;
            break;
        case VOLT_N15V_PORT:                 //是经过电阻分压的值
            temp_volt=(500-temp_volt)*11;
            temp_volt=temp_volt-500;
            break;
        case VOLT_N24V_PORT:                 //是经过电阻分压的值
            temp_volt=(500-temp_volt)*23;
            temp_volt=temp_volt-500;
```

```
            break;
        case VOLT_48V_PORT:                    //是经过电阻分压的值
            temp_volt=temp_volt*11;
            break;
        case VOLT_N48V_PORT:                   //是经过电阻分压的值
            temp_volt=(500-temp_volt)*53;
            temp_volt=temp_volt/2-500;
            break;
        case VOLT_BVCC_PORT:                   //是经过电阻分压的值
            temp_volt=temp_volt*2;
            break;
        default:break;
    }
    volt_group.volt[volt_group.preport]=temp_volt;//把模拟电压值存储在结构中，
    //比如,如果电压为2.5V,那么存储的值就为250
    //存储的电压值是实际电压的100倍
    volt_group.preport=volt_group.port;        //因为读的电压是上次端口电压的值,
    //要把上次的端口记住
    volt_group.port++;
    volt_group.port%=VOLT_TOTAL_PORTS;
}
void dispconv(uint onevolt)                    //电压值mV转换成ASCII
{
    uint voltdata=onevolt;
    dispbuf1=(uchar)(voltdata/1000)+48;
    dispbuf2=(uchar)(voltdata%1000/100)+48;
    dispbuf3=(uchar)(voltdata%100/10)+48;
    dispbuf4=(uchar)(voltdata%10)+48;
}
void dispvolt(uchar channel_num)               //显示一路电压
{
    uchar temp1,temp2;
    uchar chnum=channel_num;
    chnum++;
    init_lcd();
    busy_lcd();
    P0=0x80;
    cmd_wr();
    busy_lcd();
    show_lcd('C');
    busy_lcd();
    show_lcd('H');
    temp1=chnum/10+48;                         //显示通道号
    busy_lcd();
    show_lcd(temp1);
    temp2=chnum%10+48;
    busy_lcd();
    show_lcd(temp2);
    busy_lcd();                                //显示电压值
```

```c
    P0=0x80|0x09;
    cmd_wr();
    if(chnum==2 || chnum==5 || chnum==7 || chnum==9)
        temp1='-'; else temp1='+';
    busy_lcd();
    show_lcd(temp1);
    busy_lcd();
    show_lcd(dispbuf1);
    busy_lcd();
    show_lcd(dispbuf2);
    busy_lcd();
    show_lcd('.');
    busy_lcd();
    show_lcd(dispbuf3);
    busy_lcd();
    show_lcd(dispbuf4);
    busy_lcd();
    show_lcd('V');
}
void replvolt(uchar replnum)                    //刷新
{
    uchar temp1,temp2;
    uchar chnum=replnum;
    chnum+=1;
    busy_lcd();
    P0=0xC0|0x02;
    cmd_wr();
    temp1=chnum/10+48;                          //显示通道号
    busy_lcd();
    show_lcd(temp1);
    temp2=chnum%10+48;
    busy_lcd();
    show_lcd(temp2);
    busy_lcd();
    show_lcd('<');
    busy_lcd();
    show_lcd('<');
    busy_lcd();
    show_lcd(' ');
    if(chnum==2 || chnum==5 || chnum==7 || chnum==9)
        temp1='-'; else temp1='+';
    busy_lcd();
    show_lcd(temp1);
    busy_lcd();
    show_lcd(dispbuf1);
    busy_lcd();
    show_lcd(dispbuf2);
    busy_lcd();
    show_lcd('.');
```

```
        busy_lcd();
        show_lcd(dispbuf3);
        busy_lcd();
        show_lcd(dispbuf4);
        busy_lcd();
        show_lcd('V');
}
```

3.5 项目总结

在本项目中采用串行 A/D 转换器 TLC1543 进行设计数字电压表。TLC1543 为 SPI 接口。因为 TLC1543 输入当前地址时,输出的数字电压值是上一个地址的电压,所以在结构 volt_detect 中有两个成员 preport 和 port。port 用来输入当前的地址,preport 是上一次输入的地址,也就是 A/D 转换当前模拟通道的 A/D 转换的电压。由于 TLC1543 的参考电压为 5V,所以其输入的电压不能大于 5V,也不能小于 0V。对于大于 5V 或小于 0V 的电压,要用电阻分压,使其电压大于 0V 且小于 5V。通过电阻值和数字电压就可以倒推出原来的电压值。由于电阻精度的影响,TLC1543 输出的数字电压只利用了 9 比特基本上就足够了。结构 volt_detect 中的 volt[i] 为对应的 i 模拟通道对应的模拟电压的 100 倍数值。读取电压也采用定时器的方式,每一秒钟就把一个通道的模拟信号进行转换,同时把上一个通道转换完的模拟电压值读出来。

从以上操作来看,采用定时器的方式比查询的方式要好一些,可以控制操作的时间间隔,也可以达到时分的目的,使各个被调用的函数好像在同时执行。因为 80C51 只有 3 个定时器,如果定时器过多,会造成定时器不够用的情况。这里采用软件定时器来解决这一矛盾,采用了 MY_TIMER 结构。其中的成员 enable 用来确定定时器是否开启;count 用来定义定时器的时间,其单位为 10ms;flag 为超时标志,如果 flag 为"1",表明定时器超时。采用单片机定时器 0 作为硬中断,定时器 0 中断一次,就调用一次软定时器,把开启的软定时器的计数值减 1;当计数值(count)减到 0 时,表明定时器超时。单片机定时器 0 的定时长度为 10ms,所以 count 为目前某个软定时器还剩余的时间,单位为 10ms。

项目中采用的液晶显示器是目前应用最为广泛的字符式液晶显示器,项目中重点介绍了其使用方法。另外,项目中由于采用微型计算机实现,在设计实现时可考虑增加串行通信接口,直接把采集到的电压值传递到通用计算机上,以完成一个实时模拟电压采集系统;或者,再增加一些信号调理、放大电路,即可完成现场数据采集。

项目4　基于单片机的低频信号发生器

4.1　项目说明

信号发生器作为一种常见的应用电子仪器设备,一般可以完全由硬件电路搭接而成,如采用555振荡电路产生正弦波、三角波和方波的电路。但是这种电路存在波形质量差,控制难,可调范围小,电路复杂和体积大等缺点。在科学研究和工业过程控制中,常常要用到低频信号源。由硬件电路构成的低频信号性能难以令人满意,而且由于低频信号源所需的R、C要很大。大电阻、大电容在制作上有困难,参数的精度亦难以保证。体积大、漏电、损耗显著更是其致命的弱点。一旦工作需求功能有增加,电路复杂程度会大大增加。

利用单片机采用程序设计方法来产生低频信号,其频率底线很低,具有线路相对简单,结构紧凑,价格低廉,频率稳定度高,抗干扰能力强,用途广泛等优点,并且能够对波形进行细微调整,改良波形,使其满足系统的要求。

本项目主要介绍利用AT89C51单片机和DAC0832数/模转换器组成数字式低频信号发生器的具体实现。也就是在51单片机系统中实现D/A转换的典型实例。硬件上,51单片机和D/A器件共同完成主要的功能;软件上,单片机控制D/A转换的接口程序是项目的核心程序。

项目要求:

（1）用键盘控制输出正弦波、三角波、锯齿波、方波；

（2）用键盘控制输出幅度和频率的变化,并将幅值和频率显示,幅度范围1～5V,频率范围0～10kHz。

4.2　设计思路分析

在单片机应用系统中,微处理器处理后的结果往往必须转换成实际的模拟量,以便实现对被控对象的控制。比如,需要输出一个模拟电压来控制放大器的增益和LCD的亮度等。这种将数字量转换成模拟量的过程称为D/A转换（数/模转换）。

在D/A转换系统设计中,设计者的主要任务是根据用户对D/A转换通道的技术要求,合理地选择通道的结构,并按一定的技术准则和经济原因,恰当地选择所需的各种集成电路。在硬件设计的同时,必须考虑通道驱动程序的设计。较好的驱动程序可以使同样规模的硬件设备发挥更高的效率。

要实现D/A转换,首先必须弄清楚其工作原理,然后选择合适的D/A转换芯片。

4.2.1　模拟量输出通道的结构

模拟量输出通道一般是由接口电路、数/模转换器（简称D/A或DAC）和电压/电流变换器等组成。对于多路模拟量输出通道的结构,主要取决于输出保持器的结构方式。输出保持器的作用主要是在新的控制信号到来前,使本次控制信号维持不变。保持器一般有数字保持和模拟保持两种方案,这就决定了模拟量输出通道的两种基本结构形式:多通道独立 D/A 结构和多通道共享 D/A 结构。

1. 多通道独立 D/A 结构

如项目图 4-1 所示为多通道独立 D/A 形式的结构图。在这种形式中,CPU 和通道之间通过独立的接口缓冲器传送信息,因此这是数字保持的方案。它的优点是转换速度快、工作可靠,每条输出通路相互独立,不会由于某一路 D/A 故障而影响其他通路的工作。但它使用了较多的 D/A 转换器,因而成本较高。随着大规模集成电路技术发展,成本将不成问题。

① I/O 接口:接收来自 CPU 的数据、地址及控制信号,并向 CPU 送应答信号。

② D/A 转换器:其作用是将数字量转换成相应的模拟量。

③ 隔离级:将计算机与被控对象隔离,防止来自现场的干扰。

④ 输出级:由运算放大器、V/I 转换器等组成,以提供不同形式的输出信号。

⑤ 执行器:其作用是接收微机通过 AO 发来的控制信号,并转换成执行机构的动作,使生产过程按照预先规定的要求正常进行。

2. 多通道共享 D/A 结构

这种形式的原理框图如项目图 4-2 所示。因为共用一个数/模转换器,故它必须在 CPU 控制下分时工作,即依次把 D/A 转换器转换成的模拟电压(或电流),通过多路模拟开关传送给输出保持器。这种结构节省了 D/A 转换器,但电路复杂,占用主机时间,并且因为需要分时工作,只适用于通道数量多且速率要求不高的场合。由于需要多路转换器,且要求输出采样保持器的保持时间与采样时间之比很大,因而其可靠性较差。

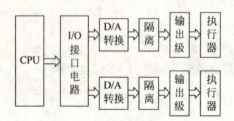

项目图 4-1 多通道独立 D/A 结构

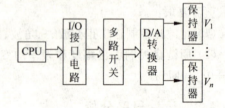

项目图 4-2 多通道共享 D/A 结构

4.2.2 D/A 转换器

数/模(D/A)转换器是一种将数字量转换成模拟量的器件,简称 DAC(Digital to Analog Converter),它是模拟量输出通道的核心器件。D/A 转换器分为串行和并行两大类。其中,串行 D/A 转换器直接将串行二进制码以同步方式转换,转换一个 n 位输入数码需要 n 个工作节拍周期,转换速度比并行 D/A 转换器低得多,连接电路简单。由于串行 D/A 转换器仅在少数特殊场合应用,在此不作介绍,仅讨论并行 D/A 转换器的情况。此外,进行数/模转换时,还应依照数/模转换器的码制要求和输出信号的极性要求,在数/模转换前用处理器进行代码转换。

1. D/A 转换原理

如果把模/数转换看作编码过程,那么数/模转换相当于是一个译码过程。为完成数/模转换功能,一般需要如下几个部分:基准电压、二进制位切换开关、产生二进制位权电流(权电压)的精密电阻网络以及求和放大器等,其结构如项目图 4-3 所示。

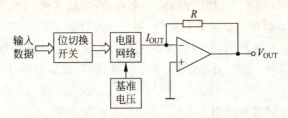

项目图 4-3 数/模转换结构

由图中可以看出,D/A 转换器的输入有两种:数字输入信号(二进制码或 BCD 码)和基准电压 V_{ref}。D/A 转换器的输出是模拟信号,可以是电流也可以是电压,多数是电流。

大多数 D/A 转换器是由电阻阵列和多个电流、电压开关构成的。按数字输入值切换开关,产生相应的输出电流和电压。一般而言,电流开关的切换误差小,因此 D/A 转换器多采用电流开关型电路。电流开关型电路如果是直接输出生成的电流,则为电流输出型 D/A 转换器。电流输出型 D/A 转换器很少直接利用电流输出,往往通过外接转换电路进行电流至电压转换。常用的转换方法是外接由运算放大器组成的电流至电压转换电路。如图 4-3 所示,输入数据通过位切换开关电路控制电阻网络,高精度的基准电压通过切换后的网络,输出与输入数据相对应的电流,再经过运算放大器求和并转换为相应的输出电压。如果采用内置运算放大器以低阻抗输出电压,则为电压输出型 D/A 转换器。也有的电压 D/A 转换器是直接从电阻阵列输出电压的,这种器件仅用于高阻抗负载。由于它没有输出放大器部分的延时,所以常用作高速 D/A 转换器。

2. D/A 转换器的性能指标

在选用 D/A 转换器时,应考虑的主要技术指标是分辨率、转换精度、输出电平和稳定时间。

(1) 分辨率

分辨率是指 D/A 转换器能分辨的最小输出模拟增量,即当输入数字发生单位数码变化时所对应输出模拟量的变化量。它取决于能转换的二进制位数,数字量位数越多,分辨率越高。分辨率与二进制位数 n 呈下列关系:分辨率=满刻度值/(2^n-1)。例如,对于满刻度值 5.12V,单极性输出,8 位 D/A 转换器的分辨率为 20mV,10 位 D/A 转换器的分辨率为 5mV,12 位 D/A 转换器的分辨率为 1.25mV。

(2) 转换精度

转换精度是指转换后所得的实际值和理论值的接近程度。它和分辨率是两个不同的概念。例如,满量程时的理论输出值为 10V,实际输出值是在 9.99~10.01V 之间,其转换精度为±10mV。对于分辨率很高的 D/A 转换器,并不一定具有很高的精度。

(3) 输出电平

D/A 转换器输出电平的类别有电压输出型和电流输出型两种,不同型号的 D/A 转换器件的输出电平相差较大。电压输出型的输出,低的为 20mA,高的可达 3A。

(4) 偏移量误差

偏移量误差是指输入数字量为零时,输出模拟量对于零的偏移值。此误差可通过 D/A 转换器的外接 V_{REF} 和电位器加以调整,通常称为零偏校正。

(5) 稳定时间

稳定时间是描述 D/A 转换速度快慢的一个参数,在输入代码作满度值的变化时(例如从 00H 变到 FFH),其模拟输出达到稳定(一般达到离终值±1/2LSB 值相当的模拟量范围内)所需的时间。稳定时间越大,转换速度越低。对于输出是电流的 D/A 转换器来说,稳定时间是很快的,约几微秒;输出是电压的 D/A 转换器,其稳定时间主要取决于运算放大器的响应时间。

3. D/A 转换芯片的选择原则

选择 D/A 转换芯片时,主要考虑芯片的性能、结构及应用特性。在性能上必须满足 D/A 转换的技术要求,在结构和应用特性上满足接口方便、外围电路简单、价格低廉等要求。

D/A 转换器性能指标包括静态指标(各项精度指标)、动态指标(建立时间、尖峰等)、环境指标(使用的环境温度范围、各种温度系数)。这些指标通过查阅手册可以得到。

D/A 转换器的结构特性与应用特性主要表现在芯片内部结构的配置状态,它对接口电路设计影响很大。其主要的特性有下面几个。

(1) 输入特性

D/A 转换器一般只能接收二进制数码。当输入数字代码为偏置码或补码等双极性数码时,应外接适当偏置电路才能实现。D/A 转换器一般采用并行码和串行码两种数据形式,采用的逻辑电平多为 TTL 或低压 CMOS 电平。

(2) 数字输出特性

指 D/A 转换器的输出电量特性(电压还是电流),多数 D/A 转换器采用电流输出。对于输出特性具有电流源性质的 D/A 转换器,用输出电压允许范围来表示由输出电路(包括简单电阻或运算放大器)造成输出电压的可变动范围。只要输出端电压在输出电压允许范围内,输出电流与输入数字间就保持正确的转换关系,而与输出电压的大小无关;对于输出特性为非电流源特性的 D/A 转换器,无输出电压允许范围指标时,电流输出端保持公共端电流虚地,否则将破坏其转换关系。

(3) 锁存特性及转换控制

D/A 转换器对输入数字量是否具有锁存功能,将直接影响与 CPU 的接口设计。若无锁存功能,通过 CPU 数据总线传送数字量时,必须外加锁存器。同时,有些 D/A 转换器对锁存的数字量输入转换为模拟量要施加控制,即施加外部转换控制信号才能转换和输出。对于这种 D/A 转换器,在分时控制多路 D/A 转换器时,可实现多路 D/A 转换的同步输出。

(4) 参考源

参考电压源是影响输出结果的模拟参量,它是重要的接口电路。对于内部带有参考电压源的 D/A 转换芯片,不仅能保证有好的转换精度,而且可以简化接口电路。

4.2.3 V/I 电压电流转换电路

由于电流信号易于远距离传送,且不易受干扰,特别是在过程控制系统中,自动化仪表只接收电流信号。所以在微机控制输出通道中常以电流信号来传送信息,这就需要将电压信号再转换成电流信号。完成电流输出方式的电路称为 V/I 转换电路。一般采用普通运放电路或集成转换器完成 V/I 变换。电流的输出一般有 0~10mA 和 4~20mA 两种输出形式。

如项目图 4-4 所示为普通运放组成的 0~10V/0~10mA 的变换电路,由运放 A 和三极

管 T_1、T_2 组成，R_1 和 R_2 是输入电阻，R 是反馈电阻，R_L 是负载等效电阻。输入电压 V_{in} 经输入电阻进入运算放大器 A，放大后进入三极管 T_1、T_2。由于 T_2 射极接有反馈电阻 R_f，得到反馈电压 V_f 加至输入端，形成运放 A 的差动输入信号。该变换电路由于具有较强的电流反馈，所以有较好的恒流性能。

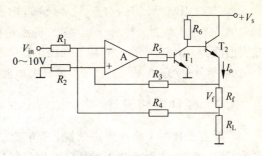

项目图 4-4　普通运放构成 $0\sim10V/0\sim10mA$ 的变换电路

若 R_3、$R_4\gg R_f$、R_L，可以认为 I_o 全部流经 R_f，由此可得放大器输入端电压为

$$V_- = V_{in}\times\frac{R_4}{R_1+R_4}+I_o\times R_L\times\frac{R_1}{R_1+R_4}$$

$$V_+ = I_o\times(R_f+R_L)\times\frac{R_2}{R_2+R_3}$$

对于运放，有 $V_-\approx V_+$，则

$$V_{in}\times\frac{R_4}{R_1+R_4}+I_o\times R_L\times\frac{R_1}{R_1+R_4}=I_o\times(R_f+R_L)\times\frac{R_2}{R_2+R_3}$$

若取 $R_1=R_2$，$R_3=R_4$，由上式整理可得 $I_o=\dfrac{V_{in}\times R_3}{R_1\times R_f}$。可以看出，输出电流 I_o 和输入电压 V_{in} 成线性对应关系。若取 $V_{in}=0\sim 10V$，$R_1=R_2=100k\Omega$，$R_3=R_4=20k\Omega$，$R_f=200\Omega$，则输出电流 $I_o=0\sim 10mA$。

如项目图 4-5 所示为普通运放构成 $1\sim 5V/4\sim 20mA$ 的变换电路，两个运放 A_1、A_2 均接成射极输出形式。在稳定工作时，$V_{in}=V_1$，则 $I_1=\dfrac{V_1}{R_1}=\dfrac{V_{in}}{R_1}$，又因 $I_1\approx I_2$，则 $\dfrac{V_{in}}{R_1}=I_2=\dfrac{V_S-V_2}{R_2}$，变换得 $V_2=V_S-\dfrac{V_{in}\times R_2}{R_1}$。又因电路在稳定状态下，$V_2=V_3$，$I_f\approx I_o$，则 $I_o\approx I_f=\dfrac{V_S-V_3}{R_f}=\dfrac{V_S-V_2}{R_f}=\dfrac{V_{in}\times R_2}{R_f\times R_1}$，其中 R_1、R_2、R_f 均为精密电阻，所以输出电流 I_o 与输入电压 V_{in} 呈线性关系，且与负载无关，接近于恒流。

若 $R_1=5k\Omega$，$R_2=2k\Omega$，$R_f=100\Omega$，当 $V_{in}=1\sim 5V$ 时，输出电流 $I_o=4\sim 20mA$。

如项目图 4-6 所示为集成 V/I 转换器 ZF2B20 的引脚图。它采用单正电源供电，电源电压范围为 $10\sim 32V$，ZF2B20 的输入电阻为 $10k\Omega$，动态响应时间小于 $25ms$，非线性小于 $\pm 0.025\%$。

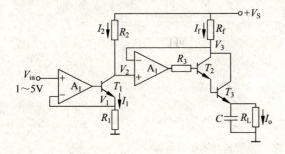

项目图 4-5　普通运放构成 $1\sim 5V/4\sim 20mA$ 的变换电路

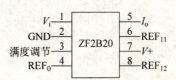

项目图 4-6　ZF2B20 引脚图

通过 ZF2B20 可以产生一个与输入电压成比例的输出电流,其输入电压范围是 0～10V,输出电流是 4～20mA。它的特点是低漂移,在工作温度为－25℃～85℃范围内,最大温漂为 0.005%/℃。利用 ZF2B20 实现 V/I 转换的电路非常简单,可查相关资料完成 0～10V 到 4～20mA 或 0～10mA 的转换电路。

4.3 硬件电路设计

本项目设计一个能产生正弦波、三角波、方波及锯齿波的信号发生器。使用 AT89C52 作为 CPU 单元,波形函数由单片机产生,经过 DA0832 芯片处理得出模拟信号。为了达到输出幅值控制的目的,本系统用两片 0832 控制,其中一片作为信号输出,另一片作为基准电压的输入。显示部分用 1602 液晶显示模块设计,主要显示输出频率及幅值。它具有价格低,性能高,在低频范围性能稳定等特点。

如项目图 4-7 所示为项目主控及键盘显示电路,可采用键盘操作控制输出波形转换,并且可以用键盘方便地控制频率和幅值的变化,并将幅值和频率用 LCD 显示出来。其中,单片机的 P1 口提供液晶显示 1602 的数据交换口,P3 口的 P3.0,P3.1,P3.2 提供与液晶进行数据交换的控制端口,P2 口提供 16 个键行列式的接入。

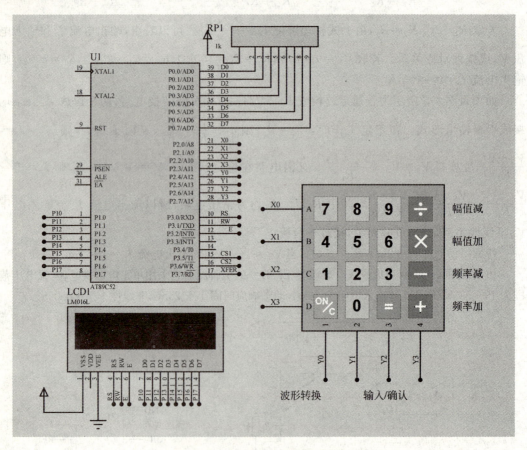

项目图 4-7 主控及键盘显示仿真电路

项目 4　基于单片机的低频信号发生器

如项目图 4-8 所示为电压基准输出与波形电压输出仿真电路,主要由单片机 AT89C52 与两片 DAC0832 数/模转换器以及几个集成运算放大器组成双极型电压输出(−5～+5V)。其中,单片机 AT89C52 的 P0 口作为 8 位二进制数的输出,经第 1 级 DAC0832 数/模转换器的转换及运放组成的双极型电压输出电路,输出的电压作为第 2 级 DAC0832 数/模转换器的基准电压。P0 口的 8 位二进制输出信号,再经第 2 级 DAC0832 数/模转换输出,使输出精度更高。第 1 级 DAC0832 的基准电压为+5V,由电源直接提供。

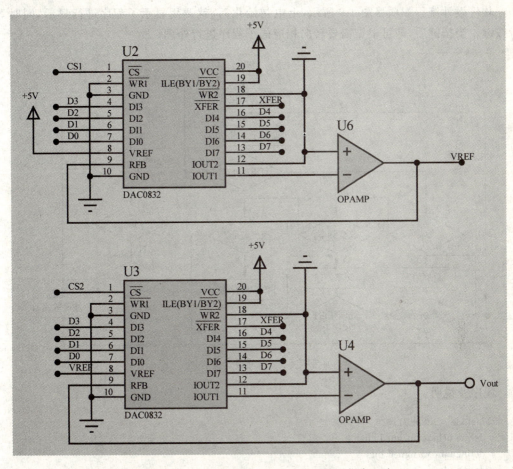

项目图 4-8　电压基准输出与波形电压输出仿真电路

单片机的 P3.5 与 P3.6 端口分别作为两级 DAC0832 的片选信号控制,P3.7 端为两个 DAC0832 的输出控制。

4.4　软件设计

软件需要实现的主要功能是检测键盘的输入,然后根据输入的结果选择相应的波形信号。单片机根据要输出的波形信号,经算法或查表取出波形数据,送 DAC 进行转换输出。

对于三角波、锯齿波及方波,其波形数据相对规范,可用计算的办法控制输出。而对于正弦信号波形来说,相对复杂,可以用 MATLAB 或其他正弦波数据产生工具计算出每个波形的采样点,然后由单片机把这些数据输出到0832得到波形。

对于频率的控制,只要用单片机控制波形数据相邻两点数据输出的时间,可以达到所需要的输出频率周期(频率)。输出幅值则和0832的基准电压的关,用单片机控制基准电压,达到控制幅值的目的。

显示部分可根据基准电压的大小返回一个值到LCD显示,并且根据控制输出数据的时间参数确定LCD显示波形的频率。

软件设计流程如项目图4-9所示,上电初始化后,就调用显示子程序进行显示,同时等待按键。当按键后,即可根据需要转向相应的子程序进行处理。

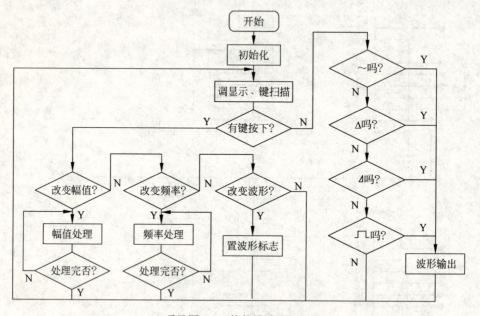

项目图4-9 软件设计流程图

程序及说明:

```c
#include <at89x51.h>
#define uchar unsigned char
#define uint unsigned int
#define ulong unsigned long
sbit RS=P3^0;              //液晶RS
sbit RW=P3^1;              //液晶RW
sbit E=P3^2;               //液晶E
sbit daccs1=P3^6;          //波形输出控制
sbit daccs2=P3^5;          //基准电压控制
sbit dacxfer=P3^7;         //同步数据输出控制
uchar keynum;              //数字键码缓冲
uchar speed=1;             //频率控制数据缓冲
uchar value=0x7f;          //幅值控制数据缓冲
bit value_fg=0;            //幅值调整标志
bit change_fg=0;           //波形转换标志
bit speed_fg=0;            //频率转换标志
```

```c
bit sine_fg=0;                                    //正弦波输出标志
bit trig_fg=0;                                    //三角波输出标志
bit sawt_fg=0;                                    //锯齿波输出标志
bit squa_fg=0;                                    //方波输出标志
bit entkey=0;
char code welcode[]={"----WELCOME!----"};         //欢迎屏显
char code sigcode[]={"SIGNAL GENERATOR"};
char code sinecode[]={"SINE>>>>WAVE"};            //Sine WAVE 正弦波
char code trigcode[]={"TRIA>>>>WAVE"};            //Triangular WAVE 三角波
char code sawtcode[]={"SAWT>>>>WAVE"};            //Sawtooth 锯齿波
char code squacode[]={"SQUA>>>>WAVE"};            //square 方波
char code vfcode[]={"2.15V 3.156KHz"};            //square 方波
/*正弦波数据表*/
char code sinewave[]={
  0x7F,0x85,0x8B,0x92,0x98,0x9E,0xA4,0xAA,
  0xB0,0xB6,0xBB,0xC1,0xC6,0xCB,0xD0,0xD5,
  0xD9,0xDD,0xE2,0xE5,0xE9,0xEC,0xEF,0xF2,
  0xF5,0xF7,0xF9,0xFB,0xFC,0xFD,0xFE,0xFE,
  0xFE,0xFE,0xFE,0xFD,0xFC,0xFB,0xF9,0xF7,
  0xF5,0xF2,0xEF,0xEC,0xE9,0xE5,0xE2,0xDD,
  0xD9,0xD5,0xD0,0xCB,0xC6,0xC1,0xBB,0xB6,
  0xB0,0xAA,0xA4,0x9E,0x98,0x92,0x8B,0x85,
  0x7F,0x79,0x73,0x6C,0x66,0x60,0x5A,0x54,
  0x4E,0x48,0x43,0x3D,0x38,0x33,0x2E,0x29,
  0x25,0x21,0x1C,0x19,0x15,0x12,0x0F,0x0C,
  0x09,0x07,0x05,0x03,0x02,0x01,0x00,0x00,
  0x00,0x00,0x00,0x01,0x02,0x03,0x05,0x07,
  0x09,0x0C,0x0F,0x12,0x15,0x19,0x1C,0x21,
  0x25,0x29,0x2E,0x33,0x38,0x3D,0x43,0x48,
  0x4E,0x54,0x5A,0x60,0x66,0x6C,0x73,0x79
};

/*子函数*/
void freqdelay(uchar i)
{
while(i--);
}
////////////液晶显示子函数////////////////////
/*判断LCD是否忙*/
uchar busy_lcd()
{
    uchar a;
start:
    RS=0;
    RW=1;
    E=0;
    for(a=0;a<2;a++);
    E=1;
    P1=0xff;
```

```c
        if(P1_7==0)
            return 0;
        else
            goto start;
}
/*写控制字*/
void cmd_wr()
{
    RS=0;
    RW=0;
    E=0;
    E=1;
}
/*设置LCD方式*/
void init_lcd()
{
    P1=0x38;
    cmd_wr();
    busy_lcd();
    P1=0x01;                                    //清除
    cmd_wr();
    busy_lcd();
    P1=0x0f;
    cmd_wr();
    busy_lcd();
    P1=0x06;
    cmd_wr();
    busy_lcd();
    P1=0x0c;
    cmd_wr();
    busy_lcd();
}
/*LCD显示一个字符子程序*/
void show_lcd(uchar i)
{
    P1=i;
    RS=1;
    RW=0;
    E=0;
    E=1;
}
/*开场欢迎屏*/
void dispwelcom(void)
{
    uchar i;
    init_lcd();
    busy_lcd();
    P1=0x80;
    cmd_wr();
```

项目4 基于单片机的低频信号发生器

```c
        i=0;
        while(welcode[i]!='\0')              //显示 WELLCOM!
        {
            busy_lcd();
            show_lcd(welcode[i]);
            i++;
        }
        busy_lcd();
        P1=0xC0;
        cmd_wr();
        i=0;
        while(sigcode[i]!='\0')              //显示 SIGNAL GENERATOR
        {
            busy_lcd();
            show_lcd(sigcode[i]);
            i++;
        }
}
/* 正弦波屏显示 */
void dispsine(void)
{   uchar i;
    init_lcd();
    busy_lcd();
    P1=0x80|0x02;
    cmd_wr();
    i=0;
    while(sinecode[i]!='\0')                 //显示 SINE<<<<WAVE
    {
        busy_lcd();
        show_lcd(sinecode[i]);
        i++;
    }
}
/* 三角波屏显示 */
void disptrig(void)
{
    uchar i;
    init_lcd();
    busy_lcd();
    P1=0x80|0x02;
    cmd_wr();
    i=0;
    while(trigcode[i]!='\0')                 //显示 TRIA<<<<WAVE
    {
        busy_lcd();
        show_lcd(trigcode[i]);
        i++;
    }
}
```

```c
/* 锯齿波屏显示 */
void dispsawt(void)
{
    uchar i;
    init_lcd();
    busy_lcd();
    P1=0x80|0x02;
    cmd_wr();
    i=0;
    while(sawtcode[i]!='\0')             //显示 SAWT<<<<WAVE
    {
        busy_lcd();
        show_lcd(sawtcode[i]);
        i++;
    }
}
/* 方波波屏显示 */
void dispsqua(void)
{
    uchar i;
    init_lcd();
    busy_lcd();
    P1=0x80|0x02;
    cmd_wr();
    i=0;
    while(squacode[i]!='\0')             //显示 SQUA<<<<WAVE
    {
        busy_lcd();
        show_lcd(squacode[i]);
        i++;
    }
}
/* 电压频率显示示例 */
void dispvf(void)
{
    uchar i;
    busy_lcd();
    P1=0xc0;
    cmd_wr();
    i=0;
    while(vfcode[i]!='\0')               //显示 SQUA<<<<WAVE
    {
        busy_lcd();
        show_lcd(vfcode[i]);
        i++;
    }
}
/* 用于键消抖的延时函数 */
void keydelay()
```

项目 4 基于单片机的低频信号发生器

```c
{
    uchar i;
    for (i=400;i>0;i--){;}
}

/* 键扫描函数 */
uchar keyscan(void)
{
    uchar scancode,tmpcode;
    P2 = 0xf0;                                    //发全"0"行扫描码
    if ((P2&0xf0)!=0xf0)                          //若有键按下
    {
        keydelay();                               //延时去抖动
        if ((P2&0xf0)!=0xf0)                      //延时后再判断一次,去除抖动影响
        {
            scancode = 0xfe;
            while((scancode&0x10)!=0)             //逐行扫描
            {
                P2 = scancode;                    //输出行扫描码
                if ((P2&0xf0)!=0xf0)              //本行有键按下
                {
                    tmpcode = (P2&0xf0)|0x0f;
            /* 返回特征字节码,为"1"的位即对应于行和列 */
                    return((~scancode)+(~tmpcode));
                }
                else scancode = (scancode<<1)|0x01;  //行扫描码左移 1 位
            }
        }
    }
    return(0);                                    //无键按下,返回值为"0"
}

/* 获按键位置函数 */
void getkeynum(void)
{
    uchar key;
    key = keyscan();                              //调用键盘扫描函数
    keydelay();
    switch(key)
        {
            case 0x11:                            //第 1 行第 1 列
                keynum=7;                         //数字键 7
                break;
            case 0x21:                            //第 1 行第 2 列
                keynum=8;                         //数字键 8
                break;
            case 0x41:                            //第 1 行第 3 列
                keynum=9;                         //数字键 9
                break;
```

```c
        case 0X81:
            value--;                //幅值减一挡
            value_fg=1;             //幅值调整标志
            break;
        case 0X12:
            keynum=4;               //数字键4
            break;
        case 0X22:
            keynum=5;               //数字键5
            break;
        case 0X42:
            keynum=6;               //数字键6
            break;
        case 0X82:
            value++;                //幅值加一挡
            value_fg=1;             //幅值调整标志
            break;
        case 0X14:
            keynum=1;               //数字键1
            break;
        case 0X24:
            keynum=2;               //数字键2
            break;
        case 0X44:
            keynum=3;               //数字键3
            break;
        case 0X84:
            speed++;                //频率减一挡
            speed_fg=1;             //频率调整标志
            break;
        case 0X18:
            change_fg=1;            //波形转换有效
            break;
        case 0X28:
            keynum=0;               //数字键0
            break;
        case 0X48:
            entkey=1;
            break;
        case 0X88:
            speed--;                //频率加一挡
            speed_fg=1;             //频率调整标志
            break;
        default:break;
    }
}

/*主程序*/
void main()
```

```c
{   uchar j,keyon,tempdata;
    uchar times;
    daccs1=1;
    daccs2=0;                                          //基准电压到内部缓冲区
    P0=value;
    dispwelcom();
    while(1)
    {
            for(j=0;j<127;j++)
             {
                dacxfer=1;
                daccs1=0;
                daccs2=1;
                if (sine_fg) tempdata=sinewave[j];      //正弦波数据
                else if(trig_fg)                        //三角波数据
                    {if (j<64) tempdata=j*4; else tempdata=(127-j)*4;}
                else if(sawt_fg) tempdata=j*2;          //锯齿波数据
                else if(squa_fg)                        //方波数据
                    {if (j<64) tempdata=0; else tempdata=0xFF;}
                else tempdata=0;
                P0=tempdata;                            //输出一个数据形成电压
                dacxfer=0;                              //同步输出基准电压
                freqdelay(speed);                       //改变 speed,即可改变周期、频率
             }
        if((keyon=keyscan())!=0x00) getkeynum();
        if(change_fg)
            {
                times++;
                switch(times)
                   {
                      case 1:
                         dispsine();
                         dispvf();
                         sine_fg=1;
                         trig_fg=0;
                         sawt_fg=0;
                         squa_fg=0;
                         break;
                      case 2:
                         disptrig();
                         dispvf();
                         sine_fg=0;
                         trig_fg=1;
                         sawt_fg=0;
                         squa_fg=0;
                         break;
                      case 3:
                         dispsawt();
                         dispvf();
```

```
                    sine_fg=0;
                    trig_fg=0;
                    sawt_fg=1;
                    squa_fg=0;
                    break;
                case 4:
                    times=0;
                    dispsqua();
                    dispvf();
                    sine_fg=0;
                    trig_fg=0;
                    sawt_fg=0;
                    squa_fg=1;
                    break;
                default:break;
                }
                change_fg=0;
            }                                           //if change
        if(value_fg)
            {
            value_fg=0;
            daccs1=1;
            daccs2=0;                                   //输出基准电压
            P0=value;
            }
        }                                               //while(1)
    }
```

4.5　项目总结

　　本项目通过单片机和 D/A 转换器实现了一种简单的智能信号发生器。项目中也介绍了常用模拟量输出通道中的一些处理方法,以及数/模转换的实现方法。项目硬件设计中仅简单介绍了主要硬件实现,在设计时还要注意放大器的选择以及电源电路的设计。软件设计中未对电压与频率的计算方法进行介绍,实际设计时应考虑以上内容。另外,在设计硬件印刷电路板时,要注意模拟部分与数字部分的处理,以防止干扰。

项目 5　基于单片机的步进电机数控系统

数控机床具有能加工复杂型面的工件,且加工精度高、尺寸一致性好、生产效率高,便于改变加工零件品种等许多特点,是实现制造自动化的重要组成部分。在机床控制系统中,通常要控制机械部件的平移和转动,这些机械部件的驱动大都采用交流电机、直流电机和步进电机。在这三种电机中,步进电机最适合数字控制,因此它在数控机床等设备中应用广泛。步进电机如项目图 5-1 所示。

项目图 5-1　步进电机图片

控制系统要根据某一输入指令所规定的工作顺序、运动轨迹、运动距离和运动速度等完成规定的工作,现在几乎离不开计算机的控制。本项目将介绍单片机在工控领域中的一种应用,即由 51 单片机控制的步进电机数字程序控制系统。

5.1　项目说明

采用步进电机控制的数控机床如何加工出如项目图 5-2 所示的平面曲线图形?通常由如下三步完成。

1. 曲线分割

将所需加工的轮廓曲线,依据保证线段所连的曲线(或折线)与原图形的误差在允许范围之内的原则分割成机床能够加工的曲线线段。将如项目图 5-2 所示的曲线分割成直线段 ab、cd 和圆弧 bc 三段,然后把 a、b、c、d 四点的坐标记下来并送给计算机。

项目图 5-2　曲线分段

2. 插补计算

根据给定的各曲线段的起点、终点坐标(即 a、b、c、d 各点坐标),以一定的规律定出一系列中间点,要求用这些中间点所连接的曲线段必须以一定的精度逼近给定的线段。确定各坐标值之间的中间值的数值计算方法称为插值或插补。常用的插补形式是直线插补和二次曲线插补两种形式。直线插补是指在给定的两个基点之间用一条近似直线来逼近。由此定出中间点连接起来的折线近似于一条直线,而并不是真正的直线。所谓二次曲线插补,是指在给定的两个基点之间用一条近似曲线来逼近,也就是说,实际的中间点连线是一条近似于曲线的折线弧。常用的二次曲线有圆弧、抛物线和双曲线等。对于如项目图 5-2 所示的曲线,ab 和 cd 段用直接插补,bc 段用圆弧插补比较合理。

3. 电机带动刀具进给

根据插补运算过程中定出的各中间点,控制步进电机的旋转方向、速度及转动的角度,使步进电机带动刀具在 x、y 方向运动,加工出所要求的轮廓。

项目的目标是实现一个基于 51 单片机控制的四相步进电机系统,由单片机控制步进电机以正确的转速向正确的方向产生正确的转动角度。

5.2 设计思路分析

步进电机的使用无疑是项目的重点和难点,因此首先需要详细了解步进电机的工作原理。

5.2.1 步进电机的工作原理

步进电机是数字控制电机,它将电脉冲信号转变成角位移,实质上是一种数字/角度转换器。步进电机的转子为多极分布,转子上嵌有多相星形连接的控制绕组。由专门的电源输入电脉冲信号,每输入一个脉冲信号,步进电机的转子就前进一步,即转动一个角度。由于输入的是脉冲信号,输出的角位移是断续的,所以又称之为脉冲电动机。其内部结构如项目图 5-3 所示。

项目图 5-3 步进电机结构图

具体而言,每当步进电机的驱动器接收到一个驱动脉冲信号后,步进电机将会按照设定的方向转动一个固定的角度(有的步进电机可以直接输出线位移,称为直线电动机)。因此,步进电机是一种将电脉冲转化为角位移(或直线位移)的执行机械。对于经常使用的角位移步进电机,可以通过控制脉冲的个数来控制角位移量,从而达到准确定位的目的;同时,还可以通过控制脉冲频率来控制电机转动的速度和加速度,达到调速的目的。

对于步进电机的数控系统,根据步进电机的特点,每一个脉冲信号将控制步进电机转动一定的角度,从而带动刀具在 x 或 y 方向移动一个固定的距离。把对应于每个脉冲移动的相对位置称为脉冲当量或步长,常用 Δx 和 Δy 来表示,并且 $\Delta x = \Delta y$。很明显,脉冲当量是刀具的最小移动单位,Δx 和 Δy 的取值越小,所加工的曲线就越逼近理想的曲线。

步进电机分为反应式步进电机(VR)、永磁式步进电机(PM)和混合式步进电机(HB)三种。永磁式一般为两相,转矩和体积较小,步进角一般为 7.5°或 15°;反应式一般为三相,可实现大转矩输出,步进角一般为 1.5°,但噪声和振动都很大,欧美等发达国家在 20 世纪 80 年代已淘汰;混合式应用最为广泛,它混合了永磁式和反应式的优点,又分为两相和五相两种:两相步进角一般为 1.8°,五相步进角一般为 0.72°。

步进电机区别于其他控制电机的最大特点是:它是通过输入脉冲信号来进行控制的,即电机的总转动角度由输入脉冲数决定,而电机的转速由脉冲信号频率决定。

下面以四相步进电机 35BY48S03 为例,说明步进电机的工作方式;步进电机用 4 个开关信号控制的示意图如项目图 5-4 所示。

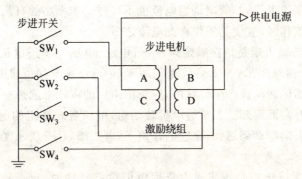

项目图 5-4 开关信号控制四相步进电机的连接示意图

35BY48S03 有四相 A,B,C,D,开关信号可以控制各相的通、断电。通电时,在对应线圈上产生各方向的磁通,并通过转子形成闭合回路,产生磁场。在磁场的作用下,转子总是力图转到磁阻最小的位置,这样,步进电机就产生了转动。

当用 4 个开关按照如项目图 5-5 所示的时序接通和断开时,就可使步进电机正转和反转。基于步进电机的驱动电路基本上依据此开关的通断状态,由单片机产生控制信号完成以下三种功能:

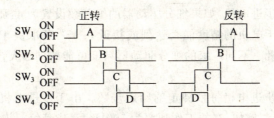

项目图 5-5 开关控制四相步进电机实现正反转的工作时序图

(1) 控制换相顺序

通电换相这一过程称为脉冲分配。对于四相步进电机而言,其各相通电顺序如项目图 5-5 所示。通电控制脉冲必须严格按照这一顺序分别控制 A,B,C,D 相的通、断。

(2) 控制步进电机的转向

如果按给定工作方式的正序换相通电,步进电机正转;如果按反序通电换相,电机就会反转,如项目图 5-5 所示。

(3) 控制步进电机的速度

如果给步进电机发送一个控制脉冲,它就转一步;再发送一个脉冲,它会再转一步。两个脉冲的间隔越短,步进电机转得越快。调整单片机发出的脉冲频率,可以对步进电机进行调速。

选择步进电机需要根据实际需求和技术指标综合考虑。步进电机只有在满足额定的工作条件下,才可以正常工作。其主要技术指标有以下几个。

① 相数:产生不同对极 N、S 磁场的激磁线圈对数。

② 工作电压:即步进电机工作所要求的工作电压。

③ 绕组电流:只有绕组有电流时,才能建立磁场,且不同相上电流的有无决定步进电机的步进。不同的步进电机,其额定绕组电流也不一样。功率小的有几百毫安,功率大的以安培计。步进电机工作时,应使其工作在此电流之下。

④ 转动力矩:转动力矩是指在额定条件下(电流、电压),步进电机的轴上所能产生的转矩,单位通常为牛顿每厘米(N/cm)或克每厘米(g/cm)或千克每厘米(kg/cm)。步进电机通常是用来驱动物体转动或产生位移的,应根据用户的需求来选择一定转矩的步进电机。转动力矩随转速的升高而下降。当步进电机转动时,电机各相绕组的电感将形成一个反向电动势,频率越高,反向电动势越大,在它的作用下,电机随频率(或速度)的增大而相电流减小,导致力矩下降。

⑤ 保持转矩:保持转矩是指步进电机通电但没有转动时,定子锁住转子的力矩。通常,步进电机在低速时的力矩接近保持转矩。由于步进电机的输出力矩随转速增大而不断衰减,输出功率也随转速度增大而变化,所以保持转矩就成为衡量步进电机的重要参数。

⑥ 步距角:步进电机每走一步实际上就是转子(轴)转一个角度。不同的电机,每步转的角度不一样。小的有 0.5°/步、1.5°/步等,大的到 15°/步,可根据需求选用。

⑦ 精度:一般步进电机的精度为步进角的 3‰~5‰,且不累积。采用细分技术可以提高电机的运转精度。细分技术实质上是一种电子阻尼技术,其主要目的是减弱或消除步进电机的低频振动。提高电机的运转精度只是细分技术的一个附带功能。比如,对于步进角为 1.8°的两相混合式步进电机,如果细分驱动器的细分数设置为 4,那么电机的运转分辨率为每个脉冲 0.45°,至于电机的精度能否达到或接近 0.45°,还取决于细分驱动器的细分电流控制精度等其他因素。不同厂家的细分驱动器精度可能差别很大,细分数越大,精度越难控制。

⑧ 工作频率:即步进电机每秒钟走的额定步数。由于步进电机走步实际上是转子的机械运动,不可能很快。例如,有的工作频率为 500Hz,意味着每一步需要 2ms。目前,频率高的可达 10kHz。但是总地来说,与单片机相比,步进电机的速度是十分慢的。

⑨ 空载启动频率:即步进电机在空载情况下能够正常启动的脉冲频率。如果脉冲频率高于该值,电机不能正常启动,可能发生丢步或堵转。在有负载的情况下,启动频率应更低。如果要使电机达到高速转动,脉冲频率应该有加速过程,即启动频率较低,然后按一定加速度升到所希望的高频(电机转速从低速升到高速)。

⑩ 拍数:指完成一个磁场周期性变化所需脉冲数或导电状态,或指电机转过一个齿距角所需脉冲数。以四相电机为例,如果对各个相依次单独通电,"A-B-C-D",磁场旋转一周需要换相四次,则称为四相单四拍;如果每次对两相同时通电,"AB-BC-CD-DA",则称为四相双四拍;也可以每次对三相同时通电,"ABC-BCD-CDA-DAB";将单四拍和双四拍交替

使用,就称为四相八拍,如"A-AB-B-BC-C-CD-D-DA"、"AB-ABC-BC-BCD-CD-CDA-DA-DAB",此时磁场旋转一周需要换相八次。

双四拍每次对多相同时通电,与单四拍比较起来,每相通电的时间长,消耗的电功率增大,电机所得到的电磁转矩也大。同时,采用多相励磁会产生电磁阻尼,将削弱或消除振荡现象,使得电机不易产生失步。

四相八拍与四相四拍相比较,步距角减小了一半,有利于削弱振荡,提高电机的带负载能力。

如下所示即为步进电机 35BY48S03 的参数表:

35BY48S03 型电机参数									
型号	步距角	相数	电压/V	电流/A	电阻/Ω	最大静转矩	定位转矩	转动惯量
35BY48S03	7.5	4	12	0.26	47	180	65	2.5

5.2.2 步进电机的控制

典型步进电机控制系统如项目图 5-6 所示。

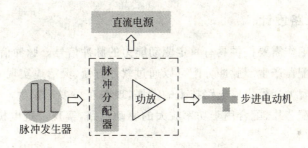

项目图 5-6 典型步进电机控制框图

由项目图 5-6 可知,步进电机控制系统中有两个重要电路:脉冲分配电路和驱动电路。

脉冲分配电路中有两个输入信号:步进脉冲和转向控制。脉冲分配电路在步进脉冲和转向控制信号的共同作用下产生正确转向的激励信号。此激励信号经过驱动电路送至步进电机,从而控制步进电机向正确的方向转动。该激励信号的频率决定了步进电机的转速。对于微机控制电路,脉冲分配可通过脉冲分配器实现,也可通过软件实现。

驱动电路的主要作用是实现功率放大。一般脉冲分配器输出的驱动能力是有限的,它不可能直接驱动步进电机,需要经过一级功率放大。对于功率比较小的步进电机,厂家已经生产出了集成度较高、脉冲分配与驱动电路集成在一起的芯片,应用中只需将它的输出端与步进电机相连即可。

对于驱动电路而言,确定它的直流供电电源十分重要。

① 电压的确定:驱动电路是直接驱动步进电机的,因此供电电源电压要根据步进电机的工作转速和响应要求来选择。如果步进电机工作转速较高或响应要求较快,那么电压取值也较高。但注意,电源电压的波纹不能超过驱动器的最大输入电压,否则可能损坏驱动器。

② 电流的确定:供电电源电流一般根据驱动器的输出相电流 I 来确定。如果采用线性

电源,电源电流一般可取 I 的 1.1~1.3 倍;如果采用开关电源,电源电流一般可取 I 的 1.5~2.0 倍。

步进电机步进时是机械转动,因此存在惯性。当从静止状态启动步进时,相当于开始转动的速度为 0,它不可能立即就达到最大转速(频率),因此需要一个逐渐加速的过程,否则可能由于惯性而导致"失步"。比如,开始应该走 20 步,却只走了 19 步,丢失了 1 步。步进电机的最高启动频率(又称突跳频率)一般为 0.1kHz 到 3~4kHz,以超过最高启动频率的频率直接启动,将出现失步现象,甚至无法启动。同理,当步进电机正以最高频率(可达几百千赫兹)步进时,它不可能立即停下来,很可能出现多走几步的情况,这当然也会造成错误。因此在停止之前,应当有一个预先减速的过程;到该停止的位置时,速度已经很慢,惯性已经很小,可以立即停止。

步进电机在转换方向时,也一定要在电机降速停止或降到突跳频率范围之内再换向,以免产生较大的冲击而损坏电机。换向信号一定要在前一个方向的最后一个激励脉冲结束后,以及下一个方向的第一个激励脉冲前发出。步进电机在某一高速下运行时的正、反向切换实质上包含了降速—换向—升速三个过程。

5.3 硬件电路设计

步进电机正常工作需要提供具有一定驱动能力的脉冲信号。脉冲信号由单片机输出激励信号经过脉冲分配器产生。脉冲分配可以通过软件方便、灵活地实现,也可以由硬件脉冲分配电路实现。随着大规模集成电路技术的发展,现在有很多厂家生产出专门的用于步进电机控制的脉冲分配芯片,配合用于功率放大的驱动电路,实现步进电机的驱动,这大大方便了电路设计。

本项目实现的是一个简单的单片机控制步进电机系统,由集成芯片步进电动机控制器(包括环形分配器)L297 和双 H 桥式驱动器 L298 组成硬件脉冲分配及驱动。由四个键盘完成正转、反转、加速、减速输入。单片机根据输入的键值控制 L297 的输入,再由 L297 完成脉冲分配,并由 L298 完成功率驱动,输出脉冲控制步进电机的运行;还通过一个字符型 LCD 来实现转速以及转向的显示。由于采用集成电路控制,需要的元件很少,可靠性高,占用空间少,并且减轻了微型计算机的负担。另外,L297 和 L298 都是独立的芯片,所以应用十分灵活。

5.3.1 结构框图

系统的硬件电路由单片机与键盘显示电路、脉冲分配与驱动电路两大部分构成,其结构框图如项目图 5-7 所示。

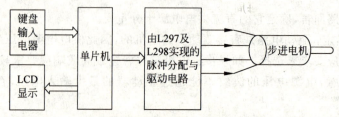

项目图 5-7 系统硬件结构框图

5.3.2 主要器件

显然,项目的核心器件是单片机芯片和四相步进电机驱动芯片。

单片机选用 Atmel 公司常用的单片机芯片 AT89C52。它完全可以满足项目中键盘输入以及时钟脉冲和控制信号产生的需要。

脉冲分配电路采用 SGS 公司生产的专用步进电机控制器 L297,其内部结构如项目图 5-8 所示。

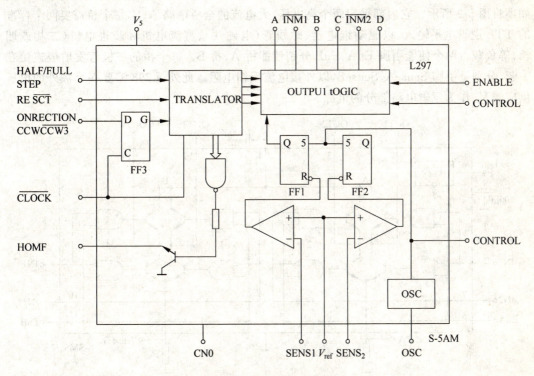

项目图 5-8　L297 内部结构

L297 芯片是一种硬件环分集成芯片,它可产生四相驱动信号,用于计算机控制的两相双极或四相单极步进电机。它的心脏部分是一组译码器,能产生各种所需的相序。由两种输入模式控制,方向控制(CW/CCW)和 HALF/FULL 以及步进式时钟 CLOCK。译码器有四个输出点连接到输出逻辑部分,提供抑制和斩波功能所需的相序。因此 L297 能产生三种相序信号,对应于三种不同的工作方式,即半步方式(HALF STEP)、基本步距(FULL STEP,整步)—相激励方式和基本步距两相激励方式。脉冲分配器内部是一个 3 位可逆计数器,加上一些组合逻辑,产生每周期 8 步格雷码时序信号,这也就是半步工作方式的时序信号。此时,HALF/FULL 信号为高电平。若 HALF/FULL 取低电平,得到基本步距工作方式。

L297 的另一个重要组成是由两个 PWM 斩波器来控制相绕组电流,实现恒流斩波控制,以获得良好的矩频特性。每个斩波器由一个比较器、一个 RS 触发器和外接采样电阻组成,并设有一个公用振荡器,向两个斩波器提供触发脉冲信号。频率 f 是由外接的 RC 网络决定的,当 $R>10\text{k}\Omega$ 时,$f=1/0.69RC$。当时钟振荡器脉冲使触发器置"1",电机绕组相电流上升,采样电阻的 R 上电压上升到基准电压 V_{ref} 时,比较器翻转,使触发器复位,功率晶体管关断,电流下降,等待下一个振荡脉冲的到来。这样,触发器输出的是恒频 PWM 信号,调制 L297 的输出信号,绕组相电流峰值由 V_{ref} 确定。L297 的 CONTROL 端的输入决定斩波器对相位线 A、B、C、D 或抑制线 INH_1 和 INH_2 起作用。CONTROL 为高电平时,对 A、B、C、D 有控制作用;为低电平时,对 INH_1 和 INH_2 起控制作用,从而对电动机转向和转矩进行控制。

L298 是采用 15 脚的 Multiwatt 或 PowerSO20 封装的单片集成电路芯片,其结构框图如项目图 5-9 所示。它内部采用两个高电压、大电流的全桥电路 A、B,每个桥需要两个标准的 TTL 逻辑电平输入,以驱动继电器、螺线管(电磁铁)、直流电机和步进电机(二相或四相)等负载。两个使能引脚 EnA、EnB 分别使能桥 A、桥 B。每个桥的三极管发射极连接在一起,分别是引脚 SenseA、SenseB,以外接电流反馈电阻。此外,L298 需要一个额外的电压供应端 V_{ss} 作为逻辑电路部分的电源。

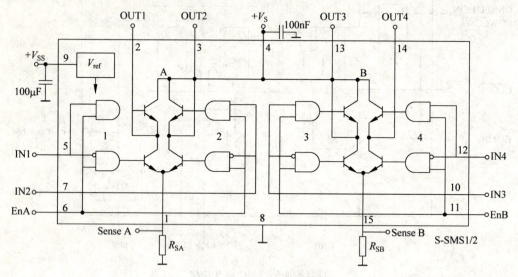

项目图 5-9 L298 结构框图

5.3.3 显示部分及其接口

系统的电路原理图分为两部分,其中一部分是由 Atmel 公司的 AT89C52 实现的单片机及键盘显示电路原理图,如项目图 5-10 所示。显示部分通过单片机的 P1 口提供数据给液晶显示屏,并通过单片机的 P2.0,P2.1,P2.2 形成控制逻辑完成整个显示的控制。

项目中的液晶显示采用长沙太阳人电子有限公司的 1602 字符型液晶显示器,它采用标准的 14 脚(无背光)或 16 脚(带背光)接口,可显示 16×2 个字符。

5.3.4 键盘接口部分

项目中仅要求实现步进电机的正反转、加减速控制,所以键盘的接口相对比较简单,如项目图 5-10 所示。通过单片机的 P3.2,P3.3,P3.4,P3.5 口分别接一个独立式按键,实现步进电机的加速、减速、正转、反转控制。为了配合软件的设计,简化键的识别,四个键都是采用中断方式识别,分别使用外部中断 INT0,INT1 和外部计数中断 T0,T1。外部中断 INT0,INT1 采用边沿触发方式,只要按一下相应的键,就可在中断服务程序里进行处理;

对于正、反转控制的键,为了能实现按一下键就能识别,在实现方式上采用了定时器的方式2,并且采用外部计数,计数初值为FFH。

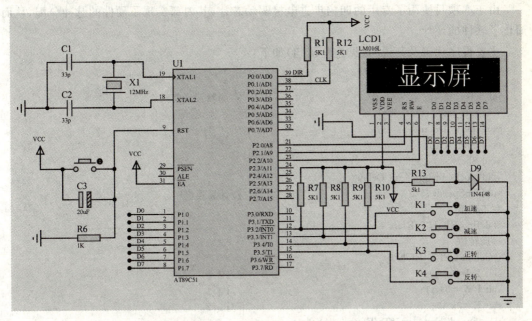

项目图 5-10　单片机及键盘显示仿真电路

5.3.5 脉冲分配及驱动电路

系统电路原理图的第二部分就是由 L297 及 L298 芯片实现的脉冲分配与驱动电路原理图,如项目图 5-11 所示。由于大部分功能均有集成驱动芯片实现,所以外部只需提供脉冲信号及正、反转的控制即可。通过 P0.0 与 L297 的 CW/CCW 引脚相连,单片机通过此引脚设置电机步进的方向。P0.0 为高电平,实现步进电机正转;为低电平,步进电机反转。P0.1 和 L297 的 CLOCK 相连,单片机通过此引脚向 L297 发送出输入时钟。L297 及 L298 电路根据此时钟产生对应频率的四相脉冲输出信号控制步进电机的转动。此时钟决定了脉冲输出信号的频率,即决定了步进电机的转速(频率)。

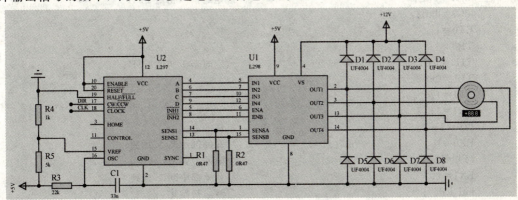

项目图 5-11　步进电机的脉冲分配与功率驱动仿真电路

5.4 软件设计

由于本项目使用了专用的四相步进电机驱动芯片,其内部实现了硬件的脉冲分配,从而简化了软件的设计。

主要程序代码及其说明(见注释语句)如下:

```c
#include "AT89X51.h"
int delay();                                    //函数预说明
void inti_lcd();
void show_lcd(int);
void cmd_wr();
void ShowState();
void clock(unsigned int Delay);
void DoSpeed();                                 //计算速度
//正转值
#define RIGHT_RUN 1
//反转值
#define LEFT_RUN 0
sbit RS=0xA0;                                   //P2.0
sbit RW=0xA1;                                   //P2.1
sbit E=0xA2;                                    //P2.2
char SpeedChar[]="SPEED(n/min):";
char StateChar[]="RUN STATE:";
char STATE_CW[]="CW";
char STATE_CCW[]="CCW";
char SPEED[3]="050";
unsigned int RunSpeed=50;                       //速度
unsigned char RunState=RIGHT_RUN;               //运行状态
main()
{
    /* 定时器设置 */
    TMOD=0x66;                                  //定时器 0,1 都为计数方式;方式 2;
    EA=1;                                       //开中断
    TH0=0xff;                                   //定时器 0 初值 FFH
    TL0=0xff;
    ET0=1;
    TR0=1;
    TH1=0xff;                                   //定时器 1 初值 FFH;
    TL1=0xff;
    ET1=1;
    TR1=1;
    IT0=1;                                      //脉冲方式
    EX0=1;                                      //开外部中断 0:加速
    IT1=1;                                      //脉冲方式
    EX1=1;                                      //开外部中断 1:减速
    inti_lcd();                                 //液晶初始化
    DoSpeed();                                  //
    ShowState();                                //转向及转速显示
```

```c
    while(1)                              //主程序循环
    {
        clock(RunSpeed);                  //根据转速设置,延时
        P0_1=P0_1^0x01;                   //P0.1异或1,即P0.1电平取反
    }
}

//定时器0中断程序:正转
void t_0(void) interrupt 1
{
    RunState=RIGHT_RUN;
    P0_0=1;                               //P0.0高电平,正转控制
    P1=0x01;                              //清显示命令
    cmd_wr();
    ShowState();                          //刷新转向及转速显示
}
//定时器1中断:反转
void t_1(void) interrupt 3
{
    RunState=LEFT_RUN;
    P0_0=0;                               //P0.0低电平,反转控制
    P1=0x01;                              //清显示命令
    cmd_wr();
    ShowState();                          //刷新转向及转速显示
}
//中断0:加速程序
void SpeedUp() interrupt 0
{
    if(RunSpeed>=12)
        RunSpeed=RunSpeed-2;              //脉冲宽度-2ms
    DoSpeed();
    P1=0x01;
    cmd_wr();
    ShowState();

}
//中断1:减速程序
void SpeedDown() interrupt 2
{
    if(RunSpeed<=100)
        RunSpeed=RunSpeed+2;              //脉冲宽度+2ms
    DoSpeed();
    P1=0x01;
    cmd_wr();
    ShowState();

}
int delay()                               //判断LCD是否忙
{
```

```
        int a;
    start:

        RS=0;
        RW=1;
        E=0;
        for(a=0;a<2;a++);
        E=1;
        P1=0xff;
        if(P1_7==0)
            return 0;
        else
            goto start;
    }

    void inti_lcd()                                     //设置LCD方式
    {
        P1=0x38;                                        //显示模式设置
        cmd_wr();
        delay();                                        //判忙闲

        P1=0x01;                                        //清除
        cmd_wr();
        delay();
        P1=0x0f;                                        //显示开及光标设置
        cmd_wr();
        delay();
        P1=0x06;                                        //显示光标移动设置
        cmd_wr();
        delay();
        P1=0x0c;                                        //显示开及光标设置
        cmd_wr();
        delay();
    }
    void cmd_wr()                                       //LCD写控制字
    {
        RS=0;
        RW=0;
        E=0;
        E=1;
    }
    void show_lcd(int i)                                //LCD显示数据子程序
    {
        P1=i;
        RS=1;
        RW=0;
        E=0;
        E=1;
    }
```

```c
void ShowState()                          //显示状态与速度
{
    int i=0;
    while(SpeedChar[i]!='\0')
    {
        delay();                          //判液晶忙闲
        show_lcd(SpeedChar[i]);           //显示"SPEED(n/min):"
        i++;
    }
    delay();
    P1=0x80 | 0x0d;                       //调整显示位置,从第一行 0d 位置开始显示
    cmd_wr();
    i=0;
    while(SPEED[i]!='\0')                 //显示转速
    {
        delay();
        show_lcd(SPEED[i]);
        i++;
    }
    delay();
    P1=0xC0;                              //调整显示位置,从第二行 00 位置开始显示
    cmd_wr();
    i=0;
    while(StateChar[i]!='\0')             //显示"RUN STATE:"
    {
        delay();
        show_lcd(StateChar[i]);
        i++;
    }
    delay();
    P1=0xC0 | 0x0A;                       //调整显示位置,从第二行 0A 位置开始显示
    cmd_wr();
    i=0;
    if(RunState==RIGHT_RUN)               //根据正、反转状态,显示 CW/CCW
        while(STATE_CW[i]!='\0')
        {
            delay();
            show_lcd(STATE_CW[i]);
            i++;
        }
    else
        while(STATE_CCW[i]!='\0')
        {
            delay();
            show_lcd(STATE_CCW[i]);
            i++;
        }
}
void clock(unsigned int Delay)            //1ms 延时程序
```

```
{   unsigned int i;
    for(;Delay>0;Delay--)
    for(i=0;i<124;i++);

}
void DoSpeed()
{
    SPEED[0]=(1000*6/RunSpeed/100)+48;    //取转速百位,48为ASCII码"0"
    SPEED[1]=1000*6/RunSpeed%100/10+48;   //取转速十位
    SPEED[2]=1000*6/RunSpeed%10+48;       //取转速个位
}
```

5.5 项目总结

本项目实现了一个基于 51 单片机控制的步进电机系统，可以根据键盘输入命令，控制步进电机的运行。四相步进电机驱动芯片 L297 与 L298 的使用是本项目硬件设计的关键。使用两套这样的电路就可控制两个四相步进电机，完成数控系统 x、y 轴的进给驱动。另外，要实现数控系统，除了对步进电机精确控制之外，还要采用曲线拟合的软件方法来完成插补工作，提高加工精度，具体可参考其他资料。目前，尽管闭环数控系统使用广泛，但以步进电动机驱动的开环控制系统仍在经济型数控机床和一些控制精度要求不高的场合大量使用。

关于单片机控制的步进电机系统，下面补充说明几点：

① 本项目键盘使用了 4 个键，只对步进电机进行简单加减速、转向等操作，在实际应用中，可以扩充键盘的使用。

② 本项目虽然实现常见的步进电机系统速度调节功能，但方法是采用延时来控制 CLOCK 的频率来实现步进电机的加、减速控制，控制精度不高。实际应用中一般采用定时中断来控制电机的速度，加、减速控制就是不断改变定时器的初值，如图 5-12 所示。为了缩短速度转换的时间，可以采用建立转速数据表的方法，并通过转换程序将转速数据表转换为定时初值表。通过在不同的阶段调用相应的定时初值，控制电机的运行。定时初值的计算是在定时中断外实现的，并不占用中断时间，以保证电机高速运行。

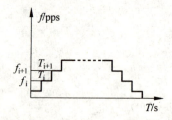

项目图 5-12 以定时中断控制电机速度

③ 成熟、完整的步进电机控制软件还需要考虑到速度控制，避免失步或者抖动的发生，特别是在启动、停止以及转向时。这样，在系统软件设计中需要加入变速控制程序。该程序的基本思想是：在启动时，以低于响应频率的速度运行，然后慢慢加速，加速到一定的频率

以后，就以此速率运行；当快要达到指定的步进步数时，使之慢慢减速，使其在低于响应频率的速率下运行，直至停机，如图 5-12 所示。采用变速控制程序，步进电机可以最快的速度走完所规定的步数，而且不出现失步。

参考文献

[1] 夏继强,邢春香编著. 单片机应用设计培训教程. 北京:北京航空航天大学出版社,2008
[2] 石从刚等编. 实用 C 语言程序设计教程. 北京:中国电力出版社,2005
[3] 张靖武等著. 单片机系统的 PROTEUS 设计与仿真. 北京:电子工业出版社,2007
[4] 金龙国编. 单片机原理与应用. 北京:中国水利水电出版社,2005
[5] 张志良编. 单片机原理与控制技术. 北京:机械工业出版社,2009
[6] 李宏等编著. 液晶显示器件应用技术. 北京:机械工业出版社,2004
[7] 朱永金等编著. 单片机应用技术(C 语言). 北京:中国劳动社会保障出版社,2008